AF355735

LA

ZOOLOGIE

AGRICOLE

Paris. — Imprimerie de L. MARTINET, rue Mignon, 2.

Zoologie (la) agricole par Émile Blanchard.

~~A laquelle livraison~~ 10

Cet ouvrage continue-t-il à paraître?

Nous avons jusqu'à ici livraison 5 inclus.

Rue Saint-Jacques, 161.

30 mai 1859)

LA
ZOOLOGIE
AGRICOLE

PAR

ÉMILE BLANCHARD

OUVRAGE

COMPRENANT L'HISTOIRE ENTIÈRE DES ANIMAUX NUISIBLES

ET DES ANIMAUX UTILES.

PARIS

AU BUREAU DE LA ZOOLOGIE AGRICOLE
41, RUE DE SEINE SAINT-GERMAIN

ET CHEZ VICTOR MASSON
17, PLACE DE L'ÉCOLE-DE-MÉDECINE.

INTRODUCTION.

De nos jours, l'attention tend à se porter de plus en plus vers les applications de la science à l'industrie et à l'économie rurale. La zoologie, parmi toutes les sciences, n'a pas toujours paru devoir être la plus féconde en applications, et pourtant, de ce côté aussi, elle est appelée, selon toute apparence, à jouer un grand rôle. Ce sont les animaux domestiques dont on cherche à améliorer les races ; ce sont les animaux étrangers que l'on tente d'acclimater ; ce sont les poissons que l'on s'efforce de multiplier ; ce sont les espèces nuisibles que l'on veut combattre. Rien de mieux assurément, mais pour obtenir d'heureux résultats, il ne faut pas agir au hasard : les connaissances zoologiques et physiologiques doivent intervenir à chaque pas.

En présence de tant de faits qu'il importe d'étudier d'une manière approfondie et de vulgariser dans leur ensemble, il a paru que ce serait une chose grandement utile de réunir dans un même cadre l'histoire des animaux qui portent de graves préjudices aux diverses cultures et l'histoire des animaux que l'homme s'est appropriés pour ses besoins ou qu'il pourra s'approprier encore.

Nous nous proposons donc dans cet ouvrage de traiter des animaux nuisibles, et particulièrement des insectes qui causent des dommages aux cultures, et des animaux qui sont utiles à divers titres.

Nous exposerons successivement l'histoire des espèces nuisibles aux plantes d'ornement, aux fruits, aux plantes potagères, aux céréales, aux arbres des forêts, des parcs et des routes.

Chaque année, de tous les points du monde civilisé, on entend s'élever des plaintes sur les ravages que les insectes exercent sur les végétaux, sur les maladies dont sont atteintes les plantes devenues les plus précieuses pour l'humanité. Ceux qui se voient cruellement lésés tournent leurs regards vers la science ; mais jusqu'ici, la science est restée muette la plupart du temps.

Aucun ouvrage n'était venu encore présenter les faits indispensables à connaître pour combattre avec avantage les espèces nuisibles. Il existait seulement un livre dû à un savant de l'Allemagne, qui traite des insectes préjudiciables aux forêts ; ce n'est qu'une petite partie de la grande question qui intéresse d'une façon si générale; et puis là d'ailleurs, les espèces, classées dans leur ordre zoologique, sont seules figurées sous leurs différents états; les altérations, sur lesquelles il importe à un si haut degré de fixer l'attention, n'y jouent qu'un rôle tout à fait secondaire.

Après cela, on n'a plus que des notices, des mémoires détachés, des rapports, épars dans une foule de recueils agricoles. Ces opuscules n'étant pas pour la plupart l'œuvre de naturalistes, ils ne sauraient, dans bien des cas, être très profitables à ceux qui voudraient les consulter. S'il s'agissait de réunir toutes les observations publiées, quel amas confus serait l'ensemble des faits rapprochés les uns des autres! Combien de choses essentielles aussi dont on ne s'est pas même occupé!

Pour présenter l'histoire véritable des espèces nuisibles aux végétaux, il ne s'agissait pas tant de compiler que d'observer. Le sujet est assez vaste pour qu'une longue suite d'années de recherches ait été nécessaire. Aussi n'avons-nous songé à publier cet ouvrage qu'après en avoir réuni tous les éléments et lorsque les planches qui en forment une partie si essentielle ont été achevées. Ces dessins montrent à la fois, le végétal altéré, l'animal nuisible sous ses divers états et dans les conditions où il vit.

Vous parcourez les allées de votre jardin et vous voyez vos rosiers malades, les feuilles rongées, les roses avortées, vos lilas flétris; ce qui vous frappe dès le premier abord, c'est l'altération. Regardez dans notre livre les planches relatives aux rosiers, aux lilas, vous reconnaissez bientôt l'altération que vous venez de remarquer; un peu plus d'attention et vous avez découvert les auteurs du dégât, et vous les reconnaissez encore au même endroit. Recourant au chapitre qui traite de l'espèce, vous y lirez son histoire, vous saurez le moment d'apparition de l'insecte, vous saurez comment s'accomplissent ses métamorphoses, comment les générations se succèdent, comment elles sont parfois détruites par des ennemis qui pour nous sont les espèces utiles; comment enfin on peut le mieux se préserver de l'insecte malfaisant. C'est toujours là le grand but; et qui sait si, chacun usant de nos conseils, mettant en pratique les moyens proposés, cette pratique suggérant d'autres idées, on n'en viendra pas bientôt à savoir se débarrasser des espèces nuisibles. Un peu de peine et un peu de bonne volonté, et certainement un jour ce résultat si désirable sera en grande partie obtenu. C'est assurément la science qui doit y conduire : ce que l'on imagine au hasard ne fait guère avancer les choses.

Si vous avez visité vos champs, vous y aurez vu un insecte qui dévorait les épis : ce qu'il vous aura été facile d'apprendre à l'égard des rosiers ou des lilas, sera tout aussi aisé à apprendre pour l'insecte qui dévastait votre blé.

Ce sont vos plantes potagères qui sont infestées, à moitié perdues, peut-être perdues totalement. Ce sont vos arbres fruitiers qui dépérissent. Ils vous avaient promis de si beaux produits, et ces beaux produits, avant leur maturité, ont été la pâture de quelques misérables vers dont vous ignoriez la présence!

Mais, ne songeons plus au passé. A l'avenir, vous saurez tout ce que vous avez à redouter pour vos lilas, pour vos belles roses ; vous saurez tout ce qui peut venir diminuer vos récoltes de blé et de seigle ; la lecture de quelques pages, la vue de quelques jolis dessins exécutés avec le même soin que les dessins d'un album, vous suffiront pour savoir à l'avance quels malencontreux insectes peuvent vous faire perdre et vos légumes et vos fruits. Ainsi prévenu, je m'en rapporte à votre vigilance pour mettre à exécution tous nos moyens pour préserver autant que possible et les fruits et les légumes. Si, grâce à ces soins, le cerisier est resté intact, si le poirier n'a subi aucune flétrissure, votre bien sera plus grand qu'il n'eût été ; alors vous ne regretterez pas un peu de peine ; vous serez fier de l'heureux résultat.

Vous serez averti de ce qui menace les arbres de vos bois, de vos parcs. Quand le chêne, ou l'orme, ou le peuplier n'aura plus sa végétation aussi touffue, aussi verdoyante que l'année précédente, vous ne vous demanderez plus en vain la cause de cette différence. Vous ne croirez plus qu'il suffit de ne pas se préoccuper du mal pour le voir disparaître l'année suivante. Non, l'insecte qui mine l'arbre aura beau être caché, vous saurez reconnaître sa présence, et bientôt vous parviendrez à lui faire la guerre avec avantage.

Ce livre, divisé en autant de parties qu'il y a de cultures et qu'il y a de sortes d'animaux utiles, dira tout ce qui a été dit ailleurs et bien des choses qui n'ont pas encore été dites. L'atlas ne montrera pas seulement ce qui a déjà été montré. La parfaite ressemblance des objets ne sera pas un vain mot. Cet atlas est l'œuvre du père de l'auteur, dont le nom depuis plus de trente ans se trouve inscrit sur une foule de dessins qui accompagnent les grands ouvrages d'histoire naturelle publiés de notre temps.

En rassemblant dans un même cadre les faits concernant les espèces préjudiciables aux intérêts de tous, le but encore une fois, le grand but, est de parvenir à arrêter ou au moins à diminuer beaucoup un mal incessant ; mais quelle histoire curieuse, digne de l'attention de tous ceux qui ne sont pas indifférents au spectacle de la nature, que l'histoire de ces êtres fragiles ! Ils sont pour nous un fléau, nous les maudissons. Mais toute leur existence, leur développement, leurs singulières métamorphoses, leurs mariages, leurs instincts pour échapper à leurs ennemis, leurs soins pour garantir leur postérité ; tout cela est autant de merveilles.

Est-il indifférent de voir comment les hommes, en multipliant leurs cultures, ont multiplié sans s'en douter les insectes nuisibles ; comment la grande multiplication des insectes nuisibles peut amener le développement prodigieux des espèces qui les dévorent.

Tel, pendant plusieurs années avait vu son champ ravagé ; tout à coup, voici une saison où l'insecte dévastateur a disparu. Sans s'inquiéter d'un semblable phénomène, le propriétaire du champ dit que le mal s'en est allé comme il était venu. Il ignore que, dans une large proportion, l'espèce parasite a détruit l'espèce herbivore ; que les générations du premier désormais privées de leurs moyens d'existence vont périr, et qu'alors les générations du second vont reparaître et causer de nouveaux dommages.

Chacun maintenant devra savoir toutes ces choses. LÀ ZOOLOGIE AGRICOLE est la science de tout le monde.

Nous exposerons successivement l'histoire des mammifères et des oiseaux domestiques, des poissons et des mollusques qui servent à l'alimentation de l'homme, l'histoire des quelques insectes dont les produits sont une source de richesses, et enfin l'histoire de tous les animaux dont l'acclimatation dans notre pays offrirait des avantages.

Sans doute les écrits sur les animaux domestiques sont nombreux ; il y en a beaucoup qui sont dus aux hommes les plus compétents dans la matière. De ce côté, on est plus avancé à coup sûr qu'on ne l'est à l'égard des espèces nuisibles. Pourtant celui qui voudrait se mettre au courant de tous les faits connus touchant l'espèce bovine, par exemple, serait dans l'obligation de consulter une foule d'ouvrages écrits en diverses langues ; s'il avait le désir de s'occuper à la fois des différents animaux domestiques, il aurait besoin de recourir à un nombre immense de livres.

Parmi les animaux domestiques, les races, les variétés ont été extrêmement multipliées ; toutes n'ont pas absolument les mêmes qualités. N'est-il pas bon que partout chacun ait le moyen de fixer aisément son choix le jour où il en aura un à faire ?

En donnant la représentation fidèle de chaque type de race, en montrant dans quelle circonstance cette race a été produite ; en résumant tout ce qui la concerne ; en un mot, en traçant son histoire aussi rapidement que possible, les comparaisons seront l'affaire d'un moment pour quiconque s'en occupera.

Vous avez des prairies ou quelques vallées verdoyantes, vous suffira-t-il de faire venir de l'Écosse quelques individus des plus belles races du bétail de cette contrée pour perpétuer ces races dans vos domaines ? Non, assurément ; les vignes du Beaujolais qu'on transplante sur les coteaux de Suresnes, cessent aussitôt de donner le vin de Mâcon.

L'animal aussi, suivant le climat qu'il habite, suivant la nourriture qu'il prend, se modifie. L'étude des influences qui changent ainsi les qualités de l'animal a donc besoin d'être poussée à l'extrême. Ici c'est la science physiologique qui va intervenir, et qui de plus en plus va répandre sa lumière sur des objets qui intéressent l'humanité entière.

En parcourant notre livre, vous y verrez quelles races sont particulières à certaines contrées, ce que sont devenues les races d'une localité transportées dans une autre localité, à quelles circonstances sont dues les améliorations de plusieurs d'entre elles, quelles recherches il semble encore y avoir à faire pour obtenir des améliorations nouvelles. Selon la plus grande probabilité, il deviendra de plus en plus aisé de se former à l'avance une idée nette du parti le meilleur qu'on pourra tirer de telle ou telle propriété.

La reproduction des poissons a singulièrement occupé depuis quelques années. Les tentatives n'ont pas manqué pour peupler ou repeupler et les rivières et les étangs. Venant après les plus expérimentés, il ne faut pas avoir ici la prétention d'apprendre plus que n'ont appris ceux-ci, de faire plus qu'ils n'ont fait ; mais venant après un certain temps écoulé voir les résultats des expériences, il sera au moins permis de montrer ces résultats réunis en un faisceau.

Et puis peupler nos rivières et nos étangs, est-ce tout ? Les poissons de la mer ne figurent-ils pas pour une part notable dans l'alimentation des habitants de notre Europe ? Est-il inutile d'exposer les moyens de pêche employés sur les différents points de nos côtes ? Depuis le célèbre auteur du *Traité des pêches*, Duhamel, la pratique n'est pas partout restée stationnaire ; d'ailleurs est-il besoin de tant de pages qu'en a pris l'auteur spécial pour grouper ensemble tous les faits qu'il importe de vulgariser ? N'y aura-t-il pas avantage à les voir dans un petit cadre ?

Le pêcheur, dont les cheveux ont blanchi, s'écrie qu'au temps de sa jeunesse le travail était plus productif. Aujourd'hui, vous dit-il souvent, une nuit passée à la mer ne donne pas toujours le prix de la journée ; il y a un demi-siècle les gens de mer étaient plus heureux.

Ainsi les poissons, malgré leur prodigieuse fécondité, diminuent d'une façon sensible. Encore un siècle, deux siècles, et certaines espèces seront rares. La science n'aurait-elle donc rien à faire ici ? N'a-t-elle pas à signaler le moment où chaque espèce vient frayer ? N'a-t-elle pas à signaler les lieux où se dépose le frai, pour qu'on n'y porte pas atteinte ? N'a-t-elle pas à montrer la nécessité d'épargner totalement certaines régions pendant une période plus ou moins longue ?

L'exposition générale et succincte de ces faits qu'il importe tant de connaître, ne doit-elle pas servir les intérêts de tous ?

Nos huîtrières ne réclament-elles pas la même attention, et n'y aurait-il rien à dire de certains animaux de la même grande division zoologique qui comptent pour une part notable dans l'alimentation des habitants du littoral ? Certes, il y a là encore plus d'un fait dont la connaissance mérite d'être répandue.

Les insectes entrent pour un grand nombre dans la catégorie des espèces nuisibles ; ils entrent pour une part plus considérable encore dans la catégorie des espèces indifférentes de toutes manières au point de vue de l'humanité ; mais quelques-uns parmi eux appartiennent à la catégorie des espèces animales les plus utiles.

Les insectes servent peu sous le rapport de l'alimentation ; l'abeille, jusqu'ici, est, parmi tous, le seul qui nous fournisse quelque chose de ce côté. Je ne me sens nullement le courage de conseiller à personne de faire servir sur sa table des mets composés de grosses larves de coléoptères à la façon des Chinois, des Indous, etc. ; de faire des plats de sauterelles à la manière des peuples de l'Afrique. Mais les insectes nous donnent quelques produits dont l'importance est connue de tout le monde. L'industrie de la soie a une importance hors ligne. L'industrie de l'éducateur d'abeilles a sa place aussi dans l'industrie générale de notre pays.

Nos planches vont donc vous montrer toutes les variétés de races du vers à soie et toutes les variétés de produits, vous montrer l'intérieur de la ruche avec tous ses habitants, avec tous ses travailleurs si ardents; quelques-unes de nos pages vont vous dire encore quels soins il faut donner et à l'insecte qui élabore le miel et la cire, et à l'insecte qui file la soie; quelle récompense est le prix de ces soins. Ces pages vous diront encore combien il reste à faire pour que la production s'élève au niveau des besoins de la France.

Un insecte originaire de l'Amérique, qui est depuis longtemps une richesse pour les Antilles, est devenu précieux aussi pour l'Espagne, et de nos jours pour les îles Canaries; la plante dont il se nourrit ne croit pas sur notre sol, mais elle abonde sur le sol de l'Afrique française; la cochenille y prospère, comme l'attestent déjà un certain nombre d'essais. Chacun n'est-il pas intéressé à savoir tout le parti qu'on pourra tirer dans notre colonie de l'insecte qui produit la plus magnifique teinture?

A côté de cette espèce, d'autres espèces, fournissant une couleur moins belle que la cochenille, mais belle encore, seraient de nature sans doute à rendre de grands services; trouvera-t-on inutile que nous cherchions à les bien faire connaître? Un insecte, la cantharide, est utilisé sous le rapport médical : cet insecte n'abonde pas partout; il n'est pas le seul qui ait les mêmes propriétés; vous verrez tous ceux qui présenteraient au besoin les mêmes avantages, tout en permettant de réaliser des économies.

Et l'histoire de la sangsue, sa reproduction, les soins qu'elle exige; cela aussi mérite bien une page.

A l'heure où j'écris, s'agite de tous côtés une question qui intéresse le bien-être de chacun. Des efforts nombreux tendent à acclimater dans notre pays de nouveaux animaux utiles. Quoi! chaque jour le bétail augmente de valeur; la nourriture la plus substantielle pour l'homme peut devenir de moins en moins accessible au grand nombre : combien de ressources iraient s'accroissant si l'on réussit à multiplier les animaux alimentaires! Ceci se répète à l'envi, et en même temps une objection bourdonne aux oreilles. Quel profit y aurait-il à élever d'autres animaux de préférence à ceux que l'on possède déjà? Mieux vaudrait réussir à produire en plus grand nombre nos espèces domestiquées de temps immémorial; et l'objection se répète d'écho en écho. Oui, mais permettez : la science ici a son mot à dire, et elle l'a déjà un peu dit par la voix de quelques-uns de ses adeptes les mieux entendus en ces matières.

Allez proposer à un éleveur de la Normandie, d'élever des bœufs de la Chine en même temps que des bœufs indigènes; vraisemblablement il demandera si les premiers lui donneront un produit supérieur aux autres, ou s'ils lui coûteront moins, tout en lui donnant un rapport égal. Ah! sans doute, si vous ne lui assurez pas l'un ou l'autre de ces avantages, il répondra : j'aime mieux m'en tenir à mes bœufs. Aussi n'irons-nous pas offrir les bœufs de la Chine aux éleveurs de la Normandie. Au contraire, au pays dépourvu de pâturage, où l'espèce bovine ne se rencontre pas, nous dirons aux habitants : voici une espèce qui peut exister sur votre sol, qui vivra de sa végétation, et là où vous aviez cru être dans l'impossibilité d'avoir des troupeaux, vous en aurez un jour de fort beaux et de fort productifs.

Vous regardez tel animal comme pouvant fournir sa part d'utilité. Voyez ; il s'agit de savoir exactement quel climat lui convient le mieux, quelle nature de sol lui est propice, quelle nourriture il préfère. Ces connaissances acquises, comme notre France ne manque pas absolument de variété sous le rapport du sol et du climat, ce n'est pas folie sans doute d'espérer que plusieurs des régions les moins favorisées jusqu'ici dans la production des animaux utiles, pourront être favorisées à leur tour par l'introduction d'animaux amenés de contrées lointaines.

Nous parlons des mammifères et des oiseaux qu'on a l'espérance de pouvoir acclimater dans notre pays ; mais ces animaux n'ont-ils pas déjà été indiqués? N'a-t-on pas exprimé déjà les avantages que paraît devoir offrir l'introduction des espèces qu'on a signalées? Oui, assurément. Un petit livre où tous les faits concernant la domestication et la naturalisation des animaux utiles sont admirablement exposés, a été mis au jour récemment (1). Ce livre est de nature à satisfaire à bien des désirs; cependant les observations se multiplient sans cesse, le moment va venir où il ne sera pas hors de propos de les résumer ; et, d'un autre côté, sera-t-elle partout sans utilité, la série des portraits de tous ces animaux sur lesquels on fonde des espérances pour améliorer le bien-être dans notre patrie? Et puis, devant présenter la zoologie dans tous ses rapports avec l'économie rurale et l'industrie, comment serait-il possible d'écarter une partie de la question générale, par le fait seul que cette partie aurait déjà été traitée d'une manière habile? Ici c'est l'ensemble qui doit être envisagé ; le but est de montrer toute une science dans ses applications, dans son utilité matérielle.

Quand on parle d'acclimatation, de domestication d'animaux nouveaux ; des mammifères et des oiseaux semblent être à peu près les seuls dont il y ait à s'occuper. Que ferait on de la plupart des autres? Est-ce le mollusque ou le zoophyte qu'il faut aller chercher au loin? A cela, on est à présent dans la nécessité de répondre que ce n'est pas probable. Est-ce quelque insecte? Peut-être. Parmi ces êtres il y en a peu sans doute que l'on songera à demander à l'Asie ou à l'Amérique; mais enfin il y en a. Une seule espèce depuis des siècles nous fournit cette matière précieuse : la soie. Eh bien, nous voulons qu'on importe chez nous d'autres espèces qui nous en fourniront aussi. Nous demandons aujourd'hui à l'Asie et à l'Amérique leurs *vers à soie ;* le temps peut-être approche où de nouveaux tissus brilleront à côté des anciens.

(1) *Domestication et naturalisation des animaux utiles*, par M. Isidore Geoffroy-Saint-Hilaire. Paris, 1854.

Les produits que nous espérons obtenir auront-ils tout l'éclat de celui de l'insecte du mûrier? Il se pourrait que non ; pourtant, ce seront encore à coup sûr de beaux produits, et s'ils coûtent bien peu, voyez quelle sera la bonne fortune.

Le ver à soie ordinaire veut absolument pour sa nourriture l'arbre de son pays; partout où l'industrie du magnanier s'exerce, des terres doivent se couvrir de mûriers.

Les éducations de vers à soie sont impossibles pour qui ne possède rien. Dans une grande partie de la France elles sont à peu près impossibles pour tout le monde ; le climat en est la cause.

Oui, nous voulons et nous obtiendrons, que ce soit un peu plus tôt ou un peu plus tard, des vers à soie qui prospéreront sur tous les points de notre pays. Un jour on verra, dans les humbles habitations des campagnes, ces nouveaux venus tissant leurs précieux cocons. Pendant une courte période de l'année, la femme ou l'enfant du pauvre ira simplement cueillir quelques feuilles, ou aux chênes du bois voisin, ou aux peupliers et aux osiers de la rive, ou à la haie d'aubépine ; le ver à soie de l'Amérique rendra grandement la valeur de ce peu de peine.

Ces insectes utiles, vous les verrez dans notre livre représentés à tous leurs âges et sous toutes leurs formes. Leur histoire, les soins à prendre pour les élever, les temps où ils éclosent, où ils se métamorphosent, tout cela y sera tracé.

La connaissance entière des animaux utiles touche aux intérêts les plus divers ; son importance est donc manifeste. Pour ceux mêmes que ces intérêts ne sembleraient pas toucher directement, si tout ce qui se rattache à l'alimentation et à la fabrication des vêtements pouvait rester indifférent à un seul individu, quelle histoire encore pleine d'attraits doit être l'histoire des animaux utiles!

La façon dont plusieurs des animaux domestiques ont été répandus dans le monde ; les modifications qu'ils ont subies, suivant les lieux, suivant les climats, suivant la nourriture, suivant les influences auxquelles ils ont été soumis : tout cela a son côté philosophique.

Ici, c'est le bétail qui est la richesse de tout un pays ; là, c'est la pêche qui fait vivre toute une population ; ailleurs, c'est la soie qui est la fortune de toute une cité.

Les avantages que les animaux utiles fournissent à l'humanité ; la part que chacun de nous retire de ces avantages ; la part plus grande qu'il en obtiendra par la suite ; tout cela a son côté plus philosophique encore.

Au milieu de ces questions d'intérêt général, combien de choses que personne ne peut vouloir ignorer. La Zoologie agricole est la science de tout le monde.

LA
ZOOLOGIE AGRICOLE

LES PLANTES D'ORNEMENT

LES ANIMAUX QUI LES DÉVORENT

LES

PLANTES D'ORNEMENT

LES ANIMAUX QUI LES DÉVORENT.

A peine la plante est-elle revêtue de son feuillage, avant même, parfois, que ses bourgeons soient épanouis, l'insecte la ronge ; ses racines sont coupées, elle ne pompe plus les sucs nourriciers de la terre, ses rameaux s'inclinent ; sa tige est minée, tout se fane ; ses feuilles sont rongées, les fonctions ne s'exercent plus, elle dépérit ; ses fleurs sont attaquées, la plus belle parure de la plante disparaît, et ses fruits sont perdus.

A l'état de nature sauvage, des végétaux peuvent être maltraités par les insectes ; mais, dans cette condition, les plantes d'une même espèce sont disséminées dans un grand espace. Un arbre, un arbuste est-il détruit, le dégât n'a eu lieu que sur un point ; les autres arbres, les autres arbustes de même espèce, étaient trop éloignés pour que les hôtes malfaisants du premier vinssent les atteindre : rien n'est troublé dans l'harmonie de la nature. Dans nos jardins comme dans toutes nos cultures, les plantes d'une même espèce sont pressées les unes contre les autres ; un insecte a-t-il déposé ses œufs sur une feuille, ses larves éclosent, trouvent autour d'elles une nourriture abondante ; la première condition de leur existence est assurée avec un luxe immense ; pas une certainement ne périra faute d'aliments ; toutes accompliront leurs métamorphoses, et là où un seul individu s'était montré quelques mois auparavant, voltige à présent une quantité énorme d'individus. Parmi ces insectes, devenus adultes, aucune mère n'aura de difficulté à assurer le sort de sa postérité ; les feuilles ou les fleurs qui doivent la nourrir sont à profusion autour d'elle.

Voyez comme il doit en être différemment pour l'insecte qui attaque la rose des bois. Un joli églantier a-t-il été dépouillé de son feuillage, il faut aller bien loin peut-être pour en trouver un autre ; l'insecte qui cherche à déposer ses œufs au lieu propice pourra ne pas avoir la chance d'y parvenir, et, ainsi, bien des églantiers seront épargnés. Dans votre jardin c'est tout différent, l'insecte du rosier a à peine besoin de s'agiter pour rencontrer près de lui cent rosiers ; il ne manquera donc pas de réussir à attacher ses œufs à l'endroit convenable. Alors comprenez comment les plantes que vous cultivez sont tant exposées à être attaquées.

Tous ces végétaux si bien fleuris qui ornent les jardins et les parcs, et jusqu'aux terrasses et aux balcons des habitants de la ville, ne sont pas également maltraités. La raison est bonne à savoir. Ce sont les espèces originaires de notre pays qui sont presque les seules à souffrir beaucoup des attaques des insectes, les insectes qui s'en nourrissent devant y arriver de tous côtés. Ainsi, plusieurs rosiers étant indigènes, leur multiplication a amené bientôt la multiplication des animaux qui les dévorent. Les rosiers apportés des contrées lointaines sont en général plus épargnés ; il s'en faut pourtant qu'ils le soient complétement : leurs espèces étant voisines des nôtres, ne répugnent pas aux mêmes insectes. Au contraire, si la plante cultivée, originaire d'une autre partie du monde, appartient à une famille ou à un genre dont aucun représentant ne croît sur notre sol, elle restera intacte la plupart du temps. Voyez les dahlias, et sous ce rapport comparez-les aux rosiers.

Pourtant l'espèce végétale qui appartient à un groupe de plantes étrangères est quelquefois maltraitée ; l'insecte nuisible a été importé en même temps qu'elle ; ceci n'est pas le plus ordinaire, néanmoins il y a à citer plus d'un fait de cette nature.

Les plantes d'ornement vont nous offrir les exemples les plus variés dans les chances de destruction auxquelles elles sont exposées.

Les Lilas. — La Gracillaria du Lilas.

LES LILAS.

A peine ont-ils commencé à luire, ces beaux jours du printemps, souvent attendus avec une si grande impatience, que paraissent les bourgeons du lilas. Le froid et l'humidité se font sentir encore d'une façon passablement désagréable; c'est égal, c'est le printemps, les lilas se mettent à montrer leur feuillage. Voilà décidément le soleil qui réchauffe l'atmosphère. Avez-vous vu? les lilas vont fleurir.

N'est-ce pas bien un peu ce qui se dit à chaque réveil de la végétation?

Ah! lilas, charmantes parures de nos jardins, c'est qu'aussi vous avez des fleurs si élégantes, et ces fleurs ont un parfum si doux! Quand vos fleurs ne sont plus, votre feuillage dans nos parterres encadre si bien nos autres fleurs, que c'est toujours triste de vous voir flétris.

Non, ces élégants arbrisseaux ne sont pas à l'abri des ravages des insectes. Dites, si je me trompe, vous tous qui cette année 1854, êtes entrés dans un jardin? Partout à peu près, les feuilles des lilas n'étaient-elles pas fanées, brunies, desséchées, enlacées les unes avec les autres par des fils, semblables à des toiles d'araignées? A l'automne, et dès le milieu de l'été, c'eût été à croire que le feu avait passé par là: pourtant ce n'était qu'une espèce d'insecte qui y avait passé. Une seule, entendez-vous bien? Mais dans un espace resserré, l'observateur patient eût pu compter des milliers d'individus; des milliers, que dis-je! des centaines de milliers.

Cependant, lisez les articles concernant les lilas, dans une foule d'ouvrages de botanique, dans les dictionnaires d'histoire naturelle et ailleurs encore; vous serez facilement convaincu que généralement on avait accordé peu d'attention aux ravages auxquels sont exposés les arbustes printaniers. Dans ces livres, nous dit-on fort gravement : « les feuilles de lilas étant très amères, ne sont broutées par aucun quadrupède herbivore ; il parait qu'aucune larve n'en fait sa nourriture. » C'est vraiment à donner envie de souligner, quand on a regardé les choses de près ; mais à quoi bon! Tant de choses tout aussi inexactes ont été écrites sur les altérations que subissent les végétaux, qu'il n'est guère besoin de leur faire l'honneur de s'y arrêter longtemps.

Pour les lilas, on avait seulement reconnu et avec raison que leurs feuilles se trouvaient quelquefois dévorées par les cantharides: or, ceci n'est pas très fréquent et ne doit guère nous préoccuper.

Nous avons dit que les plantes étrangères à l'Europe, introduites dans nos jardins, étaient souvent épargnées par les insectes indigènes, si toutefois elles différaient notablement des végétaux de notre pays qui alimentent ces insectes; le lilas appartient à un genre dont il n'existe aucun représentant naturel sur notre sol, et néanmoins il est attaqué. Ceci, en vérité, mérite d'être éclairci.

Le lilas est classé aujourd'hui par les botanistes dans la famille des oléacées, qui a pour type l'olivier, famille que plus anciennement on ne distinguait pas des jasminées. D'après les affinités naturelles de la plante, nous ne devrions donc pas être fort surpris de voir des insectes du jasmin, du troène, de l'olivier, du frêne, se nourrir également des feuilles du lilas; pourtant ceux qui attaquent à la fois ces végétaux différents sont peu nombreux.

Le lilas commun (*Syringa vulgaris*, Linné), chacun sait cela, est originaire du Levant. Il n'y a pas trois siècles cet arbrisseau était complétement inconnu en Europe. L'ambassadeur de l'empereur d'Allemagne, Ferdinand Ier, auprès de Soliman II, Augier Ghislen de Busbecq, né à Boesbèque, près de Lille, quittant Constantinople en 1562, rapporta le lilas. N'est-ce pas joli, pour un ambassadeur?

Plus tard le lilas a été rencontré à l'état sauvage jusqu'en Transylvanie.

Une espèce dont les proportions sont beaucoup moindres que celles de l'espèce commune, le lilas de Perse (*Syringa persica*, Linné), a été introduite aussi dans nos jardins, et puis, grâce à l'habileté des horticulteurs, on a eu des variétés blanches, des variétés bleuâtres, des hybrides du lilas commun et du lilas de Perse, comme le lilas varin cité souvent comme une espèce particulière; mais tout ceci n'est pas essentiel à mon sujet; je ne m'y arrêterai pas; les lilas, qu'ils soient de Perse ou de Syrie, qu'ils soient vraiment lilas, qu'ils soient bleus ou blancs, sont toujours attaqués par les mêmes insectes.

La Gracillaria du Lilas.

De tous ces insectes, le premier qui doit être mentionné à raison de l'importance de ses dégâts, est la larve ou la chenille d'un tout petit papillon de nuit, d'un lépidoptère. Par exemple, le papillon est bien joli, c'est dommage que sa chenille abîme nos lilas d'une manière si affreuse. Quand ses ailes sont fermées, il n'a pas plus de 4 à 5 millimètres (1); quand elles sont ouvertes, il déploie une envergure qui n'excède pas 8 millimètres (2). Son corps est de la plus grande délicatesse, et ses antennes sont d'une admirable ténuité, régulièrement annelées de noir et de blanc; et ses quatre ailes, voyez quelle merveilleuse délicatesse : les premières sont brunâtres avec des lignes

(1) Voyez pl. 1, fig. 5. Dans cette figure l'insecte est de grandeur naturelle.
(2) Pl. 1, fig. 6. Dans cette figure l'insecte est grossi au moins au double.

d'or bruni, courant en divers sens; les secondes sont toutes brunes, une fois plus étroites que les autres, et presque pointues au bout; mais admirez cette longue frange soyeuse qui les borde; est-il possible d'imaginer quelque chose de plus fin, de plus gracieux?

Ce petit papillon est de la famille des Teignes (1) : c'est là un nom de famille assez déplaisant pour désigner ces jolis insectes dont il nous faudra parler souvent, mais enfin c'est le nom; ne pouvant le changer, il faut bien s'y accoutumer. Notre espèce du lilas appartient à un genre qui s'appelle le genre Gracillaria, mot qui exprime la ténuité de nos petits lépidoptères; à cela il n'y a rien à dire, c'est une vérité qui est exprimée.

Il existe par le monde un assez grand nombre de ces Gracillarias qu'on reconnaît toujours à leurs grands palpes recourbés (2), surtout lorsqu'on se met à les regarder d'un peu près, et si l'on ne dédaigne point absolument de se servir d'une loupe; mais cette observation minutieuse n'est en aucune façon indispensable à notre affaire, je me contente d'indiquer cela en passant. D'ailleurs beaucoup de ces charmantes petites créatures ne doivent pas nous occuper; elles ne sont nuisibles à rien de ce qui nous intéresse.

J'en reviens donc uniquement à notre insecte qui est la Gracillaria du lilas (*Gracillaria syringella*). Il y a juste soixante ans qu'un célèbre entomologiste du Danemark, Fabricius, en fit la découverte et lui donna le nom sous lequel elle est désignée ici, en indiquant qu'elle se trouvait en Allemagne sur les lilas. Était-il alors assez abondant pour causer de grands dégâts? Nul sans doute ne saurait le dire aujourd'hui.

Au reste s'il n'y avait que le papillon ! Comme tout papillon c'est l'être inoffensif par excellence; ou il ne prend aucune nourriture durant son existence éphémère, ou il se contente du suc d'une fleur dans laquelle il puise à l'aide de sa trompe. Malheureusement c'est tout autre chose à l'époque où l'insecte est sous sa première forme, c'est-à-dire quand il est à l'état de chenille.

Voyons donc comment la Gracillaria du lilas se multiplie, comment elle accomplit ses métamorphoses.

Des chrysalides ont passé l'hiver, cachées au pied de l'arbre, dans des fissures de l'écorce, dans des cavités du mur voisin, partout enfin où elles ont pu être convenablement abritées. Dès le mois d'avril, lorsque les lilas sont encore tout fleuris, le promeneur qui se plaît à observer autour de lui verra les petites gracillarias voltiger, puis se poser sur une feuille, puis s'échapper avec rapidité au moindre mouvement qui se fait près d'elles, et aller retomber un peu plus loin. Si c'est le matin ou si c'est au déclin du jour, il verra ainsi tout ce petit monde s'agiter; les individus se rechercher et étaler d'instant en instant leurs ailes étincelantes; car à l'heure où le soleil brille les Gracillarias se cachent sous les feuilles. Pour ces êtres nocturnes c'est le moment du sommeil.

(1) *Tinéides* des entomologistes.
(2) Pl. 1, fig. 7.

Nos papillons sont éclos avec le printemps; peu de jours s'écoulent et les femelles vont pondre leurs œufs. Ces œufs seront déposés sur les feuilles; leur petitesse est telle, qu'ils échapperont à vos yeux; encore une semaine et les petites chenilles vont éclore. Ah! vous ne les verrez pas encore, même en examinant de bien près les feuilles de vos lilas. A peine nées. elles s'introduiront dans l'épaisseur des feuilles; respectant l'épiderme des deux côtés, elles vont manger le parenchyme, elles vont miner la feuille; de là le nom de *chenilles mineuses* qu'on leur donne, comme à toutes les larves dont les instincts sont semblables.

Les feuilles attaquées de cette façon, l'épiderme se soulève peu à peu et se flétrit: alors l'altération devient facile à apercevoir; pourtant rien encore ne paraît au dehors. Oui, mais arrachez avec précaution cet épiderme gonflé, et vous allez découvrir toute une nichée de petites chenilles, entourées d'une multitude de grains noirâtres; ce sont leurs déjections.

Complétement cachées depuis leur naissance, les jeunes larves ont déjà beaucoup grandi; elles ont grandi à l'abri de tout danger. Faibles, sans aucun moyen de défense, si elles avaient dû vivre à la surface des feuilles, elles auraient servi de pâture aux oiseaux et aux insectes carnassiers; conduites par leur instinct, elles savent se nourrir en restant on ne peut mieux garanties.

Arrive le moment où la feuille est totalement rongée; les chenilles de la Gracillaria néanmoins sont loin d'avoir pris tout accroissement; il leur faut donc quitter leur retraite première pour se procurer le moyen de subsister. En effet, elles déchirent alors l'épiderme flétri et déjà desséché. Vont-elles désormais se montrer à la surface des feuilles? Pas le moins du monde. Une fente étroite leur a-t-elle permis de passer la tête, aussitôt elles tendent des fils de manière à rapprocher d'elles les feuilles voisines. Sous les efforts combinés de la petite famille entière, cinq, six feuilles, ou même davantage, se trouvent liées les unes aux autres par des fils nombreux, et forment ainsi une sorte de paquet. Dans cette situation, nos chenilles vont continuer à croître, elles vont continuer à miner à l'intérieur en ne ménageant plus l'épiderme d'un côté, mais en ne manquant jamais de laisser intactes les parties extérieures.

Ah! si les insectes dévastateurs des lilas sont nombreux, les arbustes seront déjà singulièrement maltraités; ces paquets informes de feuilles boursoufflées, flétries, en partie desséchées, déjà brunies et enveloppées de fils, présentent un aspect qui est loin d'être agréable à la vue.

Nous sommes arrivés à la fin de mai ou aux premiers jours de juin, nos chenilles de Gracillarias ont pris à peu près tout leur accroissement. Écartez les feuilles de l'un de ces paquets dans lesquelles elles se tiennent cachées, vous les trouverez réunies en grand nombre sur un même point, absolument comme vous les aviez trouvées un peu plus tôt entre les deux épidermes d'une même feuille. Mais à présent, au lieu d'avoir comme à cette première époque seulement 2 ou 3 millimètres de long, elles en ont

10 ou 12, ce qui n'est pas encore une grande dimension (1). Pourtant il est devenu possible de reconnaître leur forme à la vue simple. Ces petites chenilles sont presque lisses, médiocrement allongées, totalement d'un vert pâle avec une marque noire sur la tête. Si l'on ne craint pas de se servir d'une loupe, on distinguera aisément les pattes écailleuses de leurs trois premiers anneaux, qui sont terminées en pointe et noirâtres vers le bout, ainsi que les cinq paires de pattes membraneuses qui existent du sixième au neuvième anneau, et à l'anneau terminal (2). Toutes les chenilles des teignes offrant de ce côté les mêmes caractères, il ne sera pas utile de les rappeler à l'égard des autres espèces du même groupe dont il devra être question dans la suite de cet ouvrage.

Ainsi voilà nos chenilles des Gracillarias qui ont pris leur entier accroissement ; le moment de leur transformation est arrivé. Chacune alors va filer un cocon et se métamorphoser en chrysalide.

Ce cocon est d'un tissu soyeux, mince, peu résistant ; aussi est-il toujours protégé par les corps environnants. Quelquefois il est établi entre les feuilles où la chenille a vécu ; plus souvent la chenille a quitté sa retraite au moment de subir sa métamorphose ; elle a été filer sa coque dans la fissure d'une écorce, sous le rebord ou dans la crevasse d'un mur ; dans le lieu enfin le plus abrité qu'elle a su découvrir.

Le cocon achevé, la chenille ainsi emprisonnée se ramasse sur elle-même ; peu à peu sa peau se détache ; de brusques mouvements l'en débarrassent complétement ; l'insecte est sous la forme de chrysalide (3). Cette chrysalide courte, un peu ovalaire, montre déjà en arrière les longues pattes dont sera pourvu le papillon.

Deux semaines environ dans cet état d'immobilité, et puis voilà en quelques jours les petits papillons qui éclosent, qui se répandent dans les jardins, dix fois, vingt fois plus nombreux que n'avaient été leurs pères et mères au printemps. Ils ont vécu, ils ont accompli toutes leurs transformations durant une saison favorable, la mortalité parmi les chenilles ou parmi les chrysalides n'a pas dû être considérable.

Cependant depuis quinze jours vos lilas ont cessé d'être dévorés ; beaucoup de leurs feuilles à la vérité sont déjà mortes ; mais ce temps de repos a permis à de nouvelles pousses de se montrer ; on pourrait croire que la végétation va se renouveler. Oui, mais les Gracillarias voltigent de tous côtés ; le soir, à la tombée du jour, les individus se recherchent, se réunissent. Quelques jours encore et les femelles vont aller déposer leurs œufs sur les feuilles épargnées la première fois et sur les feuilles nouvellement poussées. Tout va se passer pour cette seconde génération comme pour la première. Sur les lilas, le ravage va continuer avec une rapidité d'autant plus grande, que les individus, cette fois, sont plus abondants. Nous sommes au mois de juillet ; le travail

(1) Pl. 1, fig. 1.
(2) Pl. 1, fig. 2.
(3) Pl. 1, fig. 3. **Chrysalide de grandeur naturelle**, et fig. 4, la même grossie.

de destruction va se poursuivre jusque vers la fin d'août; puis les papillons de cette
seconde génération de l'année paraissent. Vous n'êtes pas quitte encore des ravages
de la Gracillaria. Regardez vos lilas, parmi les feuilles flétries vous découvrez quelques
feuilles restées intactes. Eh bien, ces feuilles vont être la pâture des chenilles d'une
troisième génération. Pendant le mois de septembre celles-ci croîtront, et à la fin de
la belle saison elles iront pour tisser leur coque se cacher avec bien plus de soin que
n'en avaient pris les chenilles de la première et de la seconde génération. C'est qu'aussi
cette fois on ne verra plus les papillons éclore deux semaines après cette métamorphose. Les chrysalides passeront l'hiver dans leurs retraites; les éclosions ne vien-
dront qu'au printemps.

Dans cette circonstance l'insecte aura eu l'instinct de s'abriter aussi parfaitement
que possible; de se loger dans les endroits les moins apparents. Les chances de destruction sont toujours pour lui en raison de la durée de son existence, et ces chances
sont augmentées par les intempéries de la mauvaise saison de l'année. L'insecte a reçu
de la nature l'instinct de les conjurer en partie.

Les arbustes dévorés par trois générations de chenilles répandues à profusion, sont
nécessairement rendus assez malades; il est à croire qu'on s'en apercevra l'année
suivante, même avant qu'ils subissent de nouvelles atteintes. Il faut donc que nous
nous occupions au plus vite d'arrêter le mal.

Nous savons maintenant de quelle manière vit l'insecte, nous connaissons ses
époques d'éclosion et de métamorphoses; pourtant j'ai une remarque à faire : la durée
totale de la vie des individus étant assez courte, et leur naissance ayant lieu souvent
à des intervalles de plusieurs jours, il arrive que l'on voit en même temps des chenilles
et des papillons; il suffit d'une différence d'une quinzaine de jours pour qu'il en soit
ainsi. D'après cela, on ne saurait préciser ces époques d'une façon trop absolue; mais
cela importe peu. Ne nous y arrêtons pas.

La Gracillaria du lilas abonde depuis quelques années dans la plupart des jardins
d'une grande partie de la France, ce qui ne veut pas dire cependant que certaines
localités n'en ont pas été à peu près exemptes jusqu'ici; mais à l'égard de ces localités
favorisées, les choses peuvent changer dans l'espace d'une année. Par cette raison,
partout où il y a des lilas, la Gracillaria mérite d'être connue à l'avance. Pour les localités
où elle s'est multipliée prodigieusement, il est difficile de dire bien exactement de
quelle époque date cette grande multiplication; les observations anciennes n'ont été
consignées nulle part. Il me souvient à la vérité d'avoir vu, il y a un certain nombre
d'années, les lilas parfaitement intacts, là où je les vois aujourd'hui ravagés d'une
manière désolante; mais ceci ne me suffit pas pour croire que l'espèce n'est devenue
abondante que depuis peu. Il y a souvent des intermittences dans les grandes appari-
tions d'un insecte nuisible. Il y a les causes de destruction dont il est toujours bon de
se rendre compte.

Nous allons chercher à les bien reconnaître.

Le lilas est originaire du Levant ; l'insecte qui lui est particulièrement préjudiciable paraît vivre presque exclusivement de son feuillage. Dans les jardins où les lilas sont entièrement ravagés, les végétaux d'alentour demeurent toujours à l'abri des atteintes de la Gracillaria. Nous avons observé la chenille de ce lépidoptère, il est vrai, sur les feuilles du troène, mais dans des cas assez rares, ce qui est de nature à faire penser que la Gracillaria du lilas est vraiment l'insecte de l'arbuste tant exposé à ses ravages.

L'espèce aujourd'hui si multipliée chez nous est donc suivant toute probabilité une espèce apportée d'Orient avec la plante qui la nourrit. Le lilas est devenu si commun dans notre pays, que la propagation de l'insecte destructeur devait s'effectuer rapidement.

Peut-être le propriétaire d'un jardin ou d'un beau parc va-t-il s'écrier là-dessus : Que m'importe que l'insecte soit indigène ou étranger, ceci ne m'intéresse pas, je veux savoir avant tout comment je pourrai m'en débarrasser. Fort bien ; mais moi je répondrai : Je tiens à ce que vous sachiez si l'insecte nuisible est ou n'est pas originaire d'Europe, car s'il est originaire d'Europe, il a contre lui moins de chances naturelles de destruction que s'il était étranger. Dans ce cas, comprenez bien, vous aurez plus à faire pour arriver au but.

Tout insecte nourrit une ou plusieurs espèces parasites. La femelle d'un insecte dont la larve vit aux dépens d'une autre larve, introduit un œuf sous la peau d'un individu de l'espèce qui convient au jeune ver qui va sortir de l'œuf. Une femelle produisant trente, quarante œufs, souvent davantage, attaquera ainsi un nombre égal d'individus. Tous ces individus se trouvent frappés à mort ; la larve parasite, qui d'abord va ménager dans l'insecte qui la nourrit les organes essentiels à la vie et se contenter du tissu graisseux, n'épargnera plus rien quand elle sera près du terme de son accroissement. Chaque parasite vous aura donc détruit une chenille. Si les parasites sont nombreux, jugez quelle masse énorme de chenilles pourra être anéantie dans l'espace d'une année. Si, favorisés par les circonstances, ils sont devenus plus nombreux encore l'année suivante, vous remarquerez bien certainement alors une diminution dans la quantité de vos insectes destructeurs.

Ce sont ces diminutions quelquefois rapides qui surprennent le cultivateur et lui donnent à penser que les espèces nuisibles s'en iront un jour ou l'autre sans qu'il soit besoin de s'en préoccuper. Ignorant la cause d'un fait si remarquable, il croit volontiers qu'il n'y a rien à faire.

Pourtant l'observation nous dit qu'il ne faut pas compter exclusivement sur les parasites. Arrive le jour où ceux-ci, s'étant multipliés hors de toute proportion, trouvent difficilement à assurer le dépôt de leurs œufs. Ils disparaissent à leur tour en grande partie. Les individus de l'espèce nuisible qui ont échappé se reproduisent ; leurs générations n'étant plus atteintes par les parasites, s'étendent comme par le passé ; elles reparaissent tout aussi nombreuses pour un temps plus ou moins long jusqu'à ce que les parasites arrivent à reprendre le dessus. La présence des parasites est un grand bien au point de vue de nos cultures. C'est le moyen de la nature pour empêcher que certaines espèces ne se répandent pour toujours à profusion. Toutefois ce secours est insuffisant.

Eh bien, contre l'insecte destructeur des lilas, ce secours même vous manque... Nous avons enfermé dans des boîtes des milliers de chenilles de la Gracillaria. D'aucune d'elles il n'est sorti un parasite. C'est que, voyez-vous, la Gracillaria est vraiment l'insecte du lilas, la Gracillaria est l'insecte venu du Levant, avec l'arbuste qui le nourrit.

En apportant l'arbuste et l'insecte, on n'a pu apporter les parasites de l'insecte. Quelques-uns de ces parasites fussent-ils venus avec les chenilles de la Gracillaria, ils n'auraient vraisemblablement pas réussi à assurer le sort de leur progéniture. Ainsi notre espèce du lilas n'a rien à redouter de ce côté. Les insectes parasites indigènes recherchent chacun leur espèce, comme l'insecte herbivore recherche sa plante. D'ordinaire, ils n'iront pas inquiéter l'espèce étrangère.

Y a-t-il d'autres chances de destruction naturelles pour la Gracillaria? Oui, il y en a au moins une, lorsque la multiplication des individus est devenue extrême.

Après le développement de la première génération de l'année, les lilas, avons-nous déjà vu, sont fort malades; après le développement de la seconde, ils le sont bien davantage, peut-être n'ont-ils plus à ce moment de feuilles encore fraîches. Ah! s'il en est ainsi, les mères ne vont plus trouver d'endroits propices au dépôt de leurs œufs; si elles ont été forcées de les abandonner sur des feuilles déjà flétries, les jeunes chenilles qui vont éclore manqueront de nourriture. Elles périront.

Vos lilas sont sauvés pour l'année prochaine. Ils seront au moins très épargnés, car il est encore à supposer que quelques chenilles auront trouvé assez de subsistance pour arriver au terme de leur croissance; les destructions totales sont toujours rares dans la nature, même sur un point limité.

Une semblable chance de destruction doit-elle vous faire renoncer à combattre l'espèce nuisible? Assurément non. Pendant dix, quinze années consécutives, plus encore peut-être, vos lilas pourraient être ravagés d'une façon tout à fait désastreuse, avant que la nourriture vînt à manquer absolument aux Gracillarias. Ce serait vraiment attendre trop longtemps.

Il faut donc nous mettre nous-même très résolument à l'œuvre pour détruire l'insecte nuisible.

Aucune phase de son existence ne nous est inconnue. Il nous est facile de voir si c'est le papillon dont on peut s'emparer, si ce sont ou les œufs, ou les chenilles, ou les chrysalides auxquels on peut s'en prendre de préférence.

Les papillons; mais ils se cachent sous les feuilles ou ils voltigent; ils sont presque insaisissables. Ne songeons donc pas aux papillons.

Les chrysalides ; mais, on l'a vu, elles sont cachées dans les fentes des murailles, dans les fissures des écorces ou entre des feuilles ; pour la plupart elles sont hors d'atteinte. Force nous est de renoncer également à tuer les chrysalides.

Les œufs ; mais ils sont déposés à l'aisselle des feuilles ou le long du pétiole ; il est presque impossible de les découvrir. D'ailleurs, fussent-ils placés sous vos yeux, leur petitesse ne vous permettrait sans doute pas encore de les bien distinguer. Il faut abandonner toute idée de détruire les œufs.

Il n'y a moyen de faire périr ni les œufs, ni les chrysalides, ni les papillons. C'est donc aux chenilles qu'il faut nous en prendre ; mais ces chenilles vivent cachées, et elles sont fort petites. Irons-nous les saisir une à une sur l'arbuste. Ce serait folie d'y songer, n'est-ce pas ?

Emploierons-nous de la vapeur de soufre pour les tuer ? Répandrons-nous sur la plante quelque dissolution de ces substances âcres qui tuent les insectes ? Mais, encore une fois, les chenilles des Gracillarias sont cachées ; la surface des feuilles pourra être atteinte, les chenilles ne le seront pas. Des moyens de destruction qui réussissent pour d'autres insectes deviennent impossibles dans le cas actuel.

Après avoir tout examiné, on ne peut plus en douter, il n'y a qu'une manière de se garantir des ravages de la Gracillaria du lilas.

Au mois de mai vous visitez vos lilas. Y a-t-il des feuilles atteintes par les jeunes chenilles ? Rien n'est plus aisé à voir. L'épiderme boursouflé, déjà flétri, vous dénonce où est le mal. Ne perdez pas un jour, n'attendez pas que les chenilles soient sorties de leur première retraite et aient attiré autour d'elles les feuilles voisines. Arrachez, coupez au plus vite les feuilles dont l'épiderme est soulevé, et n'oubliez pas de les brûler aussitôt. Chaque feuille ainsi enlevée, c'est vingt, trente, quarante chenilles que vous avez détruites en un moment. Si dans votre jardin un semblable travail a été bien exécuté pour chaque arbuste, ce qui, après tout, ne saurait jamais être une besogne de longue durée, vous serez certain d'avoir anéanti là toute une génération de Gracillarias. L'absence d'individus de la première génération vous garantit de la seconde et de la troisième. Ainsi voilà vos lilas que vous avez si bien soignés qui vont rester magnifiques pendant toute l'année. Si le voisin n'a pas eu la même précaution, quand il viendra comparer ses arbustes aux vôtres, il est probable que ce n'est pas lui qui rira.

Vous êtes débarrassé cette année de votre insecte nuisible. Par cette raison même vous devriez être parfaitement assuré de ne pas le revoir l'année suivante, néanmoins il pourra n'en être pas ainsi. A cela il y a une cause.

A cette occasion il me revient en mémoire une petite anecdote qu'il serait permis de citer également en parlant d'une infinité d'insectes destructeurs ; mais elle va on ne peut mieux à mon sujet actuel. J'aime autant la rapporter dès le début de mon livre.

Il y a une quinzaine d'années, de tous les pays vignobles de France s'exhalaient des plaintes sur les dégâts que causait la pyrale de la vigne, petit papillon ou petite chenille dont nous aurons aussi à parler. Un professeur du Muséum d'histoire naturelle, M. Audouin, explorait les contrées désolées pour étudier l'insecte destructeur et chercher le meilleur moyen de s'en préserver. Aux environs de Mâcon, le savant recueillait de tous côtés des renseignements sur les dégâts dont on avait eu à souffrir, sur les tentatives déjà faites pour mettre un terme à la marche incessante du fléau, etc. Dans une excursion pendant laquelle le professeur du Jardin des plantes était accompagné par un grand nombre de notabilités de la ville de Mâcon, quelqu'un tout à coup s'arrête et dit : Voyez cette vigne, elle appartient à un homme bien singulier : cet homme assure avoir échenillé plusieurs fois sa vigne avec un soin tout particulier; mais il y a renoncé, dit-il gravement. Plus il débarrasse sa vigne des pyrales qui la dévorent, plus il en a ensuite. Voilà ce que raconte ce brave homme. Et là-dessus toutes les notabilités de la ville de Mâcon de rire aux éclats de tant de stupidité. M. Audouin, sans faire aucune réflexion, paraissait écouter le récit avec un intérêt croissant. Le narrateur continue : Oh, personne n'a pu lui faire comprendre que c'est impossible. Il ne veut pas démordre de son idée. Le savant avait manifesté le désir de voir le vigneron. Rien de plus aisé, dirent à la fois plusieurs personnes. Nous allons envoyer le chercher. Il répétera la même chose devant vous. Il est si entêté !

Une demi-heure s'était à peine écoulée, lorsque parut le pauvre cultivateur. Tenez, le voilà, interrogez-le. M. Audouin lui demande en effet de lui raconter ce qu'il a observé dans sa vigne. De la façon la plus simple, le bonhomme, pourtant un peu confus, dit : ce que j'ai vu est bien extraordinaire, sans doute, je n'y comprends rien du tout, mais c'est cependant très vrai.

Plusieurs années, j'ai échenillé ma vigne tellement bien, que le plus malin aurait eu de la peine à trouver une seule pyrale une fois mon travail fini. A l'époque à laquelle j'ôtais les chenilles, ma récolte était déjà perdue ; mais je me disais : l'année prochaine il n'en sera pas de même à coup sûr, je serai récompensé de ma peine. Un mois écoulé après mon échenillage, de nouvelles feuilles poussaient ; à l'automne ma vigne était superbe, c'était à croire que j'aurais une récolte magnifique l'année suivante, puisqu'il n'y avait plus de pyrales. Mes voisins, qui n'avaient rien fait, admiraient mon clos. Eh bien, quand venait le printemps, j'avais dix fois plus de chenilles que les autres, dont les vignes étaient restées dans un état affreux pendant tout l'automne. Pourquoi? je ne le sais pas ; mais allez, c'est tout à fait certain, ajoutait le vigneron avec l'accent de la plus entière conviction.

Eh bien! vous l'avez entendu, plus on ôte de pyrales, plus on en a ! C'est curieux, dirent à la fois plusieurs personnes s'adressant au naturaliste. Oui, j'ai entendu, reprit ce dernier, et cet homme a parfaitement raison. Vraiment! s'écrie chacun tout stupéfait. Vous allez le comprendre bien aisément, poursuit le professeur du Jardin des plantes.

Quand ce vigneron détruit les pyrales dans son clos, sa récolte est déjà anéantie :

mais il espère que la récolte suivante le dédommagera de son travail. Malheureusement il n'en est pas ainsi. Sa vigne délivrée des insectes destructeurs se revêt de feuilles nouvelles, tandis que les ravages continuant chez les voisins, leurs vignes restent flétries. Là les papillons éclosent en masse. Vient pour les femelles le moment de la ponte, et ce sont des feuilles fraîches qu'elles recherchent pour y déposer leurs œufs. Dans l'endroit où elles sont nées, toutes les feuilles sont fanées ou desséchées; elles quittent cet endroit et vont faire leur ponte un peu plus loin, si là elles doivent rencontrer une belle végétation. Ainsi le travail de cet homme ne profite pas à lui, mais bien à ses voisins. L'échenillage serait bon seulement s'il était pratiqué partout à la fois.

Telles furent à peu près les paroles du professeur. Le vigneron se sentait bien un peu dépité, de voir qu'il avait travaillé uniquement pour autrui, mais au fond de l'âme il était assez satisfait d'avoir eu raison contre tout le monde.

Eh bien, ce qui est vrai ici le serait également pour une infinité d'autres cultures.

Si pendant quelques mois il vous arrivait de pouvoir montrer orgueilleusement vos lilas frais, bien portants, exempts de tout dégât, et de les comparer à ceux d'alentour ; ne vous réjouissez pas trop. Ces jardins si près du vôtre, tout infestés de Gracillarias, sont dangereux pour vos arbustes. Les femelles, au moment de la ponte, ne manqueront pas de venir déposer leurs œufs dans l'endroit où la végétation est la plus belle. Bientôt vous n'auriez plus envie de rire de la négligence de votre voisin, vous maudiriez son incurie.

Instruit de ces faits et de tous les inconvénients qu'ils entraînent, instruisez-en donc ceux qui les ignorent encore. C'est leur intérêt, c'est le vôtre, c'est l'intérêt de tous. Belle avance, ma foi! d'avoir un jardin tout dépouillé. Planter des arbustes, cultiver des fleurs pour s'en réjouir les sens et voir les arbustes dépérir, les fleurs se faner ou avorter, c'est bien séduisant, n'est-ce pas? Que chacun donc, ou dans son vaste domaine, ou sur son petit coin de terre, n'hésite point à apporter à ses lilas le soin que nous avons indiqué; les ravages causés par la Gracillaria ne tarderont pas à devenir rares. Il se pourra alors que l'on n'ait plus à s'en occuper de longtemps. Encore une fois, il dépend de nous de réduire à peu de chose les dégâts occasionnés par les insectes. Seulement, pour obtenir ce résultat si désirable, il est besoin des efforts combinés de tous ceux qui ont des cultures.

Notre planche 1, montre une branche de lilas extrêmement altérée par la Gracillaria du lilas (*Gracillaria syringella*). Les feuilles inférieures ont subi les premières atteintes ; dans une portion de leur étendue, l'épiderme est soulevé, les jeunes chenilles ont déjà rongé le parenchyme. Dans la partie supérieure, les chenilles, devenues plus grosses, ont réuni les feuilles les unes aux autres. Du côté droit, une de ces feuilles a été écartée pour mettre à découvert quelques chenilles (n° 1). Les grains noirs qu'on voit répandus de tous côtés sont les déjections de ces insectes.

La figure 2 montre une chenille un peu grossie, afin que l'on puisse juger plus aisément de sa forme et de ses caractères. Sur quelques feuilles on a représenté les petits cocons soyeux et blanchâtres construits par les chenilles pour se transformer en chrysalides.

La figure 3 montre une chrysalide tirée de sa coque; elle est de grandeur naturelle. On la voit grossie dans la figure 4.

La figure 5 est le papillon de grandeur naturelle, tel qu'on le voit au repos. Dans la figure 6 le papillon a les ailes étendues comme pendant le vol, et il est un peu grandi.

La figure 7 représente la tête du papillon de profil et extrêmement grossie, pour mettre en évidence la trompe et les palpes.

La figure 8 est la partie inférieure de l'une des pattes du milieu qui sont le plus élargies ; la jambe est terminée par deux longues épines.

Le Sphinx du Troène.

Outre la Gracillaria que nous regardons comme un insecte importé avec le lilas, il y a encore plusieurs de nos papillons indigènes dont les chenilles se nourrissent volontiers des feuilles de l'arbrisseau du Levant. Sans être ordinairement très abondantes, elles dépouillent quelquefois assez rapidement des arbustes d'une grande partie de leur feuillage. Celles-ci sont loin d'être dangereuses comme la Gracillaria, néanmoins dans certaines circonstances elles paraissent en assez grand nombre pour qu'il ne soit pas inutile de les connaître. D'ailleurs parmi ces espèces qui s'attaquent souvent au lilas il y en a de fort remarquables sous plusieurs rapports. Quand on a l'heureuse fortune de posséder un jardin, on ne peut manquer d'avoir de fréquentes occasions de les observer, et parfois aussi de se plaindre de leur voracité. Personne ne sera fâché probablement de savoir quelque chose de leur histoire.

Une espèce peu abondante d'ordinaire dans nos cultures, mais s'y rencontrant d'une manière habituelle, devra toujours être mentionnée dans notre livre. Il n'est pas toujours aisé de savoir jusqu'où peuvent s'étendre les dégâts d'un insecte. Il y a des espèces dont les individus n'ont jamais été rencontrés en grand nombre, qui, favorisées par certaines circonstances, se multiplient tout à coup d'une façon prodigieuse, et méritent dès lors d'être classées parmi les plus nuisibles. Il ne serait pas sage de les négliger.

Vers la fin du mois de mai, il n'est pas rare, durant les belles soirées, d'entendre un fort bourdonnement produit par un vol puissant et rapide. Au jour douteux on aura pu apercevoir un corps d'un volume assez considérable franchissant l'espace avec une remarquable célérité.

On est frappé par une allure étrange ; cette allure ne fait pas reconnaître un papillon, ce n'est ni le vol léger et saccadé des papillons de jour qui vont se poser de fleur en fleur. Pourtant c'est bien un insecte de cet ordre ; seulement celui-ci est d'une famille dont les individus ne se montrent presque jamais quand le soleil luit. C'est un papillon

Les Lilas.— Le Sphinx du Troëne.

de la famille des Sphinx, comme les appellent les entomologistes. Or les Sphinx ne paraissent jamais qu'au crépuscule du matin et du soir. Leur vol à quelques égards ressemble à celui d'un oiseau. Leur corps est extrêmement robuste, leurs antennes sont fort épaisses, prismatiques et dentelées en dessous comme des râpes ; leur trompe, qui est enroulée pendant le repos, est plus longue que le corps quand elle est déroulée ; les ailes antérieures sont lancéolées ; les ailes postérieures sont toujours beaucoup plus courtes et arrondies en arrière.

L'espèce qu'on rencontre fréquemment dans les jardins a reçu le nom de Sphinx du Troène (*Sphinx ligustri*, Linné). C'est un beau papillon dont les ailes déployées n'ont pas moins de 8 à 10 centimètres d'envergure (1) ; les premières ailes sont d'un gris rougeâtre, parcourues par des veines noires et ornées en outre de deux lignes blanches qui décrivent des sinuosités et se réunissent au sommet ; les secondes ailes sont d'un rose vif avec le bord rembruni ; trois bandes noires les traversent, l'une très petite se trouve à la base, les deux autres beaucoup plus grandes sont parallèles au bord.

Le Sphinx du Troène est un de ces beaux lépidoptères de notre pays qu'un jeune collecteur d'insectes est toujours heureux de pouvoir placer dans ses boîtes. Pendant son vol, le Sphinx enfonce fréquemment sa trompe dans le nectaire des fleurs, mais pour cela il ne se pose pas comme les papillons de jour ; par le seul effort de ses ailes qu'il agite avec une incroyable rapidité, il se soutient à la même place pendant un certain temps.

Dès le commencement de juin les femelles commencent à pondre ; elles ne déposent pas leurs œufs en paquets comme le font beaucoup d'insectes, elles les abandonnent un à un en divers endroits ; de telle sorte que les chenilles sont rarement en grand nombre sur un même arbre.

Les jeunes chenilles se montrent au mois de juin, mais elles n'ont pris leur entier accroissement qu'à la fin de juillet ou au commencement du mois d'août. Quand on les trouve, les lilas ont perdu leurs fleurs depuis longtemps ; ils sont alors chargés de fruits.

La chenille du Sphinx du Troène est vraiment l'une des plus belles chenilles que l'on puisse rencontrer (2). Tout son corps est d'un vert tendre, d'une extrême fraîcheur, avec une ligne d'un noir luisant de chaque côté de sa tête ; ses anneaux sont finement plissés et ces plis forment autant de lignes parallèles ; chacun des anneaux, depuis le quatrième jusqu'au dixième, est orné des deux côtés d'une double bande oblique ; cette bande est blanche en arrière et d'un violet lilas en avant ; les bords des stigmates ou orifices respiratoires sont d'un jaune orangé ; le onzième anneau, c'est-à-dire l'avant-dernier, porte en dessus un long appendice solide un peu recourbé et terminé en pointe ; c'est une sorte de queue ; cette queue est d'un noir d'ébène avec sa

(1) Pl. 2, fig. 3.
(2) Pl. 2, fig. 1.

partie inférieure un peu jaunâtre. Les pattes écailleuses que supportent les trois premiers anneaux sont noires au bout ; les pattes membraneuses qui existent du sixième au neuvième anneau et au douzième sont de gros mamelons charnus de la couleur du corps, terminés par une couronne d'épines noires d'une extrême finesse et d'une admirable régularité.

Ces épines acérées, qui étreignent fortement les tiges, permettent à la chenille de redresser toute la partie antérieure de son corps, sans avoir à faire usage de ses pattes de devant autrement que pour progresser. Rien de plus ordinaire que de trouver les chenilles de Sphinx ayant ainsi leurs premiers anneaux et leur tête relevés. C'est à cette attitude singulière qu'elles doivent leur nom de Sphinx. Les premiers entomologistes ont reconnu dans ces chenilles l'attitude du monstre de Thèbes lançant son énigme aux passants.

Depuis le jour de son éclosion jusqu'au moment de sa métamorphose, la chenille du Sphinx du Troène conserve ses mêmes couleurs. Quand elle a acquis tout son accroissement, elle est grosse comme le doigt ; elle atteint alors au moins 8 ou 9 centimètres de longueur. Au moment de se transformer en chrysalide , sa belle couleur verte s'éteint ; elle prend une teinte jaunâtre ; elle quitte à cet instant l'arbrisseau qui la nourrissait et vient au pied s'enfoncer dans la terre. Là elle se forme une espèce de loge ; au moyen d'une petite quantité de soie qu'elle a la propriété de sécréter, elle enduit et solidifie les parois de la loge ; puis bientôt a lieu sa transformation.

La chrysalide est toute brune et luisante ; sous son enveloppe solide se dessinent déjà la forme du corps du papillon, la forme des ailes, la forme des antennes (1).

Quand le Sphinx du Troène est dans cet état, tout est fini jusqu'à l'année suivante ; le papillon ne doit éclore qu'au mois de mai. L'espèce n'a qu'une génération chaque année.

Les chenilles de cet insecte vivent à peu près indifféremment sur le lilas et sur le troène ; certainement le troène est la plante qui doit les nourrir, mais chez nous le lilas est bien plus répandu dans les jardins ; aussi est-ce là que nous rencontrons les Sphinx le plus habituellement. Ces chenilles rongent entièrement les feuilles ; volumineuses comme elles le sont, dans un espace de temps assez court, elles dépouillent des branches entières. S'il y en a plusieurs sur un arbrisseau, l'arbrisseau est bien vite dégarni de son feuillage. Il n'est que trop aisé de s'apercevoir du dégât.

Au reste, dans les localités où le Sphinx du Troène est abondant, il est bien facile de s'en débarrasser.

Les tiges de lilas complétement rongées appellent votre attention. Un rapide examen de l'arbuste vous fait apercevoir les chenilles cramponnées aux branches ; vous avez bien vite fait de les enlever, car elles ne sont jamais en nombre considérable ; pourtant

(1) Pl. 2, fig. 2.

Les Lilas. — Le Minime à bandes

ce moyen n'est pas le seul si l'on tient à ne pas voir les feuilles de ses lilas rongées par les chenilles du Sphinx du Troëne. A l'arrière-saison, lorsqu'on enlève les feuilles mortes avec le rateau, il suffit de gratter un peu au pied des arbustes pour atteindre les chrysalides. La couche de terre qui les recouvre est toujours très mince. Par un raclage fait avec un peu de soin, on est parfaitement sûr de les déterrer sans qu'il en coûte une grande peine.

Ainsi vous voilà bien averti de ce côté. Si, dans votre jardin, le Sphinx du Troëne est rare comme c'est le cas le plus ordinaire, vous n'aurez qu'à admirer l'un des plus beaux insectes de notre pays; s'il est assez abondant pour causer des dégâts dans votre propriété, il vous suffira d'une recherche des plus faciles pour détruire les chenilles, ou d'un soin sans importance comme travail, pour faire disparaître les chrysalides, et n'avoir plus rien à redouter de la part de cette espèce quand viendra l'été.

Notre planche 2 représente une branche de lilas couverte de ses fruits. Une chenille du Sphinx du Troëne (*Sphinx ligustri*), fig. 1, qui a atteint tout son accroissement, en ronge les feuilles. La figure 2 montre la chrysalide de grandeur naturelle. La figure 3, le papillon de grandeur naturelle.

Le Minime à bandes.

Nous avons encore à mentionner un papillon dont la chenille s'attaquant au feuillage de divers arbres dévore souvent les lilas. C'est dans les jardins qu'on a le plus ordinairement l'occasion de l'observer ; c'est ici que nous en parlerons.

Cette espèce appartient, comme les précédentes, à la grande division des papillons nocturnes : mais elle fait partie d'une tout autre famille; elle est de la famille des Bombyx, dans laquelle on range l'insecte le plus utile, le ver à soie. Notre espèce est des mieux connues, c'est le Minime à bandes. On l'appelle souvent aussi le Bombyx du chêne (*Bombyx quercus*); et en effet, il n'est pas rare de la trouver sur le chêne. C'est une chenille peu difficile pour sa nourriture; elle se contente à peu près du feuillage qu'elle trouve à sa portée ; cependant le lilas paraît être une de ses plantes de prédilection.

Durant les mois de juin et de juillet vous n'aurez pas longtemps à chercher dans un jardin pour la trouver sur les feuilles de cet arbuste.

Pour le plus grand nombre des lépidoptères, on voit chaque année le papillon avant la chenille. Ce sont en général les chrysalides qui passent l'hiver ; les insectes adultes se montrent au printemps, et l'on n'a à souffrir des ravages de leurs larves qu'un peu plus tard. Ici c'est le contraire qui a lieu.

Voyons donc ce qui se passe :

Quand la végétation a commencé à se développer, les petites chenilles se montrent sur les feuilles, se tenant d'ordinaire à la face inférieure, de manière à être vues le moins possible. Se cacher est l'instinct de tous les animaux sans défense. Toujours elles sont isolées ; on en trouve une ici, une là, une autre un peu plus loin, rarement deux ou trois à la même place. Pendant le mois de mai et de juin elles grossissent et acquièrent une assez grande dimension ; leur longueur n'est pas moindre quand elles sont sur le point de se transformer de 6 à 8 centimètres.

Les chenilles du Minime à bandes sont à peu près cylindriques ; on les reconnaît du premier coup d'œil aux longs poils dont tout leur corps est garni ; ces poils sont grisâtres et un peu nuancés de jaunâtre ; la peau est ainsi d'une teinte grise avec des raies latérales noires, quelques marques rougeâtres et une ligne longitudinale jaune de chaque côté ; la tête est noire avec une tache jaune en forme de tulipe renversée ; les pattes membraneuses sont rayées de noir. En un mot, la chenille du Minime à bandes est une fort belle chenille ; ses longs poils soyeux ondulent gracieusement quand elle marche (1).

Les chenilles de cette espèce, au moment même de leur métamorphose, sont de taille très inégale ; les unes sont d'un tiers plus petites que les autres ; les plus grosses donnent les papillons femelles ; les plus petites, les papillons mâles. Dans le genre des Bombyx il y a très ordinairement une différence considérable dans les dimensions des individus des deux sexes. Au contraire de ce qui se voit parmi les mammifères et parmi les oiseaux, ce sont les femelles dont le développement est le plus grand.

Les chenilles du Minime rongent les feuilles. Ayant une existence assez longue et un volume assez considérable, elles en consomment une notable quantité. Un arbrisseau qui en nourrit une dizaine peut fort bien être en grande partie dépouillé, quand le temps de leur croissance est achevé.

Au mois de juillet, les chenilles filent leurs cocons, soit entre des branches, soit sous des rebords de murs, soit dans des excavations. Comme la plupart des Bombyx, elles fournissent beaucoup de soie ; leurs cocons, d'un brun assez foncé, ont des parois épaisses, d'un tissu serré et très tenace. C'est que la soie y est agglutinée par une grande quantité de matière gommeuse ; cependant la surface externe est toujours couverte d'une certaine quantité de bourre, d'un aspect laineux (2). A l'intérieur, au contraire, les parois sont lisses et comme vernissées.

Ces cocons sont ovalaires, arrondis régulièrement aux deux bouts. On n'a jamais cherché à les utiliser, pourtant il n'est pas dit que la soie qu'on en tirerait ne saurait être employée avec avantage. Seulement pour les dévider il serait nécessaire de faire usage d'une certaine quantité de matière alcaline, afin de dissoudre la matière gommeuse ; ce ne serait pas une difficulté si l'on obtenait un bon produit.

(1) Pl. 3, fig. 1, la chenille du mâle ; fig. 2, la chenille de la femelle.
(2) Pl. 3, fig. 3.

Au reste plus tard nous reviendrons là-dessus. Rendre utile ce qui est nuisible, c'est toujours ce que l'on peut désirer de mieux.

En ouvrant le cocon, on trouve à l'intérieur une chrysalide courte, ramassée, ovalaire, d'un brun marron assez clair (1).

Le Minime à bandes passe une vingtaine de jours sous la forme de chrysalide. A la fin de juillet ou dans les premiers jours du mois d'août, les papillons éclosent.

Le mâle a environ 5 centimètres d'envergure; son corps est d'un brun ferrugineux; ses ailes ont à peu près la même nuance et portent une large bande transversale d'un jaune vif; la frange des ailes postérieures est de cette dernière couleur; les ailes antérieures sont marquées au centre d'un point blanc (2).

La femelle a au moins 7 centimètres d'envergure; son corps est très gros, entièrement d'un jaune paille assez terne; les ailes offrent la même nuance, et elles ont une bande transversale plus pâle à la place même où cette bande existe chez le mâle. Comme chez ce dernier encore, les ailes antérieures sont ornées vers le centre d'un point blanc (3).

Ainsi les deux sexes diffèrent d'une façon très notable par les dimensions et par les couleurs, et néanmoins ils ont des caractères communs qui montrent aussitôt qu'ils sont d'une même espèce.

Le Minime à bandes est non-seulement de la famille des Bombyx ou des Bombyciens, c'est-à-dire du grand genre Bombyx des anciens naturalistes, il est le type même du genre Bombyx tel qu'il est limité par la plupart des entomologistes de nos jours.

Voyez les antennes du mâle, elles sont pectinées des deux côtés; elles sont seulement dentelées dans la femelle. Voyez leur bouche, la trompe est si petite, si rudimentaire, que vous ne l'apercevez pas; voyez l'abdomen de la femelle, il est massif et comme laineux. Ce sont là les principaux caractères des vrais Bombyx.

A l'état de papillon, le Minime à bandes est l'un des insectes qui étonne le plus le naturaliste. Cette espèce jouit d'une faculté étrange, extraordinaire, dont il a été impossible de se rendre compte.

Vous placez une femelle dans un endroit isolé, sur une fenêtre si vous voulez, dans une ville, dans Paris même, dans une rue, loin de tout jardin, eh bien ! au bout d'une heure ou deux, vous voyez des mâles arriver en grand nombre. Le sens de la vue ne les guide pas, ils se heurtent contre les murailles, aux étages supérieurs, aux étages inférieurs ; n'importe, ils finissent par arriver au but. Mieux que cela, cette femelle vous l'enfermez dans une boîte. Rien au dehors ne décèle sa présence; les mâles arrivent néanmoins à l'entour, cherchant de tous côtés l'objet désiré. Ils voltigent, ils s'agitent dans le même cercle, jusqu'à ce qu'ils meurent épuisés de fatigue.

(1) Pl. 3, fig. 4.
(2) Pl. 3, fig. 5.
(3) Pl. 3, fig. 6.

I.   5

Les mâles de cette espèce sont toujours bien plus nombreux que les femelles ; cette circonstance explique comment il y a tant d'individus recherchant à la fois une seule femelle.

Mais ce qui confond l'esprit, c'est l'incroyable faculté que possèdent ces insectes de reconnaître à des distances énormes l'endroit où se trouve une femelle de leur espèce. On s'est assuré que des mâles pouvaient être attirés d'une distance de plusieurs lieues. Quel est le sens qui les guide? se demande le naturaliste. A cette demande, il ne vient aucune réponse satisfaisante. Les Bombyx à coup sûr ne voient pas bien loin, et puis combien il est positif que la vue ne les guide en aucune façon ; ils viennent à l'entour de la boîte parfaitement close dans laquelle est renfermée une femelle ; si cette femelle est à découvert, ils se heurtent vingt fois avant d'arriver jusqu'à elle.

Ah oui ! ils sentent ; c'est l'odorat qui les conduit ; l'odorat ! songez-y. Pour nous cette femelle n'a aucune odeur, si près que nous nous en approchions ; que devient d'ailleurs pour nos sens l'émanation d'un petit corps, ayant l'odeur la plus prononcée, complétement caché à une distance de quelques kilomètres. Vous voyez bien que c'est à n'y rien comprendre. Il existe chez ces Bombyx une faculté si différente des nôtres, que l'idée seule en est impossible pour nous. Si c'est l'odorat qui guide le Minime dans la recherche de sa femelle, ce sens a acquis chez lui une perfection si prodigieuse, qu'il faut renoncer à apprécier cette perfection autrement que par son résultat. Si c'est un sens tout particulier, comme on s'est plu aussi à le supposer, l'homme ne saurait se faire la moindre idée d'un sens qu'il ne possède pas ; plus que jamais alors il faut se contenter du résultat reconnu par des milliers d'observations.

Le Minime à bandes n'est pas le seul parmi les Bombyx qui jouisse de cette surprenante faculté ; pourtant c'est une des espèces qui la possèdent au plus haut degré.

Au mois d'août les femelles pondent leurs œufs sur les feuilles. L'éclosion des jeunes chenilles a lieu peu de jours après ; mais vous ne les verrez pas croître à ce moment. A peine nées, elles vont hiverner ; hiverner avec la température du mois d'août.

C'est là un fait des plus singuliers que nous aurons à signaler encore à l'égard d'autres espèces. Les chenilles à peine écloses vont se mettre en quête d'une retraite ; chacune ira se loger dans une cavité, dans la fissure d'une écorce, et elle attendra ainsi le printemps pour sortir de son réduit et aller gagner le feuillage dont elle doit se nourrir. Pendant neuf mois environ, elle se passera de tout aliment ; elle demeurera dans un engourdissement complet, dans une sorte de léthargie, jusqu'à ce que les chaleurs de la nouvelle saison amènent son réveil.

N'est-ce pas toujours merveilleux ce spectacle de la nature? Dans si petit coin qu'on vienne à le contempler, tout est varié à l'infini.

Ici c'est la chenille qui, à l'automne, file sa coque ; la chrysalide est abritée de manière à supporter la mauvaise saison. Ici ce sont les œufs qui sont déposés dans un lieu retiré, de façon à résister aux intempéries des plus rudes mois de l'année. Ailleurs c'est l'insecte adulte qui s'engourdit, attendant les beaux jours du printemps pour se livrer à la reproduction de son espèce. Ailleurs encore, c'est la larve à peine née, privée de tout moyen de défense, qui sait se cacher et qui supporte les rigueurs de l'hiver. Tout cela parmi les animaux d'un même groupe.

Même en parlant d'êtres qu'il faut détruire, puis-je passer sous silence ces détails de mœurs si curieux, ces instincts si surprenants! Je ne le pense pas. Je n'oublierai jamais pour cela le côté essentiel. En sachant ces particularités merveilleuses de la vie des animaux, chacun se plaira d'autant plus à les observer.

L'observation est la source des connaissances les plus sérieuses et les plus profondes qu'il nous soit donné d'acquérir.

Les dégâts occasionnés par le Minime à bandes sont rarement considérables dans les jardins. Ce lépidoptère est fort commun dans une très grande partie de l'Europe ; mais d'ordinaire il ne devient pas assez abondant dans une localité pour exercer de grands ravages. Quelquefois des lilas sont à la vérité fort maltraités par cet insecte ; pourtant en général dans un jardin, dans un parc, le mal se trouve borné à quelques arbrisseaux. Néanmoins il est bon d'être en garde contre les propagations étendues qui peuvent toujours se produire, surtout quand il s'agit d'une espèce très répandue.

L'échenillage des Minimes est toujours facile à faire pendant le mois de juin. A cette époque, les chenilles étant très grosses, s'aperçoivent aisément ; d'autant mieux qu'elles vivent à découvert, accrochées soit aux feuilles, soit aux tiges. Un peu plus tard l'inspection des arbres et des murailles fait découvrir les cocons. Enfin, si pendant l'hiver on échaude l'écorce des arbres ; si l'on a soin de faire boucher les fissures des murs, on détruit les jeunes chenilles. En agissant en connaissance de cause, il est difficile de ne pas arriver un peu plus ou un peu moins complétement au résultat désiré.

Notre planche 3 montre une tige de lilas dont les feuilles sont en parties rongées par les chenilles du Minime à bandes (*Bombyx quercus*, Linné).

La figure 1 est une chenille dont l'accroissement est complet, qui produira un mâle.

La figure 2 montre une chenille de plus grande dimension qui donnera une femelle.

La figure 3 représente le cocon maintenu entre deux branches au moyen de quelques fils.

La figure 4 représente une chrysalide d'où sortira une femelle.

La figure 5 est un papillon mâle de grandeur naturelle.

La figure 6 est un papillon femelle également de grandeur naturelle.

L'Ennomos du Lilas.

Nous n'en avons pas fini avec les papillons dont les chenilles attaquent les lilas. En voici un qui appartient, comme les précédents, à la grande division des papillons nocturnes, seulement celui-ci se range dans un groupe tout différent ; il fait partie de la famille des Phalènes ; des Phalènes, ces lépidoptères que l'on connaît si bien pour les voir voltiger le soir autour des lumières, et souvent s'y brûler les ailes maladroitement; ils sont tout éblouis, les malheureux papillons. Ceux-ci ont le corps infiniment plus svelte que les autres papillons de nuit.

Ces phalènes, considérées dans leur forme adulte, ne présentent pas de caractères qui les distinguent très nettement de plusieurs autres groupes de papillons nocturnes. On les reconnaît cependant, dès le premier coup d'œil, à leur corps plus grêle, à leurs ailes plus minces, plus délicates et beaucoup plus grandes relativement au volume du corps et à leurs palpes relevés, couverts d'écailles touffues.

Les chenilles de ces lépidoptères au contraire diffèrent beaucoup de toutes les autres chenilles; elles ont en avant, comme toutes les autres, trois paires de petites pattes écailleuses; mais au lieu d'avoir, comme elles, cinq paires de pattes membraneuses, elles n'en ont en général que deux paires; l'une au dernier anneau du corps, l'autre au dixième. Ce caractère est si net, qu'il fait reconnaître à la première vue une chenille de cette famille.

Les chenilles des phalènes sont d'ordinaire longues, assez minces, presque cylindriques. Lorsqu'elles marchent elles avancent la partie antérieure de leur corps, fixent leurs pattes écailleuses, puis rapprochent la partie postérieure de leur corps, fixent à leur tour les pattes membraneuses pour recommencer à se porter en avant. Dans le rapprochement qu'elles effectuent d'arrière en avant, leur corps prend la forme d'une boucle.

Les chenilles des phalènes dans leur marche paraissent ainsi arpenter le sol ou l'objet sur lequel elles se trouvent; de là, les noms de *Géomètres* et de *Chenilles arpenteuses*, qui leur sont donnés dans tous les ouvrages d'histoire naturelle.

Pendant le repos, ces chenilles se fixent très fréquemment par leurs deux pattes postérieures seules; leur corps alors est tendu, immobile, roide comme une tige de bois; imaginez quelle puissance de muscles est nécessaire pour tenir pendant des heures entières le corps de l'animal dans un parfait état de rigidité, ne reposant sur rien, n'étant maintenu que par une extrémité.

Se demandera-t-on quel est le but de la nature en donnant à ces chenilles le pouvoir de prendre une attitude si étrange et de la conserver durant une grande partie de la journée? Il est facile de s'en rendre compte. C'est le besoin, l'instinct de la conservation, qui ici se trouve en jeu. L'animal faible, sans défense, est toujours protégé par quelque moyen de dissimuler sa présence. Une chenille arpenteuse, une chenille de phalène, vivant sur les feuilles, produisant très peu de soie, ne pouvant se cacher d'aucune façon, est bien exposée à servir de pâture aux insectes carnassiers, aux oiseaux, etc. Eh bien, elle porte en elle le moyen de suppléer à tout ce qui lui manque pour protéger son existence. Excepté dans le moment où elle éprouve le besoin de se déplacer, dans le moment encore où elle ronge une feuille, elle est immobile et roide comme une branche, comme une tige de la plante qui la nourrit. La ressemblance est telle, que l'entomologiste exercé se méprend aisément. La chenille de la phalène est verte comme la tige à laquelle elle est attachée, grise ou brunâtre comme la branche sur laquelle elle est fixée; l'insecte carnassier en recherche d'une proie, l'oiseau insectivore en quête d'un butin, passe tout près; il ne voit rien.

C'est toujours merveille de voir comment la nature agit, et combien elle varie ses moyens pour obtenir un même résultat.

Notre phalène du lilas est classée par les entomologistes dans un genre que l'on désigne sous le nom d'*Ennomos*. Les Ennomos sont facilement reconnaissables à plusieurs caractères; leurs ailes offrent d'élégantes dentelures de grandeur inégale; leur trompe est toute petite; leur corselet est tout velu et assez large comparativement à celui d'une foule d'autres phalènes; enfin leurs antennes, simples comme des fils chez les femelles, sont toutes pectinées dans les mâles.

Notre espèce du lilas (*Ennomos syringaria*, Fabr.), décrite dans un grand nombre d'ouvrages traitant de la connaissance spécifique des lépidoptères, est un fort joli papillon.

Ses ailes, dont le fond est d'un jaune fauve, sont élégamment jaspées de rose, de brun clair, de verdâtre; les premières sont ornées de trois taches roses placées près de leur bord antérieur, et d'une grande tache fauve située vers le bord extérieur; en outre elles sont traversées obliquement par deux lignes parallèles, décrivant de légères flexuosités; l'une de ces lignes est peu marquée, l'autre au contraire est d'un brun noir qui tranche admirablement sur le fond de l'aile. Les secondes ailes traversées aussi par une ligne brune, un peu courbe, sont marquées d'une rangée de points noirs.

En dessous, les quatre ailes offrent les mêmes teintes qu'en dessus, mais les nuances sont plus prononcées, et de fines stries brunes et roussâtres les parcourent dans toute leur étendue.

Si vous comparez le mâle à la femelle, vous trouverez cette dernière un peu plus grande, et les couleurs de ses ailes sensiblement plus affaiblies.

C'est d'abord au mois de mai que se montre l'Ennomos du lilas. L'élégante Phalène voltige le matin et le soir dans les jardins et les parcs; les femelles pondent leurs œufs au mois de juin, les chenilles paraissent, ayant rapidement acquis une certaine dimension.

La chenille de notre Ennomos, quand elle a acquis tout son accroissement, atteint une longueur de **20** à **25** millimètres. Parmi toutes ces chenilles de phalènes, dont la forme est étrange, elle se distingue encore par une forme bizarre.

Plus ramassée que ne le sont d'ordinaire les espèces de la famille à laquelle elle appartient, elle est d'une couleur assez variable, suivant les individus; souvent elle est d'un jaune éteint comme les feuilles mortes, quelquefois elle est d'un brun rougeâtre avec une bande dorsale plus obscure qui ne s'étend pas au delà des premiers anneaux. Mais ce qui lui imprime un cachet de singularité tout particulier, c'est la présence d'un appendice long et mince comme une sorte de corne implanté sur son septième anneau.

Elle porte en outre sur ce même anneau et sur le précédent deux petites verrues blanchâtres et sur les cinquième et sixième anneaux deux petits tubercules coniques.

Cette chenille aussi pendant le repos prend une attitude qui n'est pas ordinaire. Rarement elle se tient roide comme les chenilles des autres phalènes; elle se courbe au contraire, se replie sur elle-même en relevant un peu la tête; mais c'est toujours l'état d'immobilité absolue des chenilles arpenteuses; seulement ici la tige, au lieu d'être rigide, est un peu tordue; ce n'est là qu'un petit détail.

L'Ennomos du lilas ronge les feuilles tantôt par leurs bords, tantôt par le milieu, de façon à les percer de trous. Si les individus sont nombreux sur un arbrisseau, l'arbrisseau se trouve bientôt présenter un feuillage sensiblement maltraité.

On est à la fin de juin, la chenille de l'Ennomos du lilas va se métamorphoser! À ce moment elle s'attache à une tige ou à tout autre objet d'une certaine résistance au moyen de plusieurs fils maintenus à l'extrémité de son corps. Dans cette position elle se transforme en chrysalide; la chrysalide retenue sur les côtés par les fils qui montent de l'extrémité de son corps jusqu'à l'endroit où elle est fixée, conserve la position verticale; elle demeure ainsi la tête en haut, ce qui n'est pas ordinaire pour les chrysalides.

Celle-ci est courte, ramassée, amincie brusquement à l'extrémité postérieure; sa couleur est d'un jaune roussâtre, avec l'enveloppe du corselet et des ailes d'un brun marron.

Il y a à peine quinze jours que l'insecte est sous cette dernière forme, et voilà le papillon qui éclot. On est alors au mois de juillet. Quand le mois d'août est arrivé, une nouvelle génération de chenilles ronge les feuilles des lilas. En septembre, tout se transforme en chrysalide, et c'en est fini pour l'Ennomos jusqu'au printemps de l'année suivante. À cette époque seulement naîtra le papillon.

L'insecte dont le genre de vie vient d'être esquissé est commun dans les jardins et dans les parcs; pourtant il n'arrive pas habituellement qu'il soit assez abondant pour causer de fort grands dégâts. Les feuilles de quelques lilas peuvent être rongées, mais en général les ravages s'étendent peu. Ce n'est pas une raison, assurément, pour ne s'occuper de l'insecte en aucune façon; on ne saurait trop le répéter; une espèce qui jusqu'ici a paru peu nuisible, peut le devenir tout à coup d'une manière effrayante; les exemples abondent : telle qui est rare dans une infinité de localités, est prodigieusement commune sur d'autres points. Il faut donc toujours avoir l'œil ouvert.

Si l'Ennomos vient abîmer nos lilas, il faut nécessairement lui faire la guerre. Comment s'y prendre? Il serait trop long et trop difficile de faire la chasse aux papillons; il n'est pas commode non plus de faire la chasse aux chenilles, qui savent si bien contrefaire les bouts de bois, que le plus souvent on ne les en distingue pas. Néanmoins il n'y a peut-être que manière de s'y prendre. Apercevez-vous quelques feuilles entamées, indice assez certain de la présence d'un insecte rongeur, faites étendre un drap blanc sous l'arbuste attaqué, et avec un bâton frappez brusquement les branches; les chenilles, qui ne s'emprisonnent pas comme les teignes ou les tordeuses, se laissent choir sous l'effet de ces secousses subites ; saisies à l'improviste, elles n'ont pas le temps de se cramponner solidement. Vous récoltez alors les malheureuses bêtes, tombées sur le drap ; c'est l'affaire d'un instant, et vous les exterminez au plus vite.

Pendant le mois de juin et le mois d'août, renouvelez de temps en temps cette manœuvre simple, il y a bien à parier qu'elle suffira pour délivrer les lilas des chenilles arpenteuses, s'ils en sont maltraités. Ensuite ce qui importe beaucoup, dans un jardin, dans un parc, c'est durant l'hiver le nettoyage des murs, des treillages, des troncs d'arbres ; ce qu'on peut dire à l'occasion de l'Ennomos, on peut le dire à l'occasion de la plupart des espèces nuisibles aux plantes d'ornement ; il ne sera donc plus utile désormais de le répéter. Les chenilles se métamorphosent en général dans l'automne, c'est du moins le plus grand nombre ; les chrysalides passent l'hiver logées dans les fentes des écorces, sous les rebords des murs, dans les crevasses, derrière des treillages ; faites que les troncs d'arbres et les treillages soient brossés, que les crevasses des murailles soient bouchées ; faites en même temps que ce qui tombe par le brossage ou le lavage soit reçu sur un drap ou dans un bassin quelconque pour être tout aussitôt jeté au feu ; non-seulement les lilas, mais encore toute la végétation du jardin y gagnera considérablement. Une foule de chrysalides seront détruites ainsi ; il y aura donc bien moins de papillons au printemps ; s'il y a peu de papillons au printemps, les chenilles seront rares l'été. Alors on se réjouira de n'avoir pas oublié pendant l'hiver de donner au jardin ou au parc un soin vraiment utile.

Notre planche 3 *bis* montre une branche de lilas attaquée par les chenilles de l'Ennomos du lilas (*Ennomos syringaria*).

Les figures 1, 1' montrent des chenilles dans les attitudes qu'elles prennent le plus habituellement ; elles ont les couleurs constituant les variétés ordinaires chez cette espèce.

La figure 2 est la chrysalide dans sa position naturelle.

La figure 3 représente un papillon mâle, les ailes étendues.

La figure 4, un papillon femelle pendant le repos.

L'Hémithée printanière et le Botys du sureau.

Outre les lépidoptères que nous avons signalés, dont les chenilles sont nuisibles aux lilas, on en connaît deux encore qui vivent sur ces arbrisseaux.

L'un appartient, comme l'Ennomos, à la grande famille des phalénides ; sa chenille est une *arpenteuse*, c'est l'Hémithée printanière (*Hemithea vernaria*).

L'autre est de la famille des pyralides, c'est le Botys du sureau (*Botys sambucalis*).

Ces deux espèces ne se répandent sur les lilas que d'une manière accidentelle ; d'ordinaire elles se nourrissent d'autres végétaux ; leur histoire sera tracée aux chapitres traitant des insectes nuisibles à ces végétaux. L'Hémithée printanière s'attaque à des plantes très différentes les unes des autres, comme le chêne, l'érable, la clématite, le lilas. On la voit très rarement sur le lilas, elle ne peut donc être considérée comme nuisible à cet arbuste; elle est beaucoup plus abondante sur la clématite. On la trouvera classée avec les espèces préjudiciables à cette plante.

Le Botys du sureau, comme l'indique justement son nom, est un insecte qui se nourrit habituellement du sureau. Il en sera grandement question dans le chapitre consacré à cet arbrisseau. Les chenilles de ce petit lépidoptère envahissent quelquefois les lilas et y causent des dégâts considérables. Pourtant nous ne les rencontrons guère que sur des lilas placés dans le voisinage de sureaux. L'insecte ne recherche pas le lilas, mais s'il le trouve à sa portée, il ne lui répugne pas et s'en nourrit volontiers.

Les lilas attaqués par le Botys du sureau ont un tout autre aspect que s'ils sont attaqués par les espèces dont il a déjà été question. Les feuilles ne sont pas enlacées comme par la Gracillaria, elles ne sont pas rongées sur leurs bords comme par les chenilles du Minime à bandes, du Sphinx du troène ou de l'Ennomos du lilas ; elles sont percées de trous et présentent un bord replié. La chenille du Botys en effet est de la catégorie des chenilles rouleuses ; à l'aide de la soie qu'elle file elle replie la feuille, et forme ainsi un fourreau dans lequel elle demeure cachée ; c'est encore un moyen de l'insecte faible pour échapper à ses ennemis. Le soir ou pendant la nuit, la chenille du Botys sortant de sa retraite ronge les feuilles, tantôt sur un point, tantôt sur un autre, et de là toutes ces feuilles trouées dont l'aspect est assez étrange.

Un seul procédé se présente pour détruire le Botys : c'est vers le mois de juillet que la chenille abonde; il faut à ce moment couper toutes les feuilles repliées. Chaque feuille enlevée, il y a une chenille détruite; comme rien n'est plus aisé à distinguer que ces replis, en forme de fourreaux, l'opération n'offre aucune difficulté sérieuse.

Le Botys du sureau n'a qu'une génération par an ; le papillon éclôt au mois de mai ; la chenille paraît dans le mois de juin et de juillet ; la chrysalide passe la fin de l'été, l'automne et l'hiver.

Les Coléoptères que l'on trouve sur les Lilas.

Les lilas sont peu exposés à être ravagés par des insectes qui n'appartiennent pas à l'ordre des lépidoptères. On cite à la vérité plusieurs coléoptères qu'on rencontre parfois ou sur les feuilles, ou sur les fleurs de l'arbuste du Levant ; mais tous ces insectes vivent sur d'autres végétaux, et il n'y a rien de bien grave à redouter de leur part pour les lilas.

La Cantharide, ce coléoptère allongé, d'un vert éclatant, à élytres flexibles , cette espèce bien connue de tout le monde à cause de ses propriétés épispastiques, cet insecte qui a sa place dans les officines, ronge parfois le lilas ; le fait est signalé dans une foule d'ouvrages, et le fait est réel ; cependant la cantharide ne saurait vraiment être rangée dans la catégorie des insectes nuisibles aux plantes d'ornement.

La Cantharide vit sur le frêne ; elle abonde sur cet arbre dans certaines localités ; on la recherche à cause de son emploi en médecine ; c'est donc une espèce utile. Il en sera question dans l'histoire des animaux utiles ; en ce moment il suffit de signaler l'insecte qu'en de rares circonstances on voit apparaître dans les jardins. Nous ne l'y avons jamais vu assez commun pour être vraiment réputé nuisible. Pourtant s'il vient à se montrer en assez grand nombre, il n'est pas très difficile d'en débarrasser les lilas.

Pour détruire divers coléoptères, on a imaginé un petit appareil fort simple qui permet d'en saisir des quantités considérables en très peu de temps. C'est une sorte d'entonnoir de ferblanc, extrêmement évasé, s'ouvrant dans un petit sac, et ayant d'un côté une échancrure. On introduit dans l'échancrure, chacune à leur tour, les branches dont le feuillage est maltraité, et on les secoue brusquement ; les malheureux coléoptères, saisis à l'improviste, se laissent choir dans l'entonnoir ; ils glissent sur le métal et roulent au fond du sac ; en peu d'instants un arbuste se trouve ainsi délivré de ses hôtes destructeurs. Nous aurons à parler de nouveau de cet instrument pour des circonstances où il est de nature à rendre de véritables services. Le cas échéant, il peut être employé avec avantage contre les Cantharides qui viendraient ronger les lilas.

Vers le temps où la floraison de ces arbrisseaux approche de sa fin, un insecte du même ordre que le précédent, mais d'une famille toute différente, se jette quelquefois sur les fleurs et s'en nourrit très volontiers : c'est le Trichie à bandes (*Trichius fasciatus*), jolie petite espèce dont les élytres d'un beau jaune présentent des bandes noires.

Celui-ci encore est peu nuisible aux lilas, il l'est davantage pour les roses ; c'est là qu'il en sera tout à fait question.

Amateurs de lilas, je vous signale ici le Trichie, pour ne rien omettre ; vous pourrez le voir quelquefois se posant sur les fleurs de vos arbustes, rongeant un morceau d'une corolle, mais jamais le mal n'est bien grand de ce côté ; la présence de cet insecte ne doit point vous inquiéter.

Encore un mot sur les insectes du lilas, pour ne rien oublier. Un entomologiste distingué, M. Macquart, cite deux autres petits coléoptères comme ayant été observés sur l'arbrisseau du Levant ; l'un est un de ces tout petits Buprestes de notre pays (*Agrilus cœruleus*). On l'a vu sans doute se poser sur des lilas, il ne nous paraît en aucun cas avoir été nuisible à la plante. Au reste, nous ferons l'histoire de l'un de ces petits Buprestes dans la partie de cet ouvrage où il sera question des poiriers. L'autre ressemble à quelques égards à la Cantharide, seulement il est beaucoup plus petit ; il appartient au genre Œdemère (*Œdemera ustulata*) ; ses élytres sont d'un jaune roux avec le bout noirâtre. De même que le précédent, celui-ci ne nous paraît nullement redoutable pour les arbustes des jardins.

6

Le lilas n'est donc attaqué que par un petit nombre d'espèces de lépidoptères, et encore ne l'est-il sérieusement et d'une manière générale que par une seule, la Gracillaria. Aucun coléoptère, pas même la Cantharide, ne peut être considéré comme un insecte redoutable pour l'arbuste, aujourd'hui répandu dans tous les jardins de l'Europe.

Les pucerons, si funestes à un grand nombre de végétaux, n'attaquent jamais le lilas, au moins dans notre pays; si beaucoup d'espèces vivent exclusivement d'une seule plante, ou de plantes d'un même genre ou d'un même groupe, cela est vrai surtout pour les pucerons. On pourrait presque dire que chaque végétal a son puceron particulier. On n'a ainsi rien à craindre pour les lilas de la part des pucerons de nos plantes indigènes. L'arbrisseau du Levant a-t-il son espèce propre dans les contrées où il croît naturellement? cela est fort probable; pourtant nous ne connaissons aucune observation à cet égard. Toujours est-il que si le puceron du lilas existe, il n'a pas été importé en Europe. Il y a de quoi s'en réjouir.

Des Tenthrèdes, des *Mouches à scie*, comme on les appelle vulgairement, sont extrêmement nuisibles à la plupart de nos cultures sous leur forme de larves. Nous verrons bientôt tout ce que les rosiers souffrent des ravages de ces insectes. Eh bien! le lilas, grâce encore certainement à sa qualité d'étranger, est épargné par les mouches à scie.

Nous en avons fini avec les ravages auxquels peuvent être exposés les lilas. Un mot encore cependant. Horticulteurs, propriétaires de tous ces jolis jardins et de tous ces beaux parcs sur lesquels nous jetons volontiers un coup d'œil d'envie, amateurs des fleurs et de la belle végétation, peut-être remarquerez-vous parfois des feuilles de lilas ayant des découpures taillées avec une netteté plus grande que si avaient agi des ciseaux ou un rasoir des mieux affilés; ce sont là des découpures faites par un insecte hyménoptère de la grande famille des Abeilles, par une Mégachile (*Megachile centuncularis*), comme l'appellent les entomologistes, par une abeille solitaire, pour dire comme notre célèbre Réaumur. L'insecte coupe des morceaux de feuilles, non pas pour s'en nourrir, mais pour former son nid qui est l'un des plus élégants que l'on puisse citer parmi les nids d'insectes. Mais c'est plus loin qu'il en sera parlé avec quelques détails; la mégachile emploie volontiers des feuilles de lilas; ce sont les feuilles de rosiers auxquelles elle donne la préférence. Du reste, il suffit ici d'en faire la remarque; ces rares feuilles découpées ne sauraient porter préjudice à l'arbuste.

LES TROÈNES.

Le Troène, chacun sait cela, est un arbuste de la même famille que le lilas ; son nom latin (*Ligustrum*) a été pris par les botanistes pour former la dénomination de la classe dont il est regardé comme le type, la classe des Ligustrinées, qui comprend la famille des Jasminées et la famille des Oléacées, où figurent le lilas et le troène.

Le troène, arbrisseau commun de notre pays, n'est pas dépourvu d'élégance. A l'état de vraie nature, là où il croît sur la lisière des bois ou au milieu des clairières, on le remarque volontiers ; mais ailleurs ses petites fleurs blanches attirent médiocrement l'attention, leur senteur assez faible ne porte pas beaucoup à les rechercher ; ses tiges un peu roides, ses feuilles petites, ne frappent pas la vue. Aussi le blanc troène que le poëte de Mantoue a chanté dans ses vers, n'a-t-il pas été extrêmement répandu dans nos jardins. Parmi les plantes d'ornement, celle-ci ne doit pas m'arrêter longtemps ; volontiers nous l'eussions rejetée à la fin de notre livre ; mais elle est si voisine du lilas qu'il faut bien ne pas l'en séparer. Sans doute je ne m'astreins pas à suivre l'ordre botanique ; les plus belles plantes, les plantes les plus recherchées doivent venir les premières ; et surtout parmi ces plantes plus goûtées que les autres, celles qui sont le plus exposées aux ravages des insectes. Mais encore, les espèces qui attaquent le lilas, pour la plupart attaquent également le troène. L'histoire de l'un amène naturellement l'histoire de l'autre.

Le troène en général est employé, dans les parcs, dans les grands jardins publics, à former des haies. Comme tous les végétaux cultivés dans des limites assez étroites, il est rare qu'il soit fort maltraité par les insectes ; pourtant, il y a un nombre considérable d'espèces qui vivent de son feuillage. Je l'ai dit en commençant ; à l'état sauvage, une plante nourrit souvent beaucoup d'espèces, mais ces espèces ne se multiplient qu'en de rares circonstances de façon à devenir très nuisibles ; l'harmonie de la nature ne cesse presque jamais de régner.

La culture du troène n'a pas été assez étendue pour permettre à la plupart des insectes qui en font leur nourriture de se propager à l'excès ; néanmoins je ne saurais me dispenser ici tout au moins de les signaler.

Depuis quelque temps on cultive un peu dans les jardins un troène du Japon (*Ligustrum japonicum*) ; il paraît jusqu'ici être assez épargné par les insectes destructeurs ; mais si on le répandait beaucoup, certainement il fournirait un aliment aux espèces du troène blanc.

Les Lépidoptères dont les chenilles attaquent le Lilas et le Troène.

Les insectes du lilas, vous les connaissez maintenant, mes lecteurs; je n'ai donc qu'un mot à dire des dégâts qu'ils causent au troène.

La Gracillaria du lilas (*Gracillaria syringella*) qui nous a paru si particulière à l'arbuste du Levant, vit sur le troène. Pourtant, ainsi que nous l'avons déjà exprimé, le ait paraît accidentel. Les troènes attaqués par la Gracillaria n'ont guère été observés que dans le voisinage de lilas fort maltraités; l'insecte ayant tout épuisé d'un côté se jetait d'un autre, dût-il s'y trouver dans des conditions moins favorables. En effet, les feuilles du troène sont petites comparativement à celles du lilas; cette circonstance est défavorable aux chenilles qui minent le parenchyme; quand ces chenilles sont devenues un peu grosses et qu'elles quittent leur première retraite, les tiges et les feuilles du troène se laissent aussi plus difficilement enlacer que celles du lilas, et c'est encore une affaire désavantageuse pour les chenilles de Gracillaria. Néanmoins, faute de mieux, elles vivent sur les troènes et les rendent fort malades. Ceux qui ont dans leurs parcs ou dans leurs jardins des haies de troène doivent donc s'attacher à enlever et à brûler ensuite les feuilles malades comme nous l'avons prescrit à l'égard des lilas.

Le Sphinx du troène (*Sphinx ligustri*) est au contraire une espèce propre à notre arbuste indigène. On y rencontre pendant l'été les chenilles de ce lépidoptère qui dépouillent rapidement des branches entières, et endommagent ainsi les haies les plus touffues; les soins à prendre pour empêcher le Sphinx du troène de se propager ont été indiqués, il ne serait nullement utile d'y revenir.

Enfin l'Ennomos du lilas et l'Hémithée printanière fréquentent également les buissons de troène, mais quant au Minime à bandes, il ne paraît pas qu'il s'attaque dans les jardins à d'autres végétaux que le lilas, il se rencontre peut-être accidentellement sur le troène, mais de ce côté il n'y a rien qui doive nous inquiéter.

Les Insectes qui dévorent plus particulièrement le Troène.

Les chenilles de quelques espèces de lépidoptères vivent particulièrement aux dépens du troène, mais la plupart d'entre elles ne se répandent pas d'ordinaire de façon à devenir extrêmement redoutables. Il nous suffit donc de les signaler et d'esquisser à grands traits ce qu'elles ont de plus remarquable.

Les chenilles de Tinéides et de Phalènes sont les plus nombreuses parmi les chenilles qui rongent le troène.

Une toute petite espèce de la famille des Tinéides, comme la Gracillaria du lilas, appartenant à un genre caractérisé par l'absence presque totale de trompe, et par des palpes grêles terminés en pointe obtuse, le genre Elachiste se voit habituellement dans le nord de la France; c'est l'Elachiste alouette (*Elachista alaudella*, Duponchel), tout petit papillon dont les ailes toutes frangées n'ont pas plus de 7 à 8 millimètres d'envergure. Ses ailes antérieures sont d'un gris roux, avec trois bandes transversales et quelques points d'un brun foncé, bordés de blanc; ses ailes postérieures sont d'une couleur bistrée obscure et uniforme. La chenille de cette Tinéide vit en mineuse comme la Gracillaria. Si elle vient à se propager dans certaines localités, on devra, pour la détruire, procéder à son égard comme pour la Gracillaria du lilas.

Parmi les Tinéides qui vivent du troène on cite encore une espèce d'un genre différent, le genre Coriscie, qu'on distingue des Gracillarias par la présence d'un bouquet de poils au côté inférieur des palpes. On a même appelé cet insecte le Coriscie du troène (*Coriscium ligustrellum*). Pourtant ses métamorphoses n'ont pas été observées; le papillon a été vu sur les feuilles du troène, il n'en a pas fallu davantage pour lui fournir son nom.

Aussi ne vous fiez jamais aux noms. Dans la famille des Phalènes il est une espèce également, qu'on a appelée *ligustraria*, et qui ne vit pas le moins du monde sur le troène; c'est néanmoins la Corémie du troène des entomologistes (*Coremia ligustraria*). Sa chenille se nourrit des feuilles du plantain, du pissenlit et d'autres plantes analogues qui s'élèvent à peine au-dessus de terre.

Notre arbuste des haies aux fleurs blanches fournit cependant quelquefois un aliment à des chenilles de phalènes, à des *arpenteuses*; on a observé sur ses feuilles la chenille d'un papillon de ce groupe, remarquable par des palpes deux fois plus longs que la tête, et par des ailes d'un vert obscur, traversées par des lignes ondées de couleur plus foncée, c'est l'Acasis verdâtre (*Acasis viretaria*).

On a observé là encore la chenille d'une phalène qui s'accommode facilement du feuillage de divers arbres, c'est l'Anisoptère du marronnier (*Anisopteryx æscularia*). Le papillon a des ailes d'un gris argenté et soyeux, et d'une envergure d'environ 3 centimètres; mais c'est le mâle seul qui est si bien partagé; la femelle est entièrement privée d'ailes; sa forme est presque celle d'une petite araignée. La chenille de l'Anisoptère du marronnier est médiocrement allongée; son corps est lisse, mais ce qu'elle présente de plus remarquable parmi les arpenteuses, c'est la présence d'une paire de pattes membraneuses de plus que les autres; au lieu de deux paires elle en a trois. On rencontre la chenille pendant l'été, elle se métamorphose dans la terre et passe l'hiver sous la forme de chrysalide, l'insecte parfait n'éclôt qu'au commencement du printemps. Nous aurons à parler de ce lépidoptère à l'occasion d'autres cultures.

La plupart des chenilles arpenteuses vivent de la même manière. On peut faire la chasse à celles-ci comme nous l'avons indiqué pour l'Ennomos du lilas.

Un mot encore pour une espèce du même ordre qui vit particulièrement sur notre arbrisseau des haies; c'est un insecte de la famille des Noctuélides. On le nomme l'Acronycte du troène (*Acronycta ligustri*). Rare dans les environs de Paris, inconnu dans le midi de la France, il est assez fréquent dans le nord, plus encore en Allemagne. Le papillon a les ailes grisâtres, veinées de noir, la chenille est brune et couverte de poils peu serrés. On la rencontre vers le mois de juillet. Pour se métamorphoser elle s'enfonce dans un cocon d'un tissu délicat et assez lâche, et l'insecte adulte se montre l'année suivante.

De même que les arpenteuses, on peut atteindre les chenilles de l'Acronycte du troène en frappant les branches; à cette époque les branches ont perdu leurs fleurs, et il est plus aisé encore peut-être d'enlever les cocons placés soit au pied des arbrisseaux, soit contre les murs. Du reste, dans l'état actuel, l'Acronycte du troène ne saurait être réputé insecte vraiment nuisible. Nulle part il n'a été vu en abondance. Il devait néanmoins être mentionné ici. En lisant cet ouvrage il faut que chacun puisse être renseigné sur les espèces qu'en certaines occasions il rencontrera dans son jardin ou dans son parc.

On ne connaît pas de coléoptères dangereux pour les troènes. La Cantharide, à la vérité, mange très bien les feuilles de cet arbuste, mais ceci arrive en de rares circonstances. La Cantharide, avons-nous dit, est l'insecte du frêne, et après le frêne c'est le lilas qui a sa préférence.

La larve d'un hyménoptère, d'une Tenthrède, ou, pour employer un nom plus vulgaire, d'une Mouche à scie, a été observée sur le troène; c'est la Tenthrède agréable, selon sa dénomination zoologique (*Tenthredo blanda*). Agréable, elle ne l'est sans doute pas toujours pour certaines cultures, on a trouvé qu'elle l'était par sa forme et par ses couleurs. Au reste, ce n'est pas ici que nous ferons son histoire, cette mouche à scie est moins nuisible au troène qu'à d'autres végétaux; elle s'attaque aux groseillers qui nous intéressent plus que les arbustes de haies; il en sera question par la suite. Et puis, les rosiers sont affreusement maltraités par les Tenthrèdes. L'histoire détaillée de plusieurs de ces insectes va être exposée nécessairement avec une infinité de détails qu'il serait fâcheux d'éparpiller en divers endroits.

LES JASMINS.

Voici des fleurs aimées, des plantes recherchées, parmi toutes les plantes d'ornement, qui sont en même temps des plus favorisées. Les jasmins sont en général très
épargnés par les insectes. Leurs feuilles se développent, vivent et meurent le plus
souvent sans avoir été rongées ; alors peu de chose à redouter pour la floraison.

Le genre jasmin, type de la famille des jasminées, qui appartient à la même grande
division botanique que le lilas et le troène, compte aujourd'hui un grand nombre d'espèces cultivées, espèces européennes et espèces étrangères, toutes fort prisées pour
leur odeur agréable, d'autant plus suave que les espèces qui l'exhalent sont originaires
de contrées plus chaudes.

Nos jardins sont ornés par le jasmin arbuste (*Jasminum fruticans*), appelé aussi le
jasmin à feuilles de cytise, qui est très répandu à l'état sauvage dans le midi de l'Europe
et en Orient ; par le jasmin humble (*Jasminum humile*) qui croît naturellement en
Italie et jusqu'en Provence ; par le jasmin très odorant (*Jasminum odoratissimum*),
autrement dit le jasmin jonquille que l'on est allé chercher dans l'Inde ; par le jasmin
commun (*Jasminum officinale*) qui a pour patrie le Malabar ; par le jasmin à
grandes fleurs (*Jasminum grandiflorum*) que l'on a rapporté de l'Inde aussi, ce qui
n'empêche pas qu'on ne veuille l'appeler le jasmin d'Espagne. Il y en a d'autres encore,
le jasmin des Açores, le jasmin des Moluques, etc. ; c'est dans les livres des horticulteurs qu'il faut aller en chercher la description.

Aucun jasmin ne croît naturellement sous notre climat ; ceci vous explique comment les plantes de ce genre sont respectées par les insectes destructeurs. Aucun
d'eux, fort heureusement, n'a été apporté des contrées lointaines avec le végétal lui-
même, comme cela a eu lieu pour la Gracillaria.

Les insectes vivant sur les jasmins appartiennent à des espèces pour la plupart déjà
connues de mes lecteurs ; ce sont quelques-unes de celles qui dévorent les lilas et les
troènes ; et encore les jasmins tout à fait étrangers à l'Europe sont en général constamment épargnés.

Le Sphinx du troène (*Sphinx ligustri*) s'accommode volontiers des feuilles du
jasmin ; mais il est rare sur cette plante. Évidemment, si on trouve là ses chenilles,
on peut dire qu'une femelle pressée de pondre ses œufs n'a trouvé dans son voisinage
ni lilas ni troène. L'Ennomos du lilas se voit un peu plus fréquemment sur les jasmins,
pourtant je ne l'y ai observé que bien rarement pour mon compte ; ce lépidoptère me
paraît peu redoutable.

Il en est de même d'une autre espèce déjà mentionnée, l'Hémithée printanière, dont j'ai promis de parler plus tard.

Enfin, la plus grosse des chenilles de notre pays, la chenille d'un lépidoptère bien connu de tout le monde, le Sphinx tête de mort (*Sphinx atropos*), a été observée sur le jasmin ; mais l'insecte est rare partout ; les feuilles de la pomme de terre sont regardées comme sa nourriture de prédilection ; je n'ai donc pas besoin d'en parler ici. Amateurs de jasmins, de ce côté, vous n'avez rien à redouter de bien grave. Aussi je m'empresse de porter ailleurs toute mon attention.

Les Chèvrefeuilles. — Le Puceron du Chèvrefeuille

LES CHÈVREFEUILLES.

Où n'y a-t-il pas de chèvrefeuilles? Dans les plus beaux domaines, les chèvrefeuilles couvrent les murs; ils grimpent en enlaçant leurs tiges aux branches des grands arbres; dans les parterres il y en a de placés en pourtour, taillés de façon à former de charmants bouquets; dans les plus modestes jardins il y en a toujours quelque part; l'habitant des campagnes, si petit coin de terre qu'il possède près de son humble habitation, ne manque pas de se donner le luxe d'un chèvrefeuille.

C'est qu'aussi ce sont de bien belles plantes que les chèvrefeuilles, elles étendent gracieusement leurs sarments comme les lianes des savanes de l'Amérique; leurs fleurs sont magnifiques d'aspect; elles ont une senteur délicieuse et elles renaissent pendant toute la belle saison; que dis-je, la belle saison? elles bravent jusqu'aux premiers froids de l'hiver.

Le genre des chèvrefeuilles est le type de la famille des caprifoliées; il comprend un grand nombre d'espèces dont plusieurs sont cultivées aujourd'hui. Nous en avons une espèce qui croît sur notre sol, dans nos bois, nos buissons, c'est le chèvrefeuille des bois (*Caprifolium periclymenum*); le plus ordinairement cultivé est le chèvrefeuille des jardins (*Caprifolium rotundifolium*), qui est originaire du midi de l'Europe, et qui néanmoins réussit à merveille sous notre climat. Enfin les horticulteurs comptent encore le chèvrefeuille de Chine, le chèvrefeuille sanguin, etc. Comme toujours, nos espèces européennes sont les plus attaquées, mais les espèces étrangères sont assez voisines des nôtres pour n'être pas toujours épargnées.

Une multitude d'insectes vivent aux dépens du chèvrefeuille; les uns sont nuisibles au plus haut degré, à peu près dans toutes les localités; les autres sont à craindre d'une manière moins générale, tout en étant vraiment redoutables tantôt sur un point, tantôt sur un autre. Enfin, d'autres encore, qui ne deviennent jamais fort abondants, exercent rarement des dégâts de quelque étendue. Nous allons les passer en revue.

Le Puceron du Chèvrefeuille.

De tous les insectes du chèvrefeuille, c'est celui-ci qui mérite bien d'être maudit tout particulièrement. Partout où végète la plante, se montre bientôt le puceron, à moins de soins minutieux pour empêcher sa propagation.

Les pucerons forment un grand genre, type d'une famille, la famille des Aphides, qui appartient à l'ordre des Hémiptères.

Le puceron du chèvrefeuille (*Aphis caprifolii*) est de la taille de la plupart des pucerons, environ 3 millimètres de longueur (1); sa dimension ne serait certes pas de nature à faire penser qu'on a affaire à un animal redoutable, si chacun ne savait parfaitement quelle masse prodigieuse de pucerons peut vivre sur une seule tige. L'espèce du chèvrefeuille est ramassée, entièrement d'un vert sombre avec les côtés du corps d'une nuance plus claire ou un peu plus jaunâtre. Le mâle (2) ne diffère guère de sa femelle (3) que par ses antennes un peu plus longues et par la présence de ses ailes qui ont véritablement une ampleur énorme si on les compare au volume du corps. Je ne m'aviserai pas de décrire les nervures qui parcourent ces ailes; elles servent à caractériser les espèces, mais notre figure suffit pour en donner l'idée la plus exacte.

À peu près chaque plante a son puceron particulier, quelques plantes nourrissent plusieurs pucerons distincts les uns des autres; c'est dire assez de quel nombre immense d'espèces les naturalistes ont à s'occuper, s'ils veulent bien connaître seulement les insectes de ce seul groupe.

Il est impossible de dire que le créateur de toutes choses a agi parcimonieusement à leur égard.

Les pucerons se ressemblent extrêmement entre eux, non-seulement sous le rapport de leurs formes et de leurs particularités d'organisation, mais encore sous le rapport de leur propagation, de leur genre de vie, de la durée de leur existence; faire l'histoire d'une espèce du genre, c'est faire l'histoire de toutes; sauf des détails de peu d'importance. J'aurai à parler des pucerons et surtout de leurs dégâts, à l'occasion de bien des cultures, mais c'est le puceron du chèvrefeuille qui vient le premier; quelques faits généraux doivent être consignés ici; mes lecteurs ne les connaissent peut-être pas tous, et il s'agit ici de choses trop importantes pour les leur laisser ignorer.

Les pucerons se voient sur la plupart des végétaux depuis le commencement du printemps jusqu'à la fin de l'automne; l'hiver est-il peu rigoureux, on en voit même pendant tout l'hiver. À l'automne principalement on remarque beaucoup de pucerons ailés; ceux-ci sont regardés comme étant les mâles; à certaines époques ils sont rares; à d'autres ils font défaut complétement. Au contraire les pucerons dépourvus d'ailes sont toujours en abondance, à tous les moments de l'année; ceux-ci sont considérés comme étant les femelles.

La fécondité des pucerons est immense, prodigieuse, elle dépasse tout ce que l'on pourrait croire; songez que l'on ne compte pas moins de onze à douze générations de ces insectes dans l'espace d'une année. Le plus célèbre à juste titre des entomolo-

(1) Pl. 4, fig. 1.
(2) Pl. 4, fig. 2.
(3) Pl. 4, fig. 3.

gistes observateurs, Réaumur, bien plus connu pourtant par son thermomètre que par ses magnifiques travaux sur les mœurs des insectes, a calculé qu'une seule femelle prise au printemps était devenue aux approches de l'hiver la souche de 200,000 individus. Ce petit calcul extrêmement simple suffira pour convaincre chacun que s'il observe sur ses chèvrefeuilles ou ses rosiers seulement une dizaine d'individus, il pourra voir ces arbustes affreusement maltraités quelques mois plus tard.

Ce qui a excité au plus haut degré l'intérêt des naturalistes, c'est le singulier mode de reproduction des pucerons; tantôt ces insectes sont ovipares, tantôt ils sont vivipares. Pendant une série de générations, les femelles mettent au jour des petits vivants, et ces jeunes sont tous des femelles aptes à reproduire tout en demeurant vierges. Une foule d'observations remarquables ont été faites à ce sujet, et ces observations sont constamment venues se confirmer les unes les autres, de telle sorte que c'est un fait complétement accrédité dans la science; néanmoins, nous le dirons, des doutes sérieux à cet égard agitent notre esprit. A notre avis la science n'a pas dit son dernier mot touchant cette question.

Les anciens naturalistes ayant vu souvent des pucerons isolés donner naissance à une postérité considérable, s'étaient persuadé que ces insectes étaient hermaphrodites; mais vers le commencement du xviiie siècle, un savant de Genève, Charles Bonnet, suivit pour la première fois, avec un grand soin, la succession des générations chez les pucerons dont nous venons de donner une idée.

Dans une première expérience, Bonnet isola entièrement un puceron qui sous ses yeux venait de sortir du corps de sa mère; il le plaça sur une tige garnie de quelques feuilles et ferma toutes les issues pour qu'aucun individu étranger ne pût s'approcher du jeune puceron mis en observation. L'insecte changea de peau une première fois presque aussitôt après sa naissance, une seconde trois jours après, une troisième trois jours plus tard encore, et enfin une quatrième et dernière fois deux jours après. Il avait acquis tout son accroissement dans l'espace de onze jours. Dès ce moment le puceron commença à donner naissance à de jeunes individus, et cela dura pendant vingt et un jours. Cette femelle mit au monde quatre-vingt-quinze individus. Il en naissait le plus ordinairement trois ou quatre par vingt-quatre heures, mais ce nombre allait souvent à cinq, à six, à sept, à huit; une fois même il s'éleva jusqu'à dix. Ceci montre déjà aux agriculteurs à quel ennemi redoutable ils ont affaire.

Dans une seconde expérience notre observateur isola de nouveau, en prenant toutes les précautions nécessaires pour que l'isolement fût complet, deux pucerons du fusain, en les prenant au moment de leur naissance. L'un commença à produire dix jours après, l'autre un jour plus tard. Le premier donna quatre-vingt-dix jeunes individus dans l'espace de seize jours, et le second quarante-huit dans le même espace de temps.

Bonnet pensa bientôt avec raison qu'il fallait porter son attention sur d'autres espèces et continuer les observations sur une série de générations. C'est alors, dit cet habile observateur, que son compatriote Tremblay, célèbre par des études d'un grand intérêt sur les polypes de nos eaux douces, supposa qu'un seul rapprochement entre un mâle et une femelle pouvait suffire chez les pucerons à plusieurs générations successives. Afin d'en démontrer la certitude ou la fausseté, ajoute Bonnet, il s'agissait d'abord de tenir dans une parfaite solitude un puceron depuis le moment de sa naissance jusqu'à ce qu'il eût produit un petit qui serait condamné, comme sa mère l'avait été, à vivre solitaire. Si, après être parvenu à l'âge de maturité, il produisait des pucerons, il fallait s'assurer de la même manière si ceux-ci en demeurant vierges seraient encore en état d'engendrer et poursuivre ainsi les expériences sur le plus de générations possible.

On voit par là combien le raisonnement, combien la perspicacité d'esprit servent l'observateur dans ses minutieuses recherches.

Bonnet mit en expérience un puceron du sureau ; huit jours après, celui-ci produisait déjà des petits. Un de ces jeunes individus fut aussitôt isolé, et, comme sa mère, il donnait au bout d'une semaine une troisième génération. Un individu de cette génération mis à part était devenu après neuf jours la souche d'une quatrième génération. Un individu de cette dernière, toujours isolé avec le même soin, ne tardait pas à donner une cinquième génération. Une circonstance empêcha cette fois notre patient expérimentateur de poursuivre plus longtemps sa série d'observations.

Bientôt après le naturaliste de Genève répéta ses expériences sur le puceron du fusain dont nous aurons à parler prochainement. Un jeune individu, nouvellement né, fut isolé ; il ne tarda pas à mettre au monde une nombreuse lignée. Un individu de cette lignée, placé à son tour dans une entière solitude, s'entourait de ses petits au bout de douze jours. Un des nouveau-nés mis en observation donnait une quatrième génération au bout de onze jours. Un jeune de cette dernière devenait mère au bout de huit jours. Un de ses jeunes, encore isolé, fournissait bientôt une sixième génération. Les pucerons en expérience ayant péri, l'observation cette fois dut s'arrêter. Mais Charles Bonnet avait à cœur d'aller loin dans la voie où il s'était engagé ; il prit une autre espèce de puceron, l'espèce du plantain ; il obtint les mêmes résultats que pour les autres. Il arriva à suivre dix générations qui se succédèrent sans interruption pendant l'espace de trois mois. Le 9 juillet un puceron du plantain resta solitaire ; un de ses nouveau-nés fut isolé le 18 juillet, un des produits de ce dernier le fut à son tour le 28 du même mois. Le 6 août notre naturaliste mit en observation un jeune de la quatrième génération ; le 15 un de la cinquième, le 23 un de la sixième, le 31 un de la septième, le 11 septembre ce fut un de la huitième, le 22 un de la neuvième et le 29 un de la dixième. La mort des individus en expérience vint alors mettre un terme à cette rapide succession de générations.

A la fin de la belle saison, tout parut changer; Bonnet eut l'occasion de voir à cette époque de l'année des pucerons des deux sexes, les mâles recherchant les femelles avec beaucoup de vivacité. Jusque là notre auteur se croyait bien certain que les pucerons étaient vivipares; aussi fut-il fort étonné en voyant cette fois les femelles produire des œufs d'une teinte rougeâtre qu'elles faisaient adhérer aux tiges à l'aide d'un liquide visqueux. Pour ceux-là, de même que pour les précédents, la viviparité fut constatée de nouveau à partir du printemps.

Ces faits ont été depuis souvent vérifiés par divers naturalistes; de sorte que s'il nous reste à apprendre de nouvelles choses touchant la multiplication des pucerons, on ne les apprendra certainement que par des expériences et des observations d'un autre genre.

On a vu à quel chiffre Réaumur portait la postérité d'un seul puceron dans l'espace d'une année; il est facile de voir qu'il peut être plus élevé encore. Une femelle donne ordinairement 90 jeunes individus; à la seconde génération ces 90 jeunes individus en auront produit 8,100. Ceux-ci donneront une troisième génération qui sera de 729,000 individus. Ces derniers à leur tour en fourniront 65,610,000. A la cinquième génération il y aura 590,690,000 individus, et la progéniture de ceux-ci s'élèvera à 53,142,100,000. A la septième génération il y aura 4,782,789,000,000, et à la huitième 441,461,010,000,000. Inutile d'aller plus loin, cette multiplication s'étend encore bien davantage quand il y a onze ou douze générations par an. Un zoologiste qui s'est beaucoup occupé de l'histoire des pucerons, M. Morren, a calculé qu'une seule femelle du printemps était la souche annuelle d'un quintillon d'individus.

Certes les pucerons sont un fléau immense pour un grand nombre de végétaux, mais d'après les chiffres qui viennent d'être rapportés, vous vous convaincrez facilement que toutes les plantes seraient anéanties par les pucerons si de nombreux insectes destructeurs n'en dévoraient des quantités prodigieuses, et si d'autres causes de destruction ne venaient encore s'ajouter à cela pour en faire périr d'innombrables quantités. Ces faits seront exposés en traitant particulièrement du puceron du rosier.

Comme tous les insectes de l'ordre des Hémiptères, les pucerons ont un bec qui leur sert à humer les liquides des végétaux; ce bec, ils l'enfoncent dans les tiges, dans les pétioles des feuilles et ne cessent ainsi d'épuiser la plante de sa séve. Fixés sur les tiges, ils empêchent le développement des feuilles, ils les font recoquiller; ils déterminent l'avortement des fleurs; s'il y a des boutons, ces boutons s'inclinent, se flétrissent et meurent avant d'avoir pu s'épanouir. Parfois, des branches en viennent à se dessécher complétement; tout périt, feuilles et fleurs. Les arbustes qui avaient été les plus beaux avant d'avoir été attaqués par les pucerons, dès qu'ils sont chargés de ces insectes prennent bientôt l'aspect le plus misérable.

Les pucerons peuvent en réalité être regardés comme une véritable calamité pour une infinité de nos cultures.

Tout le monde a remarqué sans doute que les tiges couvertes de pucerons étaient fréquentées incessamment par des fourmis. Ces fourmis ne s'en prennent ni à la plante ni aux pucerons eux-mêmes; elles viennent simplement chercher un liquide sucré que les pucerons ont la propriété de sécréter. Chacun a plus ou moins examiné des pucerons, et a vu les petits appendices en forme de tubes qui terminent leur corps en arrière; c'est par ces tubes que s'échappe la liqueur dont les fourmis sont si avides. Cette liqueur, on le pense généralement, sert à alimenter les pucerons qui viennent de naître. Voilà donc de bien frêles créatures, capables en quelque sorte d'*allaiter* leurs petits; mais je me hâte de le dire, il y a là des faits qui n'ont pas encore été suffisamment étudiés pour être pleinement acquis à la science. Malgré les nombreuses recherches des naturalistes, chaque point de l'histoire des animaux est toujours à revoir. Plus on apprend de choses sur un sujet, plus on sent ce qui reste à apprendre; ce sont de nouveaux horizons qui se dévoilent sans cesse. On croit toucher à la fin, et puis le champ s'agrandit toujours. Au premier abord il avait paru tout borné: vous marchez, vous marchez, et vous n'arrivez jamais au bout, le champ est immense. Cette réflexion serait à sa place, à propos de toutes les choses que l'homme s'est efforcé d'apprendre de la vie des êtres créés sur ce monde. Elle me vient ici, et rien de plus naturel; je me trouve étonné d'avoir à exprimer avec réserve quel est l'usage d'un produit des insectes qu'on peut compter au nombre des plus abondants, parmi tous les genres d'insectes de notre pays. Bien certainement la liqueur sucrée que répandent les pucerons est destinée à être utile à eux-mêmes avant de l'être aux fourmis. En apparence, il est fort aisé de constater d'une manière positive, si les jeunes se nourrissent quelque temps de cette liqueur avant de s'attaquer aux sucs de la plante; pourtant il n'en est pas ainsi; il faut des observations attentives, longues, souvent répétées, qui demandent un temps considérable. Voilà pourquoi tant de faits que l'on croirait pouvoir connaître avec le moindre effort restent longtemps ignorés.

Revenons un instant aux fourmis; les horticulteurs et agriculteurs ne doivent point les regarder en ennemis; elles ne font aucun bien, c'est vrai; mais aussi elles ne font en général aucun mal. Elles viennent visiter les pucerons, même les tourmenter un peu pour les forcer à abandonner le liquide qu'elles convoitent; une fois satisfaites, nos fourmis s'en retournent au logis. Avec sa sagacité ordinaire, le grand naturaliste de la Suède, Linné, a peint d'un seul trait les relations de la fourmi et du puceron: le puceron, a-t-il dit, est la vache des fourmis (*Aphis formicarum vacca*). Oui, ce sont bien leurs vaches: les fourmis ne se contentent pas toujours d'aller au loin chercher le produit; souvent elles emportent les pucerons et les placent sur des plantes dans le voisinage de leurs fourmilières, elles les réduisent en domesticité.

C'est en vérité très habile, mais on trouvera peut-être bien aussi que la fourmi abuse singulièrement de sa supériorité sur le puceron.

Rien de ce qui se rattache à la propagation des espèces nuisibles ne peut être ici passé sous silence. J'ai entendu souvent des propriétaires et des cultivateurs s'étonner de voir des légions de pucerons répandus sur des arbustes nouvellement plantés dans leur domaine. D'où sont-ils venus, se demande-t-on, ces pucerons, qui semblent attachés à la plante dont ils se nourrissent, paraissant végéter avec elle-même ? Ces insectes déjà adultes, quelques jours seulement après leur naissance, sont en général privés d'ailes. On comprend à peine qu'ils puissent se déplacer suffisamment pour aller d'une plante à une autre plante voisine. En effet, il n'y a guère de déplacement possible pour tous les pucerons femelles que nous voyons durant l'été et l'automne. Mais au printemps il n'en est pas toujours de même. A cette époque de l'année les femelles sont souvent ailées comme les mâles. Alors des émigrations ont lieu ; des milliers de pucerons mâles et femelles quittent les lieux où ils étaient nés pour aller se répandre de divers côtés. Parvenus dans les localités à leur convenance, ils se jettent sur les plantes qu'ils affectionnent et s'y fixent d'une manière définitive pour devenir la souche de ces longues séries de générations annuelles dont il a été question.

Les émigrations de pucerons ont été observées et signalées à l'attention par plusieurs naturalistes, et notamment par un savant de la Belgique, M. Morren.

Ils ont vu d'innombrables légions de ces insectes s'envolant à la fois et formant dans l'air comme une sorte de nuage. Avant que des yeux scrutateurs se soient appliqués à suivre les mouvements de ces frêles créatures, il était difficile de comprendre comment les pucerons arrivaient d'un lieu dans un autre. On croyait volontiers que les femelles étaient dans tous les cas privées des organes du vol, qui seuls permettent à de petits animaux de se transporter au loin. Maintenant l'observation nous a éclairés ; tout est expliqué de la façon la plus naturelle.

Nous avons dit, pour n'y plus guère revenir, les choses qui se rapportent à tous les pucerons en général. Maintenant, il reste seulement quelque chose à voir pour chacun d'eux en particulier. Les altérations produites par ces insectes sont souvent fort curieuses. Toujours la plante attaquée dépérit, ses feuilles se recoquillent, ses fleurs avortent, ses tiges tantôt se dessèchent, tantôt se tuméfient de la façon la plus bizarre.

Examinez le chèvrefeuille des jardins, dont les tiges et les feuilles sont chargées de pucerons, vous reconnaîtrez vite combien est grande l'altération. Comparez la branche qui a été respectée à celle sur laquelle se sont établis les maudits insectes suceurs. Je n'ai pas voulu manquer de présenter une image fidèle de ce que plus d'une fois j'ai vu sur une infinité de chèvrefeuilles (1). Ici, la tige est intacte, les feuilles ont pris leur entier développement, les fleurs sont superbes. Là, au contraire (2), la tige s'est à

(1) Pl. 4.
(2) Pl. 4, I.

peine élancée, elle tend à se recourber; les feuilles sont repliées, boursouflées, appauvries; et les fleurs! des boutons sont tombés avant d'avoir pu s'épanouir; d'autres à la vérité se sont épanouis, malgré l'épuisement de la branche; vous voyez encore des fleurs sur cette tige si maltraitée par les pucerons; mais quelles fleurs! elles ont à peu près la forme ordinaire, c'est tout, car elles sont chétives, et elles sont vertes comme les feuilles elles-mêmes; la corolle présente une simple bordure, d'un rouge violacé qui figure comme un témoin de la riche nuance que présentent les fleurs du chèvrefeuille dans leur plus beau développement. Cette altération étrange du végétal peut paraître un fait curieux, mais pour l'amateur de fleurs c'est un spectacle assez triste, pour peu que l'altération soit générale.

Il nous a paru intéressant de mettre sous les yeux du lecteur l'image fidèle d'une branche de chèvrefeuille, dont une tige étale fièrement ses belles fleurs, tandis que l'autre, chargée de pucerons, a pris un aspect misérable. Plus d'une fois sur un arbuste on a pu observer ce contraste, mais en général le contraste n'est pas de bien longue durée; si vous avez aperçu seulement quelques feuilles, quelques tiges attaquées, le mal ne tardera pas à s'étendre à tout l'arbrisseau et même à ses voisins s'il en a. Vous n'en serez pas surpris, vous savez combien est immense la postérité d'une seule femelle dans l'espace de trois ou quatre semaines, combien elle est prodigieuse dans l'espace d'une saison. Aussi vous tous qui aimez à voir vos arbustes dans un état de santé florissant, qui aimez à voir vos fleurs se montrer dans tout leur éclat, une fois le mal reconnu, ne perdez pas un instant, il faut l'arrêter à tout prix.

C'est au printemps qu'il faut visiter vos chèvrefeuilles avec un soin tout particulier. Découvrez-vous quelques rares pucerons fixés au pédicelle des feuilles; n'allez pas dire : il y en a peu, ce n'est pas la peine de s'en occuper. Il y en a peu aujourd'hui, il y en aurait des milliers le mois suivant, et déjà la plante serait bien malade.

Aujourd'hui les insectes suceurs, rares encore, sont comparativement faciles à atteindre. Il suffira de quelques lavages pour en débarrasser la plante, et alors la belle saison s'écoulera sans que de ce côté vous ayez à vous en occuper.

Pour détruire les pucerons, il n'y a rien de préférable à l'emploi de certaines dissolutions de substances âcres. Une décoction de feuilles de tabac, sans altérer la plante, fait périr à merveille ses hôtes destructeurs, sans laisser aucune trace. Une eau de chaux a l'inconvénient de salir les feuilles, de les blanchir de la façon la plus désagréable, et peut-être de nuire au végétal; une eau dans laquelle on a fait bouillir des feuilles ou des résidus de tabac n'offre pas les mêmes désavantages et paraît agir d'une manière plus efficace.

On a proposé aussi l'emploi d'un jet de vapeur. On le dirige aisément au moyen d'un petit tube, mais ce moyen présente des difficultés; il est nécessaire d'examiner constamment le point vers lequel on lance la vapeur, beaucoup d'insectes peuvent échapper, et la plante étant trop fortement échaudée est exposée à en souffrir.

Les Chevrefeuilles ___ Le petit Sylvain

Souvent on a eu recours à la fumée, en brûlant sous l'arbuste ou de la paille, ou des feuilles sèches, ou de l'agaric ; la fumée épaisse qui se dégage fait tomber les pucerons. Cependant, je le dirai, ce procédé m'inspire une médiocre confiance. Plus d'un insecte échappe à coup sûr ; ceux qui tombent sont asphyxiés sur l'instant, mais plus tard ils reviennent à la vie, et cheminant toujours, si lentement que ce soit, ils parviennent à grimper sur les tiges d'où ils avaient été durement expulsés. Le lavage avec une décoction de plante âcre me semble donc avoir le plus d'avantages et le moins d'inconvénients parmi tous les procédés dont on se sert pour détruire les pucerons.

Si l'on opère avec soin dès le moment d'apparition de ces insectes, c'est-à-dire dès les premiers beaux jours du printemps, il y a toute probabilité que, durant le cours de l'année, on aura peu à souffrir de leurs dégâts.

Notre planche 4 représente une branche du chèvrefeuille des jardins. Une tige est intacte, l'autre est chargée de pucerons (*Aphis caprifolii*) et rendue malade par la piqûre de ces insectes.

La figure 2 représente un mâle très grossi, dont les ailes sont étendues.

La figure 3 représente une femelle également grossie.

Le Petit Sylvain.

Partout à peu près où il y a des chèvrefeuilles, il y a le puceron du chèvrefeuille, à moins que l'on ait mis un soin tout particulier à le détruire ; il n'en est pas de même, heureusement, pour les autres insectes qui attaquent ces belles plantes. Ce sont des espèces communes sans doute, très nuisibles dans certaines années ou dans certaines localités, mais dont les ravages ne s'exercent pas à la fois sur tous les points. De tous les insectes destructeurs des chèvrefeuilles, les Lépidoptères sont les plus nombreux, ce sont des chenilles qui rongent le feuillage, et nuisent ainsi à la plante d'une manière plus ou moins grave.

Nous en comptons deux espèces qui appartiennent à la catégorie des papillons de jour, ce sont deux espèces voisines d'un même genre, le genre *Limenitis*, caractérisé par des ailes légèrement dentelées et par des antennes, dont la massue est longue et peu renflée.

L'espèce que je signalerai d'abord est la plus commune ; c'est un lépidoptère très connu sous le nom vulgaire de *Petit Sylvain*, décrit et représenté par une infinité d'auteurs. Il est très abondant dans nos bois, et quelquefois il n'est pas rare dans certains jardins.

Le Petit Sylvain (*Limenitis sybilla* des entomologistes) est un de nos plus jolis papillons d'Europe. En dessus (1) il est d'un brun noir, un peu velouté quand il est nouvellement éclos ; ses ailes ont des dentelures blanches ; une large bande transversale également blanche, interrompue par les nervures, et de plus quelques taches fauves. En dessous, les ailes du petit sylvain (2) sont d'une nuance qui tient le milieu entre le fauve et le ferrugineux. Cette nuance est relevée par des lignes et des points noirs, des taches blanches, et la même bande transversale qu'on remarque en dessus ; de plus le bord inférieur des secondes ailes est d'un gris bleuâtre. Un amateur s'extasie naturellement en contemplant un papillon si élégamment paré, mais ce n'est pas là notre affaire.

Le petit sylvain se montre à la fin de juin et au commencement de juillet. Il voltige habituellement à une assez grande hauteur ; cette circonstance n'a pas permis de voir où il pondait ses œufs. Suivant toute apparence, il les dépose vers la cime des chèvre-feuilles. Les jeunes chenilles doivent éclore peu de temps après et aller bientôt hiverner en se cachant dans les fissures des écorces ou dans d'autres retraites aussi peu accessibles. Au printemps, les chenilles se dispersent sur les feuilles, et elles grossissent jusqu'au commencement du mois de juin.

En fait de chenilles, rien de curieux, je vous assure, comme la chenille du petit sylvain (3). Elle est d'un beau vert, avec une ligne blanche de chaque côté ; sa peau est finement chagrinée ; tous ses anneaux, à l'exception du troisième, supportent deux longs tubercules ferrugineux, garnis d'épines extrêmement fines. La tête de cette chenille a presque la forme d'un cœur, dont la pointe serait tournée vers le haut ; elle est d'un gris rose et toute hérissée de petites épines.

Quand elle a pris tout son développement, la chenille du petit sylvain a deux à trois centimètres de long ; mais lorsqu'approche l'instant de sa métamorphose, elle se ramasse sur elle-même, elle se raccourcit, elle jaunit ; enfin elle va, à l'aide d'un peu de soie, se fixer par l'extrémité supérieure de son corps et se suspendre ainsi à la façon des chenilles d'une infinité de Lépidoptères diurnes.

Dans l'attitude que nous venons d'indiquer, la peau de l'animal se fend, se détache, et paraît la chrysalide. Celle-ci encore est bien singulière (4) ; elle est anguleuse ; son dos est caréné et présente dans son milieu une large protubérance lamelleuse ; sa tête porte deux cornes presque semblables à des oreilles de lièvre. La chrysalide entière est brunâtre, ayant en arrière une grande tache dorsale d'un jaune verdâtre. En outre, elle est parée de taches métalliques plus pâles que l'or, mais non moins éclatantes.

Lorsque le papillon est éclos, la dépouille de la chrysalide est entièrement grisâtre.

(1) Pl. 5, fig. 7.
(2) Pl. 5, fig. 8.
(3) Pl. 5, fig. 1 et 2.
(4) Pl. 5, fig. 4, 5 et 6.

Pendant longtemps on s'est demandé, sans pouvoir s'en rendre compte, à quoi étaient dues ces taches d'or ou d'argent dont sont ornées certaines chrysalides ; on a fini par reconnaître que cette apparence métallique leur était donnée par une mince couche d'air emprisonné sous le tégument ; suivant la couleur plus jaune ou plus blanche du tégument, la couche d'air prend la teinte de l'or ou de l'argent ou un ton intermédiaire. Si ce petit phénomène n'a pas été expliqué très vite, les brillantes taches ont fixé l'attention des premiers observateurs. Est-il besoin de dire que le nom de chrysalide, qui sert aux naturalistes d'aujourd'hui à désigner les nymphes de tous les insectes de l'ordre des Lépidoptères, a été pris par les Grecs du mot qui, dans leur langue, désignait l'or.

Nous avons représenté les chrysalides du petit sylvain attachées aux feuilles ou aux tiges des chèvrefeuilles. Souvent on les voit ainsi sur l'arbuste où les chenilles ont vécu ; mais il est assez ordinaire aussi que les chenilles quittent la plante et cherchent un endroit plus caché pour subir leur transformation. Une quinzaine de jours après cette métamorphose paraît le papillon. L'insecte n'a qu'une génération dans le cours d'une année.

Le petit sylvain, hôte habituel des bois et des grandes forêts, où sa chenille vit sur le chèvrefeuille des bois (*Caprifolium periclymenum*) ne se trouve guère dans les jardins ordinaires. On le voit dans les grands parcs ; là, à défaut du chèvrefeuille de notre pays, il s'attaque volontiers à l'espèce des jardins.

Le petit sylvain est un lépidoptère remarquable ; il devait être mentionné ici. Pourtant les dégâts que peut occasionner sa chenille sont toujours assez limités. L'insecte ronge les feuilles ; quelques branches d'un arbuste se trouveront parfois dépouillées ; mais le mal ne s'étend jamais au loin ; celui qui tiendra bien à conserver ses chèvrefeuilles intacts pendant la saison, devra se livrer à un véritable échenillage au moment où des entailles faites aux feuilles l'avertiront de la présence d'un insecte destructeur. C'est le seul moyen d'atteindre les chenilles du petit sylvain.

Ailleurs j'ai conseillé de frapper les arbustes attaqués pour les débarrasser de certains insectes qui les dévorent ; ailleurs je conseillerai encore ce procédé simple et souvent efficace quand on agit en prenant les soins nécessaires. Pour notre belle chenille du chèvrefeuille, à l'aide d'un tel moyen, on obtiendrait peu de résultats ; l'animal tapisse en quelque sorte les feuilles sur lesquelles il marche avec des fils d'une extrême finesse qu'il ne cesse de répandre. De la sorte, il trouve à se fixer de la manière la plus solide à l'aide de ses pattes membraneuses dont les épines s'accrochent dans ce tapis d'un genre particulier. Des chocs viennent-ils à se faire sentir, la chenille aussitôt se cramponne plus vigoureusement et réussit d'ordinaire à se maintenir.

Si le petit sylvain avait été plus dangereux qu'il ne l'est en réalité, nous eussions cherché davantage ce qu'il faudrait faire pour l'atteindre ; mais le mal qu'il cause est trop minime pour qu'il soit nécessaire de s'en occuper très sérieusement.

La planche 5 montre une branche du chèvrefeuille des jardins (*Caprifolium rotundifolium*), dont le feuillage est attaqué par les chenilles du petit sylvain (*Limenitis sybilla*).

La figure 1 montre une chenille dont le développement n'est pas complet.

La figure 2, une chenille dans son plus beau développement.

La figure 3 montre une chenille sur le point de se métamorphoser.

La figure 4, une chrysalide vue de dos.

La figure 5, une chrysalide vue du côté ventral.

La figure 6, une chrysalide vue de profil.

La figure 7, le papillon de grandeur naturelle avec les ailes étendues.

La figure 8, un papillon pendant le repos.

Le Sylvain azuré.

Le petit sylvain a un congénère dont la chenille vit sur le chèvrefeuille ; on le connaît sous le nom vulgaire de *Sylvain azuré*. Le premier, nous l'avons dit, est commun aux environs de Paris et dans une grande partie du nord de l'Europe ; le second, au contraire, est extrêmement rare dans le bassin de Paris ; il devient plus abondant dans le centre de la France, plus encore dans le midi et dans presque toute l'Europe méridionale. Le papillon ressemble beaucoup à notre petit sylvain, seulement, en dessus, ses ailes sont plus noires et ont un reflet chatoyant bleuâtre, de là l'épithète d'*azuré*, qui sert à le distinguer ; en dessous, ses ailes ne présentent qu'une simple rangée postérieure de points noirs au lieu de deux, et ces points, aux secondes ailes, sont entourés d'un cercle gris de perle.

La chenille de ce Lépidoptère diffère à peine de celle du petit sylvain ; pourtant on l'en distingue aisément, vu la présence d'une rangée de points roussâtres dont elle est ornée sur les côtés.

Sa chrysalide est brunâtre, anguleuse, portant sur le dos une sorte de bosse arrondie au lieu de l'éminence que présente la chrysalide du petit sylvain.

Les habitudes, les époques d'apparition de la chenille et du papillon sont les mêmes pour les deux espèces. Ce qui a été dit du petit sylvain peut s'appliquer aussi au sylvain azuré.

Les papillons de la famille des Noctuélides dont les chenilles vivent sur le Chèvrefeuille.

Les chenilles de quatre ou cinq espèces de papillons nocturnes appartenant à la famille des Noctuélides, vivent sur le chèvrefeuille et causent quelques dégâts partiels. Ces insectes, heureusement, ne sont pas abondants ; leurs ravages s'étendent peu, en général; il suffit de les signaler aux horticulteurs pour les mettre en garde contre des propagations telles qu'il s'en produit parfois pour des espèces regardées pendant longtemps comme assez rares.

Une de ces Noctuelles a reçu le nom de *Noctuelle efféminée (Amphipyra perflua)*; elle a les antennes longues et filiformes, le dos aplati, les ailes larges; les premières d'un brun cendré, portant vers le milieu un point oculaire noirâtre, à la base une ligne jaunâtre, ondulée, et vers l'extrémité, quatre lignes blanches ondulées; et enfin, les secondes ailes entièrement d'un gris sombre.

Cette noctuelle habite particulièrement le nord et l'est de la France, ainsi que l'Allemagne; elle vole pendant le mois d'août. L'été, on trouve quelquefois sa chenille sur le chèvrefeuille. Celle-ci épaisse, gibbeuse en arrière, est verte, avec une raie dorsale et une raie latérale de couleur jaune, ainsi que de petites lignes et des points répandus sur chaque anneau. L'insecte se transforme en chrysalide au pied de l'arbuste.

Une autre espèce de la même famille (*Hadena rectilinea* ou *Hyppa rectilinea*, selon les auteurs), est un papillon nocturne, ayant une envergure d'environ 4 centimètres; les ailes antérieures, d'un gris de perle, relevé par plusieurs lignes noires bordées de blanc, et par une large bande sinueuse d'un brun marron avec une bordure blanche.

La noctuelle rectiligne n'habite guère nos climats; on la trouve plutôt dans les régions montagneuses et dans certaines parties de l'Allemagne.

Sa chenille vit habituellement sur le chèvrefeuille des buissons (*Lonicera xylosteum*); pourtant on assure qu'elle mange volontiers aussi les feuilles de l'arbuste cultivé dans les jardins. Cette chenille est d'un jaune fauve avec des lignes brunes, variables suivant les individus, offrant en outre quelques points noirs et blancs; pour se transformer en chrysalide, elle s'enferme dans un léger tissu soyeux.

Parmi les Noctuelles du chèvrefeuille, il y a encore la Noctuelle lithorize (*Xylina lithoriza*); le papillon présente une envergure d'environ 4 centimètres; ses ailes antérieures sont grises, sablées de noir et de blanc, et ornées de deux lignes transversales dentelées qui encadrent les taches existant sur le milieu des premières ailes chez presque tous les papillons de la famille des Noctuélides.

Cette espèce paraît au printemps. Sa chenille se rencontre l'été; elle est grise, un peu aplatie, offrant sur les côtés des bouquets de poils rougeâtres.

Cet insecte est rare, au moins sous notre climat; il n'est donc guère besoin de s'en occuper à notre point de vue.

Une noctuelle voisine de la lithorize (*Xylina rizolitha*), qu'on rencontre dans certaines parties de l'Europe, est encore citée comme vivant à l'état de chenille sur le chèvrefeuille, mais ceci est tout à fait accidentel. La chenille de la noctuelle rizolithe se nourrit habituellement des feuilles du chêne, de l'aulne, etc.

Pour achever l'énumération des papillons nocturnes, dont les chenilles attaquent les chèvrefeuilles, je dois mentionner encore une espèce bien commune dans notre pays, dont, plus d'une fois, j'aurai l'occasion de parler : c'est la noctuelle du chou (*Hadena oleracea*), qui cause de grands dégâts aux plantes potagères. L'insecte ne s'en tient pas pourtant à cette catégorie de végétaux, il s'attaque ordinairement à diverses plantes d'ornement. Il ronge, entre autres, les fleurs des dahlias. C'est en parlant des dahlias que je me propose de faire l'histoire de la noctuelle du chou, dont le nom est capable de faire croire à une préférence, pour le choix de la nourriture, qui en réalité n'existe pas. Qu'il me suffise de dire ici que cette noctuelle s'en prend aussi aux chèvre-feuilles ; toutefois, je dois l'ajouter, en aucune circonstance je n'ai remarqué de ravages considérables produits sur ces végétaux par la chenille, reconnue comme si indifférente quant à son alimentation.

Pour toutes ces chenilles vivant isolément, il n'est possible de s'en débarrasser qu'en inspectant les branches dont les feuilles sont rongées, qu'en détruisant les coques fixées aux murailles, qu'en grattant la terre au pied des arbustes durant l'hiver, pour enlever les chrysalides.

Les Papillons de la famille des Tinéides dont les chenilles vivent sur le Chèvrefeuille.

Où n'y en a-t-il pas de ces chenilles de Tinéides, toutes si petites qu'on y fait à peine attention ? Chaque plante en nourrit plusieurs espèces. La nourriture de chaque individu est bien peu de chose, mais il y a tant d'individus que le mal causé par ces chétifs insectes prend souvent des proportions énormes. On a vu déjà ce qu'il en était pour le lilas.

Quelques Tinéides dévorent les chèvrefeuilles ; elles sont nuisibles dans certaines localités ; cependant, comme elles ne sont pas abondantes partout, on les a moins remarquées que bien d'autres.

Il y en a deux qui appartiennent à un genre, le genre Harpipterix, bien reconnaissable aux ailes antérieures, qui, à leur extrémité, sont courbées en forme de faucille. Ces petits insectes ont aussi leurs quatre ailes garnies d'une longue frange ; leurs antennes minces, plus longues que le corps, leurs palpes grands, recourbés, et munis d'une pointe latérale, leurs pattes postérieures épaisses.

L'un de ces Harpipteryx du chèvrefeuille est l'Harpipteryx harpon (*Harpipteryx harpella*). C'est un petit papillon fort élégant, dont les ailes déployées n'ont pas plus de 2 centimètres d'envergure ; les premières ailes sont d'un brun marron, et cette riche nuance est relevée par une ligne blanche et une bande d'un jaune citron tout luisant, qui court le long du bord interne. Les secondes ailes sont en totalité d'un gris plombé avec leur frange un peu plus claire.

L'Harpiptéryx harpon éclot dès le commencement de juillet; on le voit voltiger pendant un mois entier. Où les femelles pondent-elles leurs œufs? c'est ce qui n'a pu encore être observé, mais, très vraisemblablement, c'est sur les feuilles elles-mêmes.

Pendant le mois de juin, il n'est pas rare de voir dans des parcs, des chèvrefeuilles fort maltraités par les chenilles de l'Harpiptéryx harpon. Ces chenilles sont très amincies à leurs deux extrémités. Tout leur corps est d'un joli vert pomme, quelquefois d'une teinte un peu plus sombre, mais toujours avec une large bande d'un rouge vineux régnant tout le long du dos, divisée dans son milieu par une ligne extrêmement fine et bordée de chaque côté par une raie d'un blanc jaunâtre; outre cette élégante coloration, ces chenilles ont encore sur chaque anneau quelques traits blanchâtres et de petits points épars d'un noir brillant, tous surmontés d'un poil.

Pour se transformer, ces insectes se filent une petite coque soyeuse, à peu près blanche, de forme allongée comme une nacelle. La coque est fixée, soit aux feuilles, soit aux tiges, soit aux corps environnants. La chrysalide est courte, et entièrement d'une couleur jaune d'ocre.

Après la métamorphose de la chenille en chrysalide, une vingtaine de jours suffisent pour voir arriver l'éclosion des papillons; une nouvelle génération alors a lieu en automne.

Deux espèces, très voisines de la précédente, appartenant tout à fait au même genre, vivent également sur les chèvrefeuilles. L'une est l'Harpiptéryx faucille (*Harpiptéryx falcella*), l'autre est l'Harpiptéryx hameçon (*Harpiptéryx hamella*).

Le premier, à l'état de papillon, ressemble considérablement à l'Harpiptéryx harpon, mais le prolongement des premières ailes est plus court; ces mêmes ailes sont d'un brun vineux, devenant roussâtre vers le bord externe, qui est blanchâtre et surmonté au milieu d'un point noir. La chenille de l'Harpiptéryx faucille a la forme de celle qui a été décrite, seulement ses couleurs diffèrent; elle est grisâtre, ornée de trois raies longitudinales blanches, et parsemée de petits points noirs cerclés de blanc. Ses métamorphoses sont semblables à celles de sa congénère.

Le second, l'Harpiptéryx hameçon, est de la même forme et de la même taille que les précédents, mais d'une couleur très différente; ses ailes antérieures sont en dessus d'un jaune paille uniforme avec une raie brune longitudinale et un point noir.

La chenille de cette espèce est grise et ornée d'une ligne dorsale blanche placée entre deux lignes brunes, bordées elles-mêmes de blanc; la tête est d'un brun noir avec une ligne blanche au milieu.

Les métamorphoses de cet Harpipterix ne diffèrent pas de celles des deux autres.

Ces chenilles, comme la plupart des Tinéides, enlacent les feuilles à l'aide de leurs fils, les enroulent, les rongent; ces feuilles sont ainsi rapidement flétries et desséchées. Aussi les moyens les plus propres à préserver les chèvrefeuilles des ravages des Harpipteryx sont les mêmes que ceux qui ont été indiqués pour préserver les lilas des ravages que causent la Gracillaria.

Parmi les plus petites Tinéides, celles dont les premières ailes sont presque linéaires, on en cite au moins une qui mine les feuilles des Caprifoliées. Elle appartient à un genre (*Lithocolletis*) caractérisé par des antennes simples à premier article allongé, et par des ailes de couleur métallique, ornées vers leur extrémité d'une tache ocellée.

L'espèce signalée comme vivant sur les chèvrefeuilles est le Lithocolletis aux ailes de Bruant *(Lithocolletis emberizæpenella)*. Le papillon, d'une envergure de 8 à 9 millimètres, a ses petites ailes d'un fauve doré, traversées par deux bandes d'un blanc argenté, et ornées vers le bout de quatre taches du même blanc.

Sa chenille est toute verte; elle vit isolée, minant le parenchyme des feuilles jusqu'au moment de sa métamorphose.

Cet insecte ne paraît pas d'ordinaire très nuisible; en tout cas, comme l'épiderme boursouflé et desséché des feuilles décèle la présence des chenilles mineuses, il est aisé de les détruire en coupant toutes les feuilles atteintes.

La Tenthrède aux trois bandes.

Voici un insecte qui appartient à une famille dont nous aurons souvent à nous occuper. Cette famille est la famille des Tenthrédides. Elle forme une division importante dans l'ordre des Hyménoptères, appelés par tous les anciens auteurs les *Mouches à quatre ailes*, dénomination simple, de nature à frapper aisément l'esprit des moins initiés aux connaissances entomologiques.

Les Tenthrédides ont un corps court, dont les côtés, le plus souvent, sont très parallèles; leurs mandibules sont longues et aplaties; leurs mâchoires portent des palpes divisés en six articles; leurs antennes sont assez courtes, tantôt filiformes, tantôt épaissies vers le bout; leur abdomen est uni au thorax dans toute sa largeur. Ce caractère fait distinguer à la première inspection un insecte du groupe des Tenthrédides de tout autre Hyménoptère, car, chacun sait cela, chez l'abeille, chez la guêpe, chez la fourmi, etc., l'abdomen ne tient au thorax que par un pédicule d'une minceur extrême; de là le mot *une taille de guêpe*. Ce n'est pas tout encore, parmi les caractères les plus remarquables des Tenthrédides : les femelles de ces insectes ont leur abdomen muni à son extrémité d'une double tarière mobile; c'est un instrument écailleux, assez solide pour résister à des efforts considérables; il est dentelé en manière de scie et pointu au bout; deux lames le recouvrent, le protégent pendant le repos, et s'écartent quand la tarière est en action.

Les premiers observateurs ont remarqué ce singulier instrument, toujours très petit, car les Tenthrédides ne sont pas de gros insectes, et pourtant si parfait, malgré ses proportions exiguës.

Les curieux Hyménoptères dont il est question ici, ont été nommés les *mouches à scie*. C'était on ne peut mieux trouvé. Plus tard, l'entomologiste célèbre de la première période du siècle actuel, Latreille, les appela les *porte-scie :* le mot changé, l'idée restait.

La tarière de la mouche à scie remplit un office de haute importance. Une mère doit déposer ses œufs le long des tiges, le long des pédicelles des feuilles. Pour elle, il ne s'agit pas de les fixer simplement à l'aide d'un peu de matière agglutinante, comme le font tant d'insectes ; non : pour chaque œuf elle doit faire une entaille capable de le recevoir en entier ; aussi, la pauvre femelle, pressée de pondre cinquante ou soixante œufs, ou davantage encore, met-elle une ardeur extrême à son travail. Cramponnée au moyen de ses pattes, l'abdomen un peu recourbé pour obtenir une force plus grande, elle incise des tiges, quelquefois fort dures, avec une vivacité remarquable ; sa scie agit véritablement comme une scie ordinaire, et comme elle en a deux qui peuvent manœuvrer simultanément en sens opposé, une entaille est bientôt faite.

Il est vraiment intéressant d'observer la mouche à scie pendant son opération : c'est un spectacle qu'il est facile de se procurer à une certaine époque ; en examinant les rosiers on le verra bientôt. Une cavité faite, un œuf y est déposé et aggluté de façon à n'être pas facilement arraché, puis une autre, et un second œuf, jusqu'à ce qu'enfin la lignée soit complète.

La ponte achevée, la mère a fini son rôle, elle ne tarde pas à mourir ; mais qu'importe maintenant, le sort de sa progéniture est assuré, les jeunes larves vont éclore et se répandre sur les feuilles dont elles doivent se nourrir.

Les larves des Tenthrédides vivent en général à la manière des chenilles ; par leur forme, elles ressemblent aux chenilles au plus haut degré, si bien qu'on les a nommées habituellement les *fausses chenilles*. Néanmoins, les fausses chenilles se distinguent aisément des chenilles véritables par le nombre de leurs pattes membraneuses ; ce nombre est de six à huit paires chez ces insectes ; il n'est jamais de plus de cinq paires chez les chenilles.

Les larves des mouches à scie ont, pour la plupart, l'habitude de s'enrouler en spirale : pendant le jour, elles restent immobiles sur les feuilles en gardant cette position ; le matin et le soir, elles se déplacent pour ronger les feuilles. Ces insectes, souvent en nombre considérable, dépouillent quelquefois des arbres entiers dans l'espace de peu de jours. Il est ordinaire à certaines espèces de redresser brusquement la partie postérieure de leur corps quand on vient à les inquiéter. C'est un moyen d'effrayer leurs ennemis. Les larves des mouches à scie, au moment de se transformer en nymphe, se filent une coque soyeuse ; les unes s'établissent sur la

9

plante même où elles ont vécu, les autres se laissent tomber et s’enfoncent dans la terre ; celles-ci ne produisant pas une soie abondante, augmentent la solidité des parois de leur coque au moyen de grains de terre qu’elles ramassent entre les fils qui constituent le tissu de leur fragile demeure.

La chenille à peine enfermée dans son cocon se transforme tout aussitôt ; la fausse chenille au contraire conserve sa forme de larve durant des mois entiers ; elle se raccourcit considérablement, mais enfin, l’insecte ne paraît sous la forme de nymphe que peu de jours avant l’éclosion de la mouche à scie ; parfois même jusqu’au dernier moment la nymphe demeure revêtue de la peau de la larve. Tous les faits que je viens de rapporter s’appliquent également aux nombreuses espèces de Tenthrédides dont nous aurons à nous occuper. Il ne s’agit donc plus désormais que de signaler les particularités utiles à connaître à l’égard de chacune d’entre elles.

A l’époque où luit pour tout de bon le soleil du printemps, c’est-à-dire vers le mois de mai, il n’est pas rare de voir voltiger dans les jardins et les parcs et se poser sur les chèvrefeuilles, une espèce de mouche à scie. C’est une vraie Tenthrède, ayant le corps assez épais, les antennes à peu près filiformes. On la nomme la Tenthrède aux trois bandes (*Tenthredo tricincta*, Fabr., *T. rustica*, De Geer, etc.). L’insecte (1) est d’un noir luisant avec les petites écailles qui couvrent la base des premières ailes, d’un jaune roux ; les pattes de cette dernière couleur avec quelques parties blanches et l’abdomen orné de trois bandes jaunâtres. Cette mouche à scie n’a pas plus de 11 à 12 millimètres de longueur. Au moment où nous l’observons, elle s’agite beaucoup cherchant les endroits les plus propices au dépôt de ses œufs ; elle va entailler les tiges et les pétioles des feuilles et effectuer sa ponte. Bientôt chaque femelle a accompli sa tâche, nos Tenthrèdes ont disparu ; une semaine s’écoule et voilà de toutes petites larves qui se répandent sur les chèvrefeuilles. D’abord à peine visibles à l’œil, elles rongent le bord ou la surface des feuilles, mais elles enlèvent si peu de substance, qu’il faut une sérieuse attention pour apercevoir le travail des jeunes larves ; il en faut même beaucoup pour les apercevoir elles-mêmes. Les jours s’écoulant, les fausses chenilles du chèvrefeuille augmentent de volume avec une assez grande rapidité, et les feuilles montrent de plus en plus de larges échancrures.

Il serait malaisé de donner d’un seul coup le signalement de la larve de la Tenthrède aux trois bandes. Durant le temps de sa croissance, elle change de peau au moins cinq fois, et ces périodes de son existence sont marquées par des changements de couleurs tout à fait surprenants. Le seul observateur qui, jusqu’ici, avait étudié les métamorphoses de la Tenthrède du chèvrefeuille, Charles de Geer, l’un des naturalistes célèbres de la Suède, a indiqué ce fait, il y a près d’un siècle.

Dans les premiers temps de sa vie, notre fausse chenille (2) est d’un gris terreux

(1) Pl. 6, fig. 1 et 1*.
(2) Pl. 6, fig. 2.

presque uniforme, avec la tête noirâtre. Elle change de peau, alors son corps est plus sombre en dessus avec les côtés plus blancs, et déjà on remarque une tache dorsale sur chacun de ses anneaux (1). Après une nouvelle mue, l'animal est plus clair, il est pointillé de brun et de blanc, et les taches dorsales que nous avons reconnues dans l'âge précédent sont plus apparentes ; elles affectent décidément la forme d'un triangle dont le sommet est tourné vers la tête (2). L'insecte grandit, il se dépouille de nouveau ; cette fois, sa peau, tout en conservant les mêmes marques, est devenue d'un gris jaunâtre ou d'un gris verdâtre (3). Jusqu'ici, la fausse chenille du chèvrefeuille paraissait comme veloutée, mais survient sa dernière mue et la voilà toute changée, sa peau est luisante, presque transparente, d'un fauve rougeâtre clair, les chevrons bruns que l'on voyait si nettement sur son dos dans l'âge précédent, existent toujours, mais maintenant ils sont affaiblis, et comme voilés. En outre, le corps de la larve est plus épais, proportionnellement à sa longueur, qu'il ne l'avait été à aucune époque antérieure ; il est surtout plus renflé en avant.

La larve continue à ronger les feuilles encore pendant quelques jours ; on est à la fin de juin ou au commencement de juillet ; elle a pris toute sa croissance ; l'instant de la métamorphose est venu ; elle abandonne le feuillage qui la nourrissait ; elle se laisse choir au pied de l'arbuste, elle entre en terre et s'y construit une coque ; un peu de soie et un peu de terre en forment les parois (4), et la larve se ramasse dans son intérieur ; vingt à trente jours s'écoulent, la nymphe s'est montrée (5) et l'insecte parfait est éclos.

Au mois d'août, on rencontre donc de nouveau la Tenthrède aux trois bandes. Les mouches à scie se recherchent comme l'avaient fait au printemps celles dont elles tiennent l'existence. L'espèce a deux générations par année. Une ponte a lieu au mois de septembre, les fausses chenilles reparaissent sur les chèvrefeuilles, présentant dans leur développement les mêmes phases que les premières ; elles finissent de croître quand les rigueurs de la mauvaise saison se font sentir ; elles vont aussi au pied des arbustes construire leur coque, mais cette fois elles y séjourneront longtemps, les insectes adultes ne devant naître qu'au mois de mai.

La Tenthrède aux trois bandes est commune dans notre pays ; elle l'est également dans une grande partie de l'Europe, comme l'Allemagne, et la Suède où elle a été observée par De Geer. Quand ses larves sont abondantes sur les chèvrefeuilles, elles nuisent à ces arbrisseaux d'une manière très sensible, en les dépouillant de leur feuillage. Comme beaucoup de larves de tenthrèdes, elles finissent par ne laisser que

(1) Pl. 6, fig. 3.
(2) Pl. 6, fig. 4, 4'.
(3) Pl. 6, fig. 5, 5'.
(4) Pl. 6, fig. 8.
(5) Pl. 6, fig. 9.

le pédicelle et les principales nervures des feuilles, tout le parenchyme est dévoré ; les tiges ne présentent plus que des filaments.

Le genre de vie de la Tenthrède aux trois bandes sous ses divers états, ne nous permet que deux modes de destruction vraiment praticables. Au mois de juin et au mois de septembre, on peut s'emparer aisément des larves, en frappant brusquement les branches des chèvrefeuilles avec un bâton. Pour cette opération, il est nécessaire d'étendre un drap blanc sous les arbustes, et d'opérer pendant la plus grande chaleur du jour, au moment où les fausses chenilles sont en repos ; pour ainsi dire endormies à ce moment de la journée, un choc assez faible suffit pour les faire tomber.

L'autre moyen, peut-être plus aisé à mettre en pratique, consiste à enlever une couche de la terre qui est au pied des arbustes et de la remplacer s'il est besoin. En enlevant cette terre, on emportera en même temps les coques des mouches à scie, et comme on aura la précaution de les détruire aussitôt, on aura peu de tenthrèdes au printemps, on ne verra que celles dont les coques auront échappé, et elles ne seront pas nombreuses, si le travail a été fait consciencieusement.

J'ai élevé des tenthrèdes du Chèvrefeuille en grand nombre, soit dans des boîtes, soit sur les arbustes eux-mêmes ; et je n'ai pas eu l'occasion d'observer de parasites. Ce n'est pas, à coup sûr, une raison pour établir que la Tenthrède aux trois bandes n'est pas attaquée par des insectes de cette sorte ; mais, vous le savez, cultivateurs, comme déjà je vous l'ai dit, c'est un secours sur lequel il ne faut pas trop compter ; le fait que je vous rapporte ici en est une nouvelle preuve.

La Tenthrède aux trois bandes n'est pas la seule espèce de son groupe qui ait été rencontrée sur les chèvrefeuilles. Réaumur cite une Tenthrédide appartenant à un genre (*Cimbex*) caractérisé par des antennes n'ayant jamais plus de huit articles, et renflées vers le bout en une sorte de bouton. On appelle l'insecte le Cimbex du Chèvrefeuille (*Cimbex lonicerœ*), mais comme il est fort rare, nous n'avons nul besoin de nous en occuper ici :

La planche 6 montre une branche de chèvrefeuille des jardins attaquée par la Tenthrède aux trois bandes (*Tenthredo tricincta*, Fabr.).

La figure 1 représente l'insecte adulte de grandeur naturelle, pendant le repos.

La figure 1' le même grossi, ayant les ailes étendues.

La figure 2 est une jeune larve au repos.

La figure 3 une larve après une nouvelle mue.

Les figures 4 et 4' les larves après un nouveau changement de peau.

Les figures 5 et 5' les larves plus âgées, l'une rongeant une feuille, l'autre au repos, enroulée.

La figure 6 une variété du même genre.

La figure 7 une larve à sa dernière période.

La figure 8 une coque.

La figure 9 la nymphe.

La Saperde pupillée.

Le seul insecte de l'ordre des Coléoptères regardé comme nuisible aux chèvre-feuilles appartient à la grande famille des Cérambycides que les anciens auteurs appelaient les Longicornes. Ces cérambycides, en effet, sont caractérisés par leurs antennes, dont la longueur atteint et souvent dépasse de beaucoup celle du corps. On les reconnaît aussi à leurs tarses composés ordinairement de quatre articles garnis en dessous d'espèces de brosses.

Le coléoptère longicorne qui attaque les chèvrefeuilles est du genre des Saperdes; insectes dont le corps est linéaire, les antennes médiocrement longues, le corselet arrondi, etc., c'est la Saperde pupillée *Saperda pupillata*, dont le corps est étroit, linéaire, long de 15 à 18 millimètres, d'un fauve clair, avec la tête et les an-tennes noires, le corselet fauve, marqué de deux points noirs, les élytres noi-râtres un peu fauves seulement à la base, très fortement ponctuées et tronquées à l'extrémité.

Cette espèce est rare aux environs de Paris, mais elle est assez fréquente dans le nord de la France et dans une grande partie de l'Allemagne.

Sa larve, comme la plupart des larves de Cérambycides, a la forme d'un ver allongé, d'un blanc jaunâtre, ayant une tête cornée, des antennes extrêmement petites, des mandibules très robustes, une lèvre inférieure portant deux petits palpes biarticulés, les anneaux thoraciques privés de pattes, le premier plus large que les autres et tous les anneaux du corps offrant, dans le milieu, des espaces garnis de petites rugosités.

Les cérambycides, à l'aide de leur tarière, déposent leurs œufs dans les interstices formés par les fissures de l'écorce; les jeunes larves, à l'aide de leurs fortes mandibules, se mettent aussitôt à entamer le bois pour pénétrer dans l'intérieur de l'aubier. Elles cheminent ainsi pendant tout le cours de leur existence, et forment des galeries d'une étendue considérable, dont la largeur est en rapport avec le volume de la larve. Quand celle-ci a pris tout son accroissement, à l'aide des rognures de bois qu'elle enlève continuellement et d'une certaine quantité de matière agglutinante qu'elle a la propriété de sécréter, elle se construit au bout de sa galerie une coque dans laquelle elle se transforme en nymphe. L'insecte parfait, venant à éclore, il doit perforer un trou pour s'échapper de sa prison. La seule inspection du tronc ou des tiges d'un arbre attaqué par des cérambycides permet aisément de reconnaître que les insectes adultes se sont échappés, les trous de sortie ayant une dimension telle qu'il est impossible de ne pas les apercevoir.

Jusque-là, aucun signe, si ce n'est peut-être l'état maladif de la plante, ne décèle la présence des larves qui rongent le bois, l'entrée des jeunes vers n'ayant laissé aucune trace sensible.

Aux environs de Paris, nous n'avons jamais observé de chèvrefeuilles maltraités par les larves de la Saperde pupillée, mais dans le nord de la France, plusieurs fois on a vu de ces arbrisseaux attaqués par ces larves. Si leur nombre est assez considérable, les chèvrefeuilles, dont le tronc se trouve tarandé, périssent assez rapidement.

Il n'est pas commode, comme on le voit, d'atteindre les larves de la saperde pupillée. Si l'on aperçoit sur le tronc, au printemps ou au commencement de l'été, des trous circulaires de 4 à 5 millimètres de diamètre, c'est un signe certain que l'arbre a été attaqué par les saperdes. Tient-on à conserver l'arbuste ; le mieux est d'enduire de terre le tronc et les principales tiges de façon à empêcher les femelles nouvellement écloses de venir y déposer leurs œufs. Mais si la plante est assez maltraitée pour que l'on songe à l'enlever, il est essentiel de laisser l'arbuste sur pied jusqu'à la fin de l'été.

En effet, les femelles semblent préférer les arbres déjà malades pour y opérer le dépôt de leurs œufs. Ces arbres, dont le mouvement de la sève est considérablement ralenti, paraissent convenir mieux aux larves. L'arbuste que vous voulez sacrifier, va donc attirer les saperdes plutôt que ceux qui sont demeurés parfaitement sains ; par cela même, ces derniers seront épargnés suivant toute probabilité. A l'automne, vous arrachez l'arbuste malade et vous le brûlez ; à cette époque les larves sont dans l'intérieur, vous êtes sûr d'anéantir toutes les saperdes. Arraché avant la ponte des insectes lignivores, ce sont les arbustes sains qui auraient reçu le dépôt des œufs, et la perte se serait trouvée singulièrement augmentée.

On voit par là combien, dans toutes les opérations nécessaires pour combattre les insectes nuisibles, il est indispensable d'agir en complète connaissance du genre de vie et du genre d'instinct des espèces qu'il s'agit de détruire.

Les Diptères nuisibles aux Chèvrefeuilles.

Parmi les insectes à deux ailes, on en compte deux ou trois dont les larves s'attaquent aux chèvrefeuilles. Ce sont des espèces d'une taille fort exiguë ; mais, nous le savons bien, ce ne sont pas souvent les plus petits insectes qui sont le moins à craindre ; dans une foule de cas, le nombre des individus compense largement l'exiguïté de la taille de l'espèce.

Je vous signalerai comme s'attaquant aux chèvrefeuilles les larves de deux toutes petites mouches appartenant à un genre auquel les naturalistes donnent le nom de *Phytomyzes*, ce qui signifie mouches des végétaux. Les phytomyzes ont des antennes dont le troisième article est fort grand et surmonté d'un style velu. Leurs larves ont la forme ordinaire aux larves de mouches si connues des amateurs de pêche sous le nom d'*asticots ;* ce sont de petits vers blanchâtres, amincis aux deux extrémités, ayant la bouche garnie de deux crochets. Privés de pattes, ces vers rampent avec beaucoup de vivacité. Ceux qui vivent dans les végétaux minent le parenchyme des feuilles à la manière de certaines chenilles de Tinéides. Seulement les larves des phytomyzes suivent une ligne plus ou moins irrégulière, dont la trace se dessine sur les feuilles par la teinte de feuille morte. La ligne, c'est-à-dire, le chemin tracé par la petite larve, s'élargit graduellement du point de départ au point d'arrivée. Chaque jour, en effet, elle a grossi, son corps a pris plus d'espace. Parvenue au moment de sa transformation, elle a agrandi l'espace miné, puis elle s'est arrêtée ; la peau de son corps s'est ramassée, s'est durcie, et est devenue son enveloppe de nymphe, et puis quelques jours encore, et l'insecte adulte est sorti, rompant sa coque, rompant aussi l'épiderme desséché de la feuille qui l'avait nourri durant la première période de son existence.

Les phytomyzes observées sur les chèvrefeuilles des jardins se rencontrent plus fréquemment sur les chèvrefeuilles des bois. Il est néanmoins très ordinaire de voir les feuilles des espèces de nos jardins traversées par ces galeries irrégulières qui annoncent la présence des larves de phytomyzes. L'un de ces diptères a reçu le nom de Phytomyze du chèvrefeuille des buissons (*Phytomyza xylostæi*, Rob. Desv.). C'est une bien petite mouche, longue tout au plus de 2 millimètres, noire, avec le devant de la tête fauve, les ailes diaphanes, les jambes noires, etc.

L'insecte a certainement plusieurs générations durant le cours de chaque année ; mais jusqu'ici aucun observateur ne s'est montré assez patient pour suivre le frêle diptère pendant une année entière.

Ce que nous savons touchant les métamorphoses de la phytomyze du chèvrefeuille, nous a été révélé par l'un des entomologistes de notre temps qui ont le plus contribué à faire connaître les mœurs des insectes, par M. Goureau.

Cet observateur a remarqué, dès les premiers jours de mars, des feuilles qui présentaient dans leur parenchyme une galerie courte, filiforme, terminée brusquement par un espace miné, assez large, et de forme irrégulière. En détruisant l'épiderme audessus de la galerie, ou de l'espace élargi, on découvrait les larves, qui sont oblongues et blanchâtres comme à peu près toutes les larves de mouches.

Vers la fin de mars, les larves se métamorphosent, et ce sont de petites coques ovoïdes que l'on trouve à cette époque de l'année. Avant le milieu d'avril, les petites mouches éclosent. Sans doute qu'elles ne tardent pas à donner une nombreuse postérité ; mais, ainsi qu'il a été dit, il y a une lacune dans les observations. Pour notre part, c'est à la fin de l'été que nous avons eu l'occasion de rencontrer la Phytomyze du chèvrefeuille. Bien certainement, pour détruire cet insecte, comme pour détruire toutes ces petites espèces dont les larves sont mineuses, il n'y a d'autre moyen que de débarrasser les arbrisseaux des feuilles offrant des galeries ou des espaces minés qui décèlent d'une manière positive la présence de larves nuisibles au feuillage. Seulement il est nécessaire de se livrer à cet enlèvement de feuilles attaquées avant l'éclosion des insectes adultes. Une fois les insectes éclos, ce serait absolument peine perdue ; il faut donc ne pas attendre que les galeries aient pris la teinte brune ou noirâtre qu'elles ont après une dessiccation complète, car alors il est trop tard.

Assez souvent les larves des phytomyzes sont la proie d'un petit ichneumonide qui appartient à un genre connu des entomologistes sous le nom de Daenusa.

Une autre espèce de Phytomyze s'attaque aussi aux chèvrefeuilles, c'est la Phytomyze champêtre (*Phytomyza agromyzina*, Meig.). Cette espèce est très voisine de la précédente ; pourtant sa larve a des habitudes un peu différentes : elle forme une longue galerie, diversement contournée, et au lieu de se transformer en nymphe au bout de sa galerie, comme c'est le cas le plus ordinaire pour les larves mineuses des diptères, elle abandonne sa feuille et se laisse choir pour aller se métamorphoser en terre.

Voilà ce que dit l'observation : l'observation est exacte à n'en pas douter, mais elle est très probablement incomplète. Cette fois la larve du petit diptère a été vue à l'automne, à l'époque à laquelle les feuilles étaient sur le point de tomber, alors que l'insecte devait passer l'hiver entier sous la forme de nymphe. Pendant les mois chauds de l'année, la phytomyze peut-être ne se réfugie-t-elle pas dans la terre pour y subir sa métamorphose.

Il restera longtemps à étudier pour compléter l'histoire de la vie des insectes : qui voudra explorer le champ avec soin sera sûr d'y faire encore plus d'une découverte.

Voici deux mouches que je vous signale comme nuisibles aux chèvrefeuilles. Que l'on observe bien, que l'on s'attache particulièrement à ce sujet en apparence très borné, et bientôt, selon toute vraisemblance, on aura pu reconnaître dix, quinze ou vingt espèces qui se nourrissent, sous leur forme de larve, du feuillage de ces arbrisseaux.

Maintenant c'est un diptère d'une famille complétement différente, qui est réputé nuisible aux chèvrefeuilles : celui-ci est de la famille des Tipulides. Or les Tipulides se distinguent de tous les autres diptères par leurs antennes filiformes, par leur corps extrêmement grêle, par leurs longues pattes d'une incroyable ténuité, par leur trompe courte, épaissé, terminée par deux grandes lèvres.

L'espèce qui vit aux dépens du chèvrefeuille est d'un groupe caractérisé par des antennes plumeuses, au moins chez les mâles (*Chironomites*), et d'un genre, le genre Cératopogon, reconnaissable à une tête avancée en forme de museau, et à des antennes de treize articles dont les huit premiers sont globuleux. C'est le Cératopogon du chèvrefeuille (*Ceratopogon caprifolii*, Macq.), tout petit insecte noirâtre, à duvet gris.

Sa larve, observée dans le nord de la France par M. Macquart, est filiforme, blanchâtre, se contournant comme un petit serpent. Elle vit sur les fleurs qu'elle ronge pendant longtemps sans les entamer, ce qui s'explique par la ténuité de ses mâchoires et le faible volume de son corps.

Mais cette larve, selon l'entomologiste que nous venons de citer, se propage souvent en nombre infini, de telle sorte que la plante ne tarde pas être fortement altérée. Dans ce cas, il n'y a rien de mieux à faire que de détruire aussitôt les fleurs attaquées, sans attendre la métamorphose des larves.

LES LONICÈRES.

Un arbrisseau généralement classé par les botanistes avec les vrais chèvrefeuilles, le Lonicère des buissons ou des haies, assez répandu dans nos bois, a pris place dans une infinité de jardins ; ses fleurs roses, à corolle bilabiée et à tube court, sont d'un agréable aspect, et les baies de riches nuances, dont il se couvre à l'automne, ont aussi un véritable attrait.

Nous n'avons jamais observé de ravages extrêmement considérables sur les lonicères ; cependant ces arbustes nourrissent des insectes de divers ordres, et peuvent subir, au moins partiellement, des atteintes d'une certaine gravité.

Nous rencontrons sur ces arbrisseaux des espèces que nous avons signalées comme étant nuisibles aux chèvrefeuilles, mais nous en avons aussi quelques-unes propres aux lonicères ou chèvrefeuilles des buissons.

Les Lépidoptères dont les chenilles s'attaquent aux Lonicères.

Il n'y a pas de chenilles qui exercent de grands ravages sur ces arbrisseaux, qu'ils se trouvent à l'état sauvage, ou qu'ils soient cultivés. Le petit Sylvain se nourrit parfaitement des feuilles du Lonicère des buissons, mais il ne peut être réputé dangereux.

Une espèce appartenant à la famille des Sphingides, une sorte de sphinx que l'on classe dans un genre particulier, le genre Macroglosse, à raison de la longueur démesurée de la trompe, et de la forme de l'abdomen qui est très large et terminé par une brosse, vit à l'état de chenille sur les lonicères. C'est le Macroglosse bombyliforme (*Macroglossa bombyliformis*), curieux Lépidoptère dont le corps est d'un vert olive, avec l'abdomen traversé par une large bande ferrugineuse et les côtés des derniers anneaux garnis de poils d'un jaune pâle ; dont les ailes, d'une envergure d'un peu plus de 4 centimètres, sont transparentes comme du verre, avec leur base verdâtre, les nervures et une large bordure d'un ferrugineux pourpré.

Ce sphinx, de même que les autres espèces de son genre, est bien singulier par ses allures. Il vole avec une incroyable rapidité, changeant de direction de la façon la plus brusque ; il plane sans aucune difficulté, puisant le suc des fleurs à l'aide de sa longue trompe sans se poser, comme c'est l'ordinaire pour les papillons.

On ne voit guère cette espèce que dans les grands jardins et dans les parcs ; elle est plus commune au milieu des bois.

Elle paraît deux fois durant le cours de chaque année ; d'abord au commencement de mai, et ensuite au mois de juillet ou au mois d'août.

Sa chenille est toute chagrinée ; son corps est d'un vert pâle rehaussé par la teinte rouge-brun de sa partie ventrale, de ses pattes, du pourtour de ses stigmates et de sa corne caudale.

La chenille du Macroglosse bombyliforme dévore fréquemment le feuillage du chèvrefeuille des buissons, mais elle vit aussi sur les vrais chèvrefeuilles, et même sur des plantes fort différentes, le caille-lait jaune, par exemple.

Dans les jardins et les parcs où elle se rencontre sur les lonicères, on ne la voit pas ordinairement en grande abondance ; il faut procéder à son égard, comme on l'a indiqué pour les lilas à l'égard du Sphinx du troène.

Les premiers individus que l'on observe sont nés des papillons éclos au printemps ; ces chenilles se métamorphosent vers la fin de juin ; elles se transforment en chrysalides en terre dans un réseau de soie grossière. Les insectes adultes ne tardent pas à se montrer et à la fin de l'été on voit de nouveau les chenilles du Macroglosse bombyliforme ; celles-ci prennent la forme de chrysalides en automne et passent l'hiver sous cet état.

Une autre famille, celle des Zygénides, nous fournit aussi une espèce qui ronge les lonicères ; c'est la Zygène du lonicère (*Zygæna loniceræ*). Ces zygènes ont des ailes étroites, et des antennes renflées en forme de massue et courbées à l'extrémité. Ces insectes, pour la plupart, attirent l'attention par les taches d'un beau rouge qui ornent leurs ailes. L'espèce du chèvrefeuille des buissons est bien rare aux alentours de Paris, mais elle est assez commune dans le nord et l'est de la France ainsi qu'en Allemagne ; ses premières ailes sont d'un vert bleu avec cinq taches rouges, et ses secondes ailes d'un rouge carmin avec une bordure noire et une frange violette.

La chenille est d'un vert pâle, portant sur le dos deux bandes noires et un point jaune sur chaque anneau situé entre les deux bandes. On la rencontre sur les chèvre-feuilles pendant le mois de mai ; pour se transformer, elle forme une coque jaune allongée à la manière d'un bateau, qu'elle fixe soit contre les tiges, soit contre les corps environnants. L'insecte adulte paraît au mois de juin et de juillet. L'espèce n'a qu'une génération par an : ce sont les œufs ou les jeunes chenilles qui passent l'hiver ; l'observation manque sur ce point.

Dans les localités où la Zygène du Lonicère peut se montrer en quantité considérable, le moyen le plus praticable pour s'en débarrasser, consiste dans l'enlèvement des coques contenant les chrysalides. La plupart du temps, ces coques sont placées sur l'arbrisseau même, dans des endroits très apparents, et leur couleur jaune luisante les fait apercevoir aisément ; il est ainsi beaucoup plus facile de s'en prendre aux chrysalides qu'aux chenilles.

Il y a plusieurs noctuelles dont les chenilles se nourrissent du chèvrefeuille des buissons, aucune d'elles n'étant fort abondante, et ne pouvant être réputée vraiment nuisible, nous ne nous y arrêterons pas.

Dans la famille des Pyralides, famille qui a une part considérable dans l'histoire des dévastations produites sur les rosiers, il y a une espèce qui est regardée comme particulière aux lonicères, c'est la Tordeuse du Xylostée (*Tortrix xylosteana*, Linné); petit papillon ayant ses premières ailes un peu falquées vers le bout, d'un gris roussâtre, avec une large bande transversale d'un brun ferrugineux, se partageant en deux branches vers la côte, et quelques autres taches de même couleur, cernées de blanc jaunâtre. A l'état de chenille, cette tordeuse vit sur les chèvrefeuilles des buissons. Comme ses congénères, elle roule les feuilles pour s'y abriter. On la rencontre au printemps, et le papillon se montre à la fin de juin et au commencement de juillet.

Nous ne croyons pas que la Tordeuse du Xylostée cause de dégâts bien considérables; elle ne vit pas du reste seulement sur les lonicères, elle s'attaque également à divers arbres fruitiers et peut-être même aux chênes.

Ajoutons enfin que les Tinéides du genre Harpipteryx dont il a été question au chapitre des vrais chèvrefeuilles sont souvent assez abondantes sur le Lonicère des buissons.

Le Coléoptère qui attaque les Lonicères.

Un seul coléoptère est signalé comme s'attaquant aux chèvrefeuilles des haies; sous sa forme de larve, c'est un insecte de la famille des Charançons que chacun reconnaît à la forme de la tête, prolongée en une sorte de rostre. Notre espèce est du genre Orchestes, caractérisé par un rostre long, des antennes courtes, grêles, ayant leur premier article assez gros et les cuisses postérieures renflées et propres au saut.

En effet, ces petits charançons s'élancent très facilement à de grandes distances, ce qui devient parfois désagréable pour l'entomologiste en quête de les saisir. L'espèce du Lonicère (*Orchestes Lonicerœ*), commune dans notre pays, est entièrement d'un brun jaunâtre avec une bande transversale noire sur les élytres et une marque de même couleur sur les cuisses postérieures.

Sa larve, comme à peu près toutes les larves de charançons, a la forme d'un ver blanchâtre, un peu recourbé, dépourvu de pattes, plus renflé en avant qu'en arrière; elle a des antennes très courtes, des mandibules fortes et dentées.

Elle vit en mineuse dans le parenchyme des feuilles à la manière des chenilles d'un grand nombre de Tinéides. Au-dessus des parties rongées, l'épiderme des feuilles se soulève et se dessèche; fréquemment c'est comme une ampoule qui se forme au point où la larve s'est arrêtée ; elle est arrivée au terme de sa croissance, elle file une petite coque dans laquelle elle se transforme en nymphe. A l'automne, l'insecte parfait éclot, il déchire sans peine l'épiderme de la feuille, toujours si complétement épargnée par la larve, et il se montre au dehors.

A l'égard des arbrisseaux attaqués par l'Orchestes du lonicère, il faut agir comme pour toutes les plantes plus ou moins dévastées par des larves mineuses ; il faut couper toutes les feuilles atteintes, avant que la dessiccation de l'épiderme soit complète, afin d'être sûr d'opérer avant la sortie des insectes.

Les autres insectes qui nuisent aux Lonicères.

La Tenthrède, la mouche à scie, dont l'histoire a été tracée au chapitre relatif aux chèvrefeuilles des jardins, s'attaque fréquemment aussi aux chèvrefeuilles des buissons et des baies ; il n'y a rien à ajouter ici à l'égard de cette espèce.

Un puceron est propre au Lonicère des buissons ; on l'appelle le Puceron du Xylostée (*Aphis xylostæi*) : il est très différent de celui du chèvrefeuille ; sa couleur est plus sombre ; ses antennes sont courtes ; les cornicules qui terminent son abdomen sont à l'état rudimentaire ; les ailes du mâle sont beaucoup moins grandes proportionnellement au volume du corps.

Il cause des dégâts analogues à ceux qui ont été signalés sur les chèvrefeuilles des jardins. Les mêmes soins doivent être employés pour le combattre dans les jardins et les parcs où il se multiplie.

Les diptères, les petites mouches, les phytomyzes qui se développent dans les feuilles des chèvrefeuilles se rencontrent plus habituellement encore dans les feuilles du Lonicère des buissons. Nous avons observé les mêmes espèces sur les plantes voisines.

Une autre muscide (*Trypeta speciosa*) est indiquée comme vivant sous sa forme de larve dans les baies des lonicères (*Trypeta speciosa*) ; c'est encore une très petite espèce, mais sur laquelle nous n'avons rien d'important à mentionner à notre point de vue.

LES FUSAINS.

Les Fusains sont originaires de l'Europe, du nord de l'Asie et de l'Amérique septentrionale. Une espèce, le type du genre (*Evonymus*), le Fusain d'Europe (*Evonymus europæus*) est commun dans nos forêts : des forêts, il a passé dans les jardins, dans les parcs.

Cet arbrisseau, qui s'élève jusqu'à une hauteur de 4 à 5 mètres, porte de petites fleurs jaunâtres assez insignifiantes, mais il a des fruits d'une forme étrange. Globuleux, déprimés vers leur centre, présentant quatre côtes très prononcées, ils rappellent un peu la forme du bonnet carré ; de là le nom vulgaire de *bonnet de prêtre* souvent donné au fusain.

Le Fusain est utilisé, chacun sait cela, depuis une haute antiquité. Dans la Grèce ancienne, son bois était employé à faire les fuseaux des fileuses ; aujourd'hui, on s'en sert encore pour divers usages. Réduit en charbon, il entre dans la confection de la poudre à canon. Entre les mains de l'artiste, il sert à tracer ses premières inspirations, l'esquisse pouvant disparaître d'un souffle et ainsi être modifiée avec la plus grande facilité. La faible ténacité du charbon de Fusain a fait sa fortune dans les beaux-arts.

Le Fusain d'Europe n'est pas attaqué par un très grand nombre d'insectes, mais quelques-uns d'entre eux suffisent parfaitement à mettre les plus beaux arbrisseaux dans l'état le plus pitoyable. On cultive dans les jardins le fusain aux larges feuilles (*Evonymus latifolius*), le fusain d'Amérique (*Evonymus americanus*), etc. Ceux-ci sont fréquemment attaqués par les espèces nuisibles au fusain d'Europe. Ce sont les chenilles d'une espèce de Tinéides et un puceron particulier, qui causent les ravages les plus funestes à ces arbrisseaux.

L'Yponomeute du Fusain.

Dès le commencement du printemps, à peine les bourgeons des fusains se sont-ils épanouis, que l'on voit souvent sur chaque tige des quantités presque innombrables de chenilles, toutes alors d'une petitesse extrême ; si petites sont ces chenilles, qu'on ne les aperçoit pas à moins d'une attention particulière, d'une recherche pour ainsi dire minutieuse. Cependant une chose bientôt va vous frapper, les tiges des fusains se couvrent d'une toile blanchâtre d'une minceur incroyable. Les jeunes chenilles, à peine répandues sur les feuilles, ont l'instinct de se garantir : pour se protéger contre les attaques de leurs ennemis, elles ont un moyen simple qui, pourtant, est d'une grande efficacité. Douées de la faculté de produire de la soie en abondance relativement au volume de leur corps, elles filent en commun un léger tissu qui enveloppera d'abord une portion de la tige, puis la tige tout entière, puis les tiges voisines. Le toit protecteur s'augmente chaque jour, les individus grossissent et occupent un espace plus considérable, consomment une plus grande quantité de nourriture. Aussi le fusain, qui nourrit quelques milliers de ces chenilles fileuses, ne tarde-t-il pas à être complétement enveloppé ; les toiles tombent jusqu'à terre.

Vers le commencement de mai, à l'époque où les fusains se couvrent de leur feuillage, les chenilles sont petites ; elles rongent seulement la surface des feuilles ; un peu plus tard, leurs mandibules sont devenues plus puissantes, elles rongent les feuilles en totalité et n'épargnent pas même les pédicules. Le feuillage de l'arbrisseau disparaît alors avec une effrayante rapidité. Les chenilles parvenues au dernier terme de leur accroissement, les fusains ravagés ont le même aspect que pendant l'hiver, avec cette différence pourtant, que leurs branches sont couvertes de toiles blanches plus ou moins salies par les déjections des insectes destructeurs, la poussière et toutes les injures du temps.

Les chenilles du fusain atteignent une longueur d'environ 2 centimètres. Comme toutes les chenilles de Tinéides, elles ont dix pattes membraneuses ; leur corps est d'un blanc jaunâtre, avec une petite ligne médiane et deux rangées dorsales de taches noires, ces taches groupées par paires sur chacun des anneaux. En outre, il existe de très petits points saillants qui, tous, supportent un poil. La tête est entièrement noire. Ces chenilles se suspendent à l'aide d'un fil, lorsqu'une secousse ou un autre accident vient à les détacher de la feuille ou de la tige sur laquelle elles étaient établies. À l'aide de ce fil, elles regagnent leur demeure avec une extrême facilité. C'est une habitude, au reste, très ordinaire aux chenilles des Tinéides et des Phalènes.

Vers le milieu du mois de juin, les chenilles du fusain sont sur le point de se métamorphoser : à ce moment chacune, à la place même où elle a vécu, se file un cocon de forme oblongue, d'une soie fine, blanche et parfaitement pure. On voit ainsi des masses de cocons entassés les uns contre les autres. D'abord le tissu encore mince laisse apercevoir au travers de sa trame la chenille en travail, mais bientôt il est rendu plus épais, et rien ne se voit plus au dehors.

Le cocon achevé, la chenille se ramasse sur elle-même, dépouille son enveloppe, et paraît la chrysalide. Celle-ci est d'une nuance fauve testacée ou brunâtre, et l'extrémité de son corps ne présente aucune soie, mais seulement quelques vestiges d'épines. Je cite ce caractère en apparence futile ; il permet de distinguer la chrysalide de l'espèce dont il est question ici, des chrysalides d'autres espèces du même genre.

Dans les derniers jours de juin et plus ordinairement au commencement de juillet, les papillons éclosent par centaines, par milliers, par myriades ; ils se posent sur les fusains, sur toutes les plantes d'alentour : ce sont des papillons fort élégants. Leurs ailes ont une envergure de 2 centimètres à peu près ; les premières sont d'un blanc de neige luisant, avec cinq rangées longitudinales de points noirs ; les secondes sont d'un gris plombé uniforme. C'est l'Yponomeute du fusain (*Yponomeute evonymella*, Linné). C'est la *Teigne blanche à points noirs* de Geoffroy, le vieil historien des insectes des environs de Paris. Les yponomeutes sont caractérisés d'une manière générale, par leurs antennes longues et sétacées, par leurs palpes écartés, par leurs ailes enveloppant le corps pendant le repos ; c'est comme un fourreau qui revêt l'animal.

Dans le courant du mois de juillet, les papillons nouvellement éclos, se rapprochent ; la ponte s'effectue bientôt après. Où a lieu cette ponte ? On n'en est pas parfaitement sûr. C'est probablement sur les tiges, mais le fait n'a pas été suffisamment recherché. D'après un auteur anglais, ces œufs seraient réunis en masses et enveloppés d'une matière gommeuse. Les chenilles, selon toute probabilité, éclosent peu de jours après la ponte. Quelques entomologistes ont pensé qu'elles prenaient tout de suite un peu de nourriture, mais il est probable au contraire qu'elles hivernent presque aussitôt comme nous l'avons constaté pour diverses autres espèces. Elles vont se réfugier dans les endroits les moins accessibles aux animaux qui pourraient les dévorer, attendant le printemps pour gagner les branches sur lesquelles elles doivent vivre. M. Ratzeburg, l'auteur de l'*Histoire des Insectes nuisibles aux forêts*, dit n'avoir pu trouver pendant l'hiver une seule chenille sur les fusains qui, durant l'été, avaient subi les dévastations des yponomeutes, et en avoir rencontré dès les premiers jours de juin sur les bourgeons à peine ouverts.

Toujours est-il que l'Yponomeute du fusain n'a qu'une seule génération par an et que sa chenille commence à exercer de très grands ravages aussitôt que paraissent les feuilles.

Après avoir considéré la vie et les métamorphoses de l'insecte, un seul moyen nous semble praticable pour le détruire. Il est à peu près impossible d'atteindre les chenilles ; ici il n'y a pas à secouer les arbustes pour faire tomber leurs hôtes destructeurs, les toiles qui les garantissent empêcheraient d'obtenir un résultat. Il serait plus difficile encore d'atteindre les papillons qui voltigent chacun de son côté ; c'est aux chrysalides bien évidemment que nous devons nous en prendre. Il faut donc épier le moment où toutes les chenilles ont achevé leurs cocons, et alors faire un nettoyage complet des arbrisseaux, arracher les toiles et enlever les cocons avec le plus grand soin pour les brûler sur-le-champ. Il importe de ne pas attendre la sortie des papillons pour se livrer à ce travail ; le travail serait alors en pure perte, mais en opérant au bon moment on détruit les chrysalides. Il y a certitude de voir les fusains conserver leur feuillage intact l'année suivante ; le danger ne peut plus venir que du dehors. Si le même soin était donné dans toute la contrée, ce danger n'existerait même plus.

L'Yponomeute du fusain est répandue dans une très grande partie de l'Europe ; on la voit en quantité prodigieuse, non-seulement en France, mais aussi en Angleterre, en Allemagne, en Suède. M. Ratzeburg dit l'avoir rencontrée sur le prunier mais dans notre pays, c'est une espèce voisine, dont il sera question ailleurs, que j'ai toujours observée sur les arbres fruitiers.

Un observateur de Munich, M. Habenstreit, a eu l'idée de prendre des chenilles d'yponomeutes et de les obliger à filer leurs cocons sur des morceaux de papier. Il a obtenu de cette façon une quantité de soie assez considérable pour être travaillée et employée à la confection de divers objets.

Si la soie des yponomeutes était de nature à être utilisée, nous ne songerions plus guère à détruire les insectes qui la produisent ; malheureusement leurs cocons sont d'une dimension tellement exiguë qu'il est difficile de penser qu'on les utiliserait avec profit.

On cite une autre Yponomeute, comme s'attaquant aux fusains, c'est une espèce très voisine de celle qui vient d'être décrite. A raison de cette affinité on la nomme l'Yponomeute parente (*Yponomeute cognatella*). Le papillon se distingue surtout par ses premières ailes dont les points noirs sont infiniment moins nombreux, plus gros et disposés seulement sur trois lignes irrégulières.

Les chenilles se ressemblent plus encore que les papillons. La chenille de l'yponomeute parente est sensiblement plus forte que celle de l'espèce plus spéciale au fusain et d'une teinte plus pâle. La chrysalide porte à son extrémité six soies crochues.

Dans notre pays je n'ai jamais vu les fusains être dévorés que par l'Yponomeute du fusain (*Yponomeute evonymella* , mais en Allemagne M. Ratzeburg a observé l'Yponomeute parente (*Yponomeute cognatella*) ravageant les mêmes arbrisseaux.

La planche 7 montre une branche de fusain attaquée par les chenilles de l'Yponomeute (*Yponomeute evonymella*). On voit en 1 et 1′ les nids de ces chenilles. La transparence du tissu permet de distinguer les chenilles elles-mêmes et leurs déjections. Sur quelques points on remarque des cocons.

La figure 2 montre une chenille isolée qui parcourt une branche
La figure 3 montre une chenille suspendue par un fil : on la voit du côté ventral.
La figure 4 est un cocon isolé.
La figure 5 est la chrysalide vue de profil.
La figure 6 est le papillon de grandeur naturelle.

Les autres insectes nuisibles aux Fusains.

Après l'yponomeute, il y a peu à dire touchant les autres insectes qui se nourrissent du fusain. Ces insectes d'ailleurs sont peu nombreux.

Le fusain a son puceron particulier (*Aphis evonymi*). Celui-ci est plus petit que l'espèce du chèvrefeuille, il est d'un vert noirâtre, avec les antennes noires ; les ailes des mâles ont une étendue médiocre.

Que dire de ce puceron après ce qui a été dit des pucerons au chapitre des chèvre-feuilles ; rien d'essentiel vraiment.

L'espèce du fusain est des plus abondantes ; elle se multiplie à profusion durant le cours de chaque année ; les individus très ordinairement sont en masses si compactes, qu'ils couvrent en entier les tiges sur lesquelles ils sont fixés. Le résultat, vous le con-naissez : les feuilles se recroquevillent, se flétrissent, la plante s'épuise. Il faut donc, pour préserver les fusains des ravages des pucerons, procéder, dès le printemps, aux lavages que nous avons déjà prescrits.

Un insecte du même ordre que les pucerons, et d'une famille voisine (famille des Coccides), s'attache aux tiges et même au tronc des fusains ; il appartient au genre Aspidiote, dont l'histoire viendra à l'occasion des Rosiers, des Lauriers roses et de quelques autres plantes. Pour éviter les redites, contentons-nous ici d'indiquer les traits les plus saillants de l'Aspidiote du fusain : chez cet insecte, comme chez tous ses con-génères, le mâle seul est ailé et d'une petitesse telle qu'il échappe à la vue ; la femelle, dont le bec demeure enfoncé dans le tissu végétal, acquiert une taille beaucoup plus considérable. Toujours privée d'ailes, elle prend la forme d'une petite lentille. Sans se déplacer, elle pond ses œufs ; les larves éclosent, la mère périt, son corps se dessèche et sert d'abri à ses jeunes jusqu'au moment où ils vont se répandre et à leur tour se fixer sur le végétal.

De même qu'il y a des pucerons, il y a des Coccides sur une infinité de végétaux ; ce n'est pas ici le lieu de donner une description détaillée de toutes les espèces, il suffit d'appeler l'attention sur celle qui nuit à chacune des plantes dont nous avons à nous occuper ; on les reconnaîtra toujours bien aisément, et d'ailleurs, qui, ayant un peu examiné les arbrisseaux de nos jardins, ne les a remarqués mille fois ? Ces légions de petits corps lenticulaires ou un peu ovoïdes, couvrant parfois des tiges et des feuilles entières, souvent revêtus et entourés d'une poussière blanchâtre, frappent aisément les yeux des moins observateurs.

Les aspidiotes et les espèces de quelques genres voisins, dont il sera question dans le cours de cet ouvrage, peuvent être comptés au nombre des insectes les plus nui-sibles. Répandus en quantité innombrable sur un arbuste, humant incessamment sa sève, ils épuisent la plante au point de la faire périr.

Dès le printemps, horticulteurs et amateurs de jardins, mettez-vous à l'œuvre ; prenez pour combattre les aspidiotes les mêmes moyens que pour détruire les puce-rons. Faites des lavages semblables, et ne vous contentez pas du simple lavage ; employez la brosse de façon à détacher les insectes suceurs. C'est un travail nécessaire qu'on peut être obligé de renouveler plusieurs fois dans le cours d'une année, tant il y a de difficulté à atteindre tous les individus.

LES ROSIERS.

C'est là l'un des plus magnifiques groupes du règne végétal ; c'est le genre typique d'une grande famille désignée par les botanistes : la famille des Rosacées. A toutes les époques historiques, ces plantes ont été l'objet de l'admiration générale. La beauté, l'éclat, l'élégance, la richesse, le parfum si suave de leurs fleurs ont été célébrées dans toutes les langues, sous mille formes diverses. Les roses embellissent tous les jardins, tous les parcs, l'entrée des habitations des campagnes, les balcons, les terrasses des habitations des villes. Les roses sont partout. Chacun les aime, chacun les recherche ; chacun se plaît à les admirer et à respirer leur délicieuse senteur.

Les rosiers forment un genre des plus naturels ; leurs espèces originaires d'Europe, originaires d'Asie, originaires d'Amérique, sont toutes extrêmement voisines les unes des autres ; par la culture, par les croisements, les horticulteurs sont parvenus à multiplier les variétés à l'infini, et chaque variété, dans le vocabulaire des jardiniers, a reçu un nom particulier ; mais ceci ne doit pas nous occuper. Les rosiers sont attaqués par les mêmes insectes ; les espèces exotiques sont assez voisines des espèces indigènes pour que les insectes de notre pays les dévorent aussi volontiers : néanmoins il faut le reconnaître, certains rosiers sont plus rarement attaqués que les autres, tel est particulièrement le rosier de Banks *Rosa Banksiæ* et toutes ses variétés.

Ce n'est pas ici le lieu de faire l'histoire des roses. Les nombreux ouvrages d'horticulture sont là pour satisfaire les amateurs.

Contentons-nous d'indiquer quelques faits utiles à notre sujet.

On sait que les botanistes, et notamment M. Lindley, ont classé les espèces du genre Rose (*Rosa*) en plusieurs sections.

L'une d'elles comprend les roses cent-feuilles *Centifoliæ*. Celles-ci sont au nombre des plus répandues et au nombre des plus belles ; aussi le rosier à rose cent-feuilles (*Rosa centifolia*) subit-il au plus haut degré les attaques des insectes. Il en est de même de toutes ses variétés, et des espèces qui se rattachent à la même section, par exemple, les roses mousseuses (*Rosa muscosa*) et les roses pompons *Rosa pomponia*. Les représentants d'une autre division, les rosiers à feuilles de pimprenelle (*Rosa pimpinellifolia* sont aussi très habituellement maltraités ; mais, à cause de la petitesse de leurs feuilles, ils paraissent ne pas convenir au même degré à tous les insectes destructeurs des rosiers.

Une division est formée par des espèces qui se font remarquer par des feuilles à nervures velues ou cotonneuses : ce sont les rosiers velus (*villosæ*). Le type, le rosier blanc (*Rosa alba*), regardé comme originaire de l'Allemagne, nourrit tous les insectes que nous rencontrons sur les roses cent-feuilles.

Il en est ainsi encore pour les rosiers classés dans la section des roses rouillées (*rubiginosæ*) et dans la section des roses canines (*caninæ*), cependant les rosiers thé, les rosiers de la Chine, les rosiers du Bengale qu'on rapproche de ces dernières, sont souvent un peu plus épargnés que la plupart de leurs congénères, certainement à raison de leur origine étrangère.

Hâtons-nous d'ajouter pourtant que sur tous ces rosiers, nous avons eu l'occasion mille fois d'observer des ravages considérables.

Les roses cannelles (*cinnamomeæ*) ne sont pas sensiblement moins exposées que leurs sœurs ; les espèces venues d'Amérique (*Rosa rapa* et *Rosa parvifolia*) et cultivées dans nos jardins, nourrissent aussi les insectes de l'Europe.

Après cela, à quoi bon s'inquiéter de l'espèce de rosier sur laquelle des dégâts ont été plus particulièrement observés dans une localité? Ailleurs ils auront été produits par le même insecte sur un rosier différent. Néanmoins, j'ai voulu que les insectes destructeurs fussent représentés sur une branche d'un rosier où nous les trouvions en abondance ; en matière d'observation, on ne saurait jamais être trop fidèle, mais encore une fois, en disant insecte nuisible au rosier à roses cent-feuilles ou au rosier à roses blanches, c'est dire nuisible à la presque totalité des rosiers.

Pourtant il y a bien une catégorie à faire, c'est pour les rosiers sauvages ou églantiers ; plusieurs insectes abondants sur les églantiers sont extrêmement rares sur les rosiers cultivés.

Certains végétaux servent de pâture à peu d'espèces d'insectes ; d'autres à beaucoup ; d'autres à un nombre énorme. Les rosiers comptent parmi ces derniers

La plupart des ordres d'insectes vont nous passer sous les yeux, de longues séries d'espèces d'une même famille vont se montrer ici. Ce sont les plus beaux arbustes, les plus magnifiques fleurs de nos jardins, qui sont exposés aux plus grandes chances de destruction. C'est le cas d'examiner sérieusement les espèces dévastatrices.

Les Tenthrèdes ou Mouches à scie, dont les larves attaquent les Rosiers.

Les Tenthrèdes, ces curieux Hyménoptères, dont les caractères généraux ont été indiqués au chapitre concernant les chèvrefeuilles, peuvent être classées parmi les insectes les plus nuisibles aux rosiers. D'abord pensez que j'ai à vous faire l'histoire d'une dizaine d'espèces différentes, et dans ce nombre, comptez-en quatre ou cinq

Les Rosiers. — L'Orobome de la Rose

répandues à profusion dans une infinité de jardins. Il y a de quoi désespérer tout amateur de roses ; mais ne nous désespérons pas, travaillons à conjurer le mal ; cherchons les moyens de nous délivrer des mouches à scie qui causent de déplorables dégâts. C'est là ce qu'il y a de mieux à faire.

L'Hylotome de la Rose.

Le mois de mai arrivé, voltige dans presque tous les jardins un insecte de l'ordre des Hyménoptères, qui vient fréquemment se poser sur les rosiers.

A son corps épais, sans rétrécissement entre le thorax et l'abdomen, à ses quatre ailes larges et membraneuses, vous reconnaissez là une mouche à scie ; c'est-à-dire une tenthrédide. Celle-ci (1) a environ 7 à 8 millimètres de long, et ses ailes présentent une envergure d'un peu plus de 1 centimètre et demi. Son corps est d'un jaune roussâtre, avec la tête, les antennes, le dos et la poitrine noirs, ainsi que l'extrémité des jambes et des articles des tarses. Chez certains individus pourtant les pattes sont presque totalement de la nuance générale du corps.

Cette tenthrédide si vive autour des rosiers, est d'un genre que l'on distingue bien facilement aux antennes ne présentant que trois articles distincts, le dernier étant très long et en forme de massue allongée. Elle est du genre Hylotome. On l'appelle l'Hylotome de la rose *Hylotoma rosæ*, Linné. Quelques-uns l'ont nommée l'Hylotome des roses (*Hylotoma rosarum*, Fabr.) ; mais ceci est un détail qui nous importe médiocrement. Examinons comment notre insecte va se comporter à l'égard des rosiers sur lesquels nous l'observons. La femelle est munie d'une tarière courte, large et garnie d'un côté de fortes dentelures (2). Cet instrument est destiné à jouer un rôle important.

Depuis plusieurs jours, nous voyons les hylotomes en grand nombre. Les mâles et les femelles se sont rapprochés, le moment de la ponte est arrivé pour ces dernières. Observez avec attention par une belle matinée ; le spectacle est assez intéressant pour qu'on y assiste. Placez-vous devant un rosier ; l'hylotome femelle est lourd, si de grands mouvements ne viennent l'effrayer, il restera calme, tout occupé de sa besogne. Vous pourrez regarder de très près, il ne fuira pas, il est entièrement à sa préoccupation. Voyez : l'insecte parcourt les tiges en marchant, il va, vient, retourne sur ses pas, il choisit son terrain ; le voilà qui s'arrête, sa tête est tournée en bas ; l'insecte est bien cramponné avec ses pattes, il relève et courbe la partie postérieure de son corps ; fixez toute votre attention, sa tarière se détend, vous la voyez paraître en entier. Du bout, l'hylotome pique le bois, et les deux lames qui constituent l'instrument se retirent en

(1) Pl. 8, fig. 6 et 7.
(2) Pl. 8, fig. 9.

partie pour étendre leurs mouvements, chaque lame agit dans un sens différent, de façon à agrandir l'entaille. Ce n'est pas tout : les lames de cette tarière, outre les dents de leur bord inférieur, présentent au côté externe une multitude d'aspérités ; elles agissent à droite et à gauche à la manière de râpes. En quelques minutes, la fente est devenue assez grande pour l'objet auquel elle est destinée. Continuez à suivre les manœuvres de l'insecte : l'entaille achevée, il y a un court moment où la mouche à scie est tranquille, la tarière demeure un instant immobile, puis les deux lames s'écartent doucement et vous voyez descendre un œuf ; cet œuf est déposé dans l'entaille qui vient d'être pratiquée. Ce n'est pas tout, les fibres du bois écartées se rapprocheraient, le trou viendrait presque inévitablement à se fermer, l'œuf serait emprisonné, la jeune larve ne pourrait éclore.

Tout a été prévu par la nature : à peine l'œuf a-t-il pris sa place, qu'un liquide mousseux se répand autour. Des glandes situées dans le ventre de l'insecte fournissent cette sécrétion. Je ne puis vous dire exactement la nature du produit, les chimistes n'ont guère songé à s'en occuper ; mais tout au moins nous pouvons en suivre l'effet. Son action sur le tissu végétal est évidente, la tige s'épaissit, les fibres ligneuses s'écartent, se durcissent et noircissent autour de la plaie, l'œuf reste libre et adhérent par la nature même du liquide dont il a été imprégné.

Nous avons vu le travail auquel s'adonnait notre hylotome pour déposer un œuf, il le poursuit de la même façon pour un second, pour un troisième et ainsi de suite.

Sur les tiges des rosiers, on remarque, au moment de la ponte des hylotomes, des lignées d'œufs placés dans une suite d'entailles (1) ; quelquefois vous en comptez seulement trois ou quatre, quelquefois dix ou quinze ou même davantage. Une femelle pond un nombre d'œufs plus considérable, mais après s'être attachée à une tige, elle la quitte pour en chercher une autre ; d'ailleurs il y a des moments d'interruption dans son rude travail ; sa ponte, bien certainement, ne s'effectue pas en un jour.

Les œufs viennent d'être fixés aux tiges des rosiers ; huit à dix jours s'écoulent : au bout de ce temps les jeunes larves éclosent ; tout aussitôt elles se répandent sur les feuilles, et commencent à les ronger.

Les larves de l'Hylotome croissent rapidement, elles subissent plusieurs mues, mais sans qu'il s'opère pour cela de changements notables soit dans leur forme, soit dans leurs couleurs.

Ces larves (2) ont en avant les trois paires de pattes écailleuses qui représentent les pattes de l'insecte adulte, et en outre six paires de mamelons ou pattes membraneuses analogues à celles des chenilles ; c'est donc en tout dix-huit pattes. Les premières sont terminées par un petit crochet et une petite lamelle. Parmi les larves de tenthrédides, aucune ne ressemble plus, par son aspect général, aux chenilles,

(1) Pl. 8, fig. 10.
(2) Pl. 8, fig. 1. 2, 3 et 4.

que celle de l'Hylotome de la rose; le nom de fausse chenille s'applique parfaitement ici. Son corps est d'un jaune plus ou moins foncé suivant les individus, avec les côtés verts et le dessous d'un vert blanchâtre ; il est parsemé dans toute sa longueur de nombreux tubercules noirs et luisants surmontés de poils. Ces tubercules, beaucoup plus gros sur les côtés que partout ailleurs, forment des rangées longitudinales un peu irrégulières. La tête de l'insecte est jaune avec deux taches noires entourant les yeux qui sont de la même couleur.

Quand les fausses-chenilles de l'Hylotome sont jeunes, la teinte générale de leur corps est d'un ton jaune verdâtre assez uniforme ; mais après leur dernière mue, leur dos est plus jaune et leurs côtés plus verts.

Ces larves, si semblables d'aspect aux chenilles, principalement lorsqu'elles marchent, en diffèrent par les attitudes étranges qu'elles prennent. Souvent, fixées aux feuilles par leurs pattes de devant, elles redressent la partie postérieure de leur corps. Si l'on vient à les inquiéter, elles ne manquent pas d'exécuter ce mouvement avec une extrême rapidité, comme si elles cherchaient à menacer de cette façon. Dans d'autres circonstances, elles contournent en sens inverse les derniers anneaux de leur corps, sans jamais cependant se rouler en spirale, comme le font d'autres fausses chenilles.

Les larves de l'Hylotome de la rose sont si abondantes, que je suis parfaitement sûr que chacun les a remarquées.

Un rosier se trouve rapidement endommagé par ces insectes; les feuilles sont rongées, profondément entamées, et il n'est pas rare qu'il ne reste que les grosses nervures. En peu de temps, les plus beaux arbustes sont mis dans un état pitoyable.

Vers la fin de juin, les larves de l'Hylotome sont parvenues au terme de leur croissance ; la plupart d'entre elles, à ce moment, abandonnent les feuilles et s'enfoncent en terre, mais toujours très peu profondément ; quelques-unes s'arrêtent sur des murs, sur des troncs d'arbres ; il y en a même qui restent sur les feuilles ; ce n'est pourtant pas le plus ordinaire. Néanmoins quel que soit le lieu d'élection, elles se construisent une coque ovalaire, composée d'une soie fortement mêlée de matière agglutinante, mais toujours exempte de terre ou de tout autre corps étranger.

Les coques de notre mouche à scie méritent d'être remarquées; elles l'ont été très sérieusement du reste par le célèbre Réaumur, il y a plus d'un siècle. Leur couleur est d'un jaune terreux (1). A l'extérieur leur tissu élastique, capable de résister à d'assez fortes pressions, se montre sous l'apparence d'un réseau. Examiné à l'aide d'une loupe, ce réseau, comme le dit avec vérité Réaumur, est semblable à celui d'une raquette. Vient-on à couper avec précaution ce tissu, on s'aperçoit qu'il forme simplement une première coque. Une seconde coque est sous-jacente : en contact avec

(1) Pl. 8, fig. 5.

la première, elle ne présente néanmoins avec celle-ci aucune adhérence. Cette seconde coque est d'une texture bien différente de la première. Son tissu est mince, serré, flexible, moelleux.

Ici encore, admirez cette étonnante perfection dans les œuvres de la nature. L'insecte a besoin d'une loge douce et soyeuse pour attendre le moment de sa transformation : il aura cette loge douce et moelleuse ; mais cette enveloppe fragile ne le protégerait pas suffisamment contre les dangers venant de l'extérieur, il sait se construire une enveloppe assez solide pour protéger efficacement la première.

La larve, retirée dans sa coque, ne se métamorphose pas en nymphe de suite, comme cela a lieu le plus ordinairement pour les chenilles ; elle se ramasse sur elle-même et demeure dans cet état un temps fort long. Peu de jours seulement avant le moment où paraîtra l'insecte adulte, se montre la nymphe ; encore arrive-t-il qu'elle reste revêtue de la peau de la larve.

Quand l'hylotome est éclos, il déchire avec ses mandibules la double paroi de sa prison, élargissant l'ouverture jusqu'à ce qu'elle soit assez grande pour permettre à son corps de passer.

C'est dans la seconde partie du mois de juillet et au commencement d'août qu'on voit paraître les hylotomes de la seconde génération de l'année. Ceux-ci produisent bientôt, et leurs larves se montrent sur les rosiers pendant tout l'automne. A la fin de la belle saison, ces fausses chenilles construisent leurs coques ; toutes s'enfonceront dans la terre ; on n'en verra aucune sur les murs ou sur les arbustes ; elles ont besoin cette fois d'être complétement garanties ; les insectes adultes ne naîtront qu'au printemps. Les larves néanmoins, bien enfermées dans leurs coques, ne se transformeront pas alors ; leur métamorphose en nymphe n'aura lieu qu'au retour de la belle saison.

Ainsi l'Hylotome de la rose a deux générations par an. Au printemps et au commencement de l'été, les rosiers sont atteints de la manière la plus grave par les larves de cette tenthrédide ; ces fausses chenilles sont si abondamment répandues dans une infinité de localités, que leurs ravages deviennent fort considérables dans un très court espace de temps. On peut dire que l'Hylotome de la rose est un véritable fléau pour les jardins.

L'espèce se rencontre dans une grande partie de l'Europe ; commune dans presque tous les départements de la France, elle ne l'est pas moins en Belgique, en Angleterre, sur divers points de l'Allemagne, etc.

Connaissant d'une manière bien complète le genre de vie et les habitudes de notre insecte destructeur des rosiers, il nous devient facile d'apprécier le moment où l'on doit lui faire la guerre.

Nous chercherons peu à atteindre les insectes adultes ; au moyen d'un filet de gaze il serait possible sans doute d'en saisir beaucoup sans une peine extrême, mais le plus grand nombre échapperait encore. On tuerait des mâles qui déjà auraient achevé leur rôle, et l'avantage serait nul ; on tuerait des femelles dont la ponte aurait déjà été effectuée, et ce sera le même résultat. Ces circonstances immanquables sont vraiment de nature à faire renoncer à la chasse aux mouches à scie.

S'agit-il des fausses chenilles, de grandes difficultés se présentent aussi de ce côté. Enlever ces insectes avec la main, se livrer à un véritable *échenillage*, n'est pas chose commode, les épines de l'arbuste se feraient sentir trop souvent, et d'ailleurs un tel travail exigerait un temps trop long pour qu'aucun amateur, pour qu'aucun jardinier pût s'y livrer.

Il est possible peut-être de frapper les branches de certains arbustes, sans inconvénient. Pour les rosiers, c'est différent ; leurs branches généralement sont trop faibles pour ne pas plier, et puis les fleurs auraient singulièrement à souffrir des chocs que l'on imprimerait aux tiges qui les supportent. Ensuite les fausses chenilles de l'Hylotome de la rose se maintiennent attachées aux feuilles avec une ténacité telle qu'on parviendrait difficilement à les faire tomber. Ainsi, une fois les larves de notre mouche à scie répandues sur les feuilles, il y a peu de chance de réussir à les empêcher de continuer leur œuvre de destruction.

Serons-nous plus heureux avec les coques des nymphes? Oui, certainement ; elles sont enfoncées en terre, peu profondément en général, dans le voisinage du pied des arbustes où les larves ont vécu. Je l'ai dit ailleurs pour d'autres espèces nuisibles : en raclant la terre au pied des arbustes pendant l'automne ou l'hiver, époque à laquelle cette opération est praticable, on est sûr de détruire beaucoup de nymphes, et d'avoir ses rosiers plus épargnés quand viendra le printemps.

Pourtant il y a certitude aussi de laisser échapper une grande quantité de coques ; on diminue le mal, plus ou moins, mais voilà tout.

Examinons si nous avons mieux à faire. Vous savez où sont déposés les œufs. Eh bien voilà évidemment, horticulteurs, où il faut porter toute votre attention. En regardant avec soin vos rosiers à l'époque de la ponte des Hylotomes, vous apercevrez toujours assez les tiges sur lesquelles les œufs ont été fixés : la fissure du bois, la couleur qu'il a prise après les incisions de la mouche à scie, vous feront vite reconnaître les endroits à remarquer. Alors avec quelque substance visqueuse, avec quelque vernis, recouvrez la fente où sont attachés les œufs. Ce sera fini pour les larves, le feuillage des rosiers n'aura plus rien à redouter de ce côté. Seulement pour faire cette opération au bon moment, l'observation est nécessaire, il faut épier l'instant où paraissent les insectes adultes et rechercher leurs pontes très peu de jours après, pour ne pas laisser éclore les larves.

Les fausses chenilles de l'Hylotome de la rose sont quelquefois attaquées par un insecte parasite. Ce parasite est de la famille des Chalcidides, de l'ordre des Hyménoptères, c'est-à-dire du même ordre que les Tenthrédides.

Les Chalcidides sont de tout petits insectes, ayant un corps oblong, plus ou moins épais, des antennes ordinairement coudées, formées par douze ou treize articles, des mâchoires assez longues supportant des palpes très courts et des ailes délicates, ne présentant d'ordinaire qu'une seule nervure bifurquée.

Les larves des Chalcidides vivent à l'intérieur du corps d'autres insectes, en général d'autres larves; ces dernières recélant en elles des êtres qui doivent à la fin les anéantir, continuent néanmoins à subsister jusqu'au moment où leurs parasites devront subir leur transformation en nymphes.

Comment la larve de la Chalcidide est-elle parvenue dans le corps d'une chenille ou de tout autre insecte? Cette question est la première qui doit se présenter à l'esprit de ceux qui ne sont pas initiés à la connaissance de la vie des curieux Hyménoptères dont il s'agit ici.

Voici ce qui a lieu. Les femelles des Chalcidides recherchent pour opérer le dépôt de leurs œufs, les insectes qui conviendront à leurs larves, absolument comme les espèces d'autres groupes naturels, ont l'instinct de déposer leurs œufs sur les plantes qui conviendront à leurs larves phytophages. Mais pour les Chalcidides ce n'est pas tout d'avoir rencontré les êtres dont elles ont besoin, il leur faut introduire leurs œufs dans ces corps animés. Le moyen d'y réussir ne leur manque pas; elles sont pourvues d'un instrument qui fonctionne à merveille; l'instrument consiste dans une tarière analogue à celle des Tenthrédides, mais tout autrement conformée. La tarière ici est en général à peu près droite, mince, plus ou moins longue, selon les espèces, et dans tous les cas fort acérée.

Une petite Chalcidide voltige autour de la chenille, de la fausse chenille qu'elle veut attaquer; elle vient l'effleurer; d'un coup de sa tarière aiguë elle lui a percé la peau, et sur l'instant fait glisser un œuf; à peine un moment écoulé, c'est un autre coup, puis un autre œuf, puis un troisième, un quatrième, et ainsi de suite. Elle en introduira plus ou moins, selon le volume que doivent atteindre ses larves, suivant la grosseur de l'animal qui doit leur servir de pâture. Si elle en mettait peu, la petite Chalcidide se trouverait forcée de rechercher un grand nombre d'individus pour effectuer sa ponte en entier; ce serait plus de peine sans nécessité. Si d'autre part elle introduisait une quantité trop considérable d'œufs dans une même chenille, qu'arriverait-il? La chenille succomberait bien avant que les larves de la Chalcidide soient arrivées au moment de se métamorphoser, et à leur tour elles périraient. Mais ce sont là de ces choses qui ne se produisent guère dans la nature; chaque animal est on ne peut mieux servi par son instinct; en général il fait ce qu'il doit faire, ni plus, ni moins.

Peu de jours après la ponte de la Chalcidide, les petites larves éclosent. De couleur blanchâtre, privées de pattes, pouvant à peine se mouvoir, elles vivent et s'accroissent sans changer de place.

Comment l'insecte qui recèle ces germes de mort peut-il continuer à vivre encore longtemps, rongé qu'il est chaque jour? L'observation l'a montré. Les larves de

Chalcidides d'abord se nourrissent simplement du tissu graisseux qui entoure le canal intestinal. Un instinct remarquable les avertit qu'elles ont à respecter tout organe dont une lésion amènerait la perte immédiate de l'individu qu'elles dévorent. Vers l'époque de leur transformation en nymphes, il n'en est plus de même ; elles paraissent sentir que leur pâture ordinaire ne leur sera bientôt plus nécessaire. Alors elles s'en prennent à tous les organes, immolent complétement leur victime et n'en laissent souvent que la peau ; elles se métamorphosent, et cette peau sert à protéger les nymphes.

Si une espèce de Chalcidide s'attaquant à telle ou telle espèce d'insecte nuisible devient commune, le service qu'elle rend est considérable, nul ne peut en douter ; mais, nous l'avons dit, rien de plus variable que le nombre des individus parasites suivant les circonstances, comme la rapidité de leur développement, la facilité plus ou moins grande pour les femelles d'assurer le dépôt de leurs œufs, etc.

La famille des Chalcidides comprend une infinité d'espèces ayant chacune leur insecte, leur victime de prédilection. La Chalcidide de l'Hylotome de la rose est du genre Ptéromale, que l'on reconnaît à des antennes de treize articles renflées en manière de massue fusiforme ; à un abdomen court, aplati, presque aussi large à sa base que le thorax. Nous appellerons l'espèce le Ptéromale de l'Hylotome *Pteromalus Hylotomæ* . C'est un insecte long d'environ 2 millimètres, ayant tout le corps d'un vert bronzé à reflets chatoyants avec le thorax chagriné et les antennes noires. La figure que nous donnons 1) le fera au reste mieux connaître qu'une longue description.

Durant plusieurs années, j'ai nourri dans des boîtes des fausses chenilles de l'Hylotome de la rose ; sur des centaines d'individus, quelques-uns seulement se sont trouvés tués par le Ptéromale. D'après cela on ne peut compter beaucoup sur le secours des parasites pour anéantir les Hylotomes : sans doute il peut arriver une année où les Ptéromales devenus très abondants, détruiraient en grande partie les fausses chenilles du rosier ; mais une telle année, si favorable à la destruction d'insectes nuisibles, se fait souvent attendre fort longtemps ; l'horticulteur doit donc beaucoup plus songer à ses propres ressources pour amener le résultat qu'il désire.

Parmi les Tenthrédides dont les fausses chenilles dévorent le feuillage des rosiers, il y en aurait, suivant certaines assertions, une seconde espèce appartenant au genre Hylotome (*Hylotoma ustulata*). Cette mouche à scie vit d'ordinaire sur le bouleau, je ne l'ai jamais rencontrée sur les rosiers, de façon qu'il y a lieu de croire, soit à un fait accidentel, soit à une erreur.

(1) Pl. 18, fig. 1.

La planche 8 représente une branche de rosier attaquée par l'Hylotome de la rose (*Hylotoma rosæ*).

Les figures 1 et 2 montrent de jeunes fausses chenilles.

Les figures 3 et 4 les fausses chenilles arrivées au terme de leur accroissement.

La figure 5 plusieurs coques attachées à une tige.

La figure 6 l'insecte adulte posé sur une feuille.

La figure 7 un individu femelle très grossi, ayant les ailes étendues.

La figure 8 sa dimension naturelle.

La figure 9 la tarière ou la scie de la femelle.

Le Cladie difforme.

Voici encore une mouche à scie bien commune en Europe ; sa larve abonde sur les rosiers. Cette Tenthrédide est d'un genre particulier. Ici plus d'antennes renflées, n'ayant que trois articles distincts, comme chez les Hylotomes. Les Cladies, ainsi que l'on nomme les espèces dont notre insecte est le type, ont des antennes composées de neuf articles, et ces antennes sont pectinées chez les mâles, c'est-à-dire que plusieurs de leurs articles émettent un rameau latéral semblable à une dent de peigne. Les Cladies ont aussi une tête courte et large, le corps ramassé, les pattes grêles.

Ces Hyménoptères comptent parmi les Tenthrédides de la plus petite taille ; tous ont le corps noir et brillant.

L'espèce qui nous occupe en ce moment, l'espèce des rosiers, a reçu le nom de Cladie difforme *Cladius difformis*, Panzer), à raison de la conformation singulière des antennes du mâle 1 . Cette petite mouche à scie (2 a seulement 6 à 7 millimètres de long, et l'envergure de ses ailes ne dépasse pas 14 à 15 millimètres. Son corps est entièrement d'un noir brillant sans aucune tache ; ses antennes sont également toutes noires ; ses ailes transparentes sont légèrement lavées de jaunâtre, avec leurs nervures brunes ; enfin ses pattes sont blanchâtres, ayant seulement la base des cuisses de couleur noire.

Voilà qui suffit pour reconnaître aisément le Cladie difforme. Vous le voyez chaque année au printemps dans les jardins, voltigeant autour des rosiers, se posant fréquemment sur les feuilles de ces arbrisseaux. Ce n'est pas même seulement dans les jardins que vous pouvez l'observer. Habitants des villes, avez-vous un rosier sur votre balcon : au mois de mai, regardez quelquefois pendant le jour l'arbuste dont vous attendez les belles fleurs ; à n'en guère douter, vous apercevrez la petite mouche à scie, au corps noir et aux pattes blanches. Oui, les ravages de l'Hylotome sont plus à

1) Pl. 9, fig. 7.

(2) Pl. 9, fig. 5 et 5'.

Les Rosiers ___ Le Cladie difforme

Paris Imp. Gérardière r. St Jacques 53

craindre que ceux du Cladie ; où il y a des larves de l'Hylotome de la rose, il y en a souvent des centaines sur les mêmes tiges ; où il y a des larves de Cladie difforme, il n'y en a jamais en masses aussi considérables ; mais les fausses chenilles du Cladie se rencontrent à peu près partout où il y a des rosiers, et il n'en est pas tout à fait ainsi de celles de l'Hylotome. C'est au moins ce que nous observons dans notre pays, car, paraît-il, le Cladie difforme n'est pas répandu dans le nord de l'Europe comme il l'est chez nous. Il est resté inconnu aux naturalistes qui, les premiers, ont fait connaître les insectes d'Europe. De Geer, l'entomologiste suédois, que déjà nous avons cité, ne parle nullement du Cladie dans le long chapitre qu'il a consacré aux mouches à scie et aux fausses chenilles. Notre Réaumur n'y a donné non plus aucune attention. Les métamorphoses de la Tenthrédide, si préjudiciable aux rosiers, ont été observées, pour la première fois, il y a à peine plus de vingt ans, par un entomologiste de Paris, M. Brullé. Encore un exemple montrant combien des sujets continuellement sous nos yeux passent longtemps inaperçus.

Mais c'en est assez touchant cette question historique ; examinons le genre de vie de notre insecte, afin de savoir mieux de quelle façon il faudra s'y prendre pour le détruire. C'est là ce qui vous importe essentiellement, à vous, horticulteurs et amateurs.

Au commencement de mai, les Cladies viennent d'éclore ; peu de jours après, les femelles ont à effectuer leur ponte, et, pour elles, il s'agit d'exécuter un travail analogue à celui des hylotomes. Seulement les Cladies n'entament pas, comme ces derniers, les tiges ligneuses, ils font des entailles le long de la grosse nervure des feuilles : ici, aucune partie n'étant bien dure, la besogne est comparativement facile. Du reste ce sont les mêmes soins, la même manière d'introduire chaque œuf, une sécrétion analogue pour le fixer, et empêcher la fente dans laquelle il est logé de venir se refermer.

La tarière du Cladie difforme est courte, large et dentelée sur ses deux bords, de telle façon que les incisions dans des tissus sans résistance considérable, sont pratiquées par l'insecte avec une grande prestesse. Mais les Cladies déposent leurs œufs presque isolément et non pas par longues séries, comme le font les hylotomes ; en général, une femelle en place un seul contre la nervure d'une feuille, quelquefois deux, rarement trois, presque jamais davantage. Voyez la différence entre deux espèces du même groupe : l'une nous met ses œufs en évidence par lignées nombreuses, l'autre les isole et les cache de manière à ce qu'il soit presque impossible de les atteindre.

On se tromperait souvent, si, ayant la connaissance acquise des habitudes d'une espèce, on croyait savoir comment se comporte une autre espèce, fût-elle de la même famille, fût-elle du même genre ; nous en avons ici une preuve manifeste.

Voici les œufs des Cladies confiés aux feuilles, les larves éclosent, elles restent à la face inférieure des feuilles, à l'endroit même où elles sont nées. Si bien que, dans la plupart des cas, elles entament les feuilles au milieu, ne cherchant pas à gagner le bord que la plupart des larves rongent de préférence à toute autre partie.

Parmi toutes les fausses chenilles, aucune peut-être ne ressemble plus à une vraie chenille que celle du Cladie. Elle ne se contourne pas ; elle ne relève pas la partie postérieure de son corps, à la manière de la plupart des larves de tenthrédides, elle a l'attitude des chenilles.

La fausse chenille du Cladie difforme ne dépasse pas la longueur de 1 centimètre et demi à 2 centimètres (1) ; elle est pourvue en tout de vingt pattes, six pattes écailleuses et quatorze pattes membraneuses. Elle est d'un vert pâle, avec la tête ferrugineuse, marquée de deux taches noires, au centre desquelles se trouvent placés les yeux. Tout son corps est velu, et sur les côtés chaque segment porte un petit tubercule garni de poils disposés en houppe.

Si l'on vient à considérer un rosier attaqué par les cladies, on ne s'aperçoit de la présence des larves qu'aux trous, qu'aux parties rongées que présentent les feuilles ; presque jamais, en effet, ces fausses chenilles ne se montrent en dessus, il faut relever les tiges pour les apercevoir, et à cause de leur teinte verte, qui tranche peu sur celle du feuillage, il est bon encore d'y regarder de près.

A la fin de juin, les fausses chenilles doivent subir leur transformation. Elles se construisent une coque, soit sous une feuille, soit à la réunion des deux branches ; les larves du Cladie ne s'éloignent pas de l'endroit où elles sont nées, elles sont très peu vagabondes.

Ces coques sont fort curieuses (2) ; très grandes relativement à la taille de l'insecte, formées d'une quantité de soie très minime et d'une matière gommeuse abondante ; elles ont des parois très minces ; leur tissu luisant, comme vernissé, très facile à déchirer, est d'un blanc plus ou moins roussâtre.

La nymphe (3) est entièrement d'un vert clair. Sa forme est déjà celle de l'insecte adulte ; les antennes sont détachées du corps.

Deux à trois semaines après la construction des coques les mouches à scie apparaissent ; on est alors au mois de juillet. Celles-ci donnent naissance à une nouvelle génération. Les rosiers sont de nouveau infestés de larves pendant les mois d'août et de septembre. Bien souvent, croyons-nous, il y a une troisième génération. Les larves de celles-ci construiraient leurs coques dans des endroits plus cachés et les nymphes passeraient l'hiver.

On a prétendu que les Cladies attaquaient plus volontiers les rosiers du Bengale que les autres espèces, pourtant nous les avons vus chaque année en nombre considérable sur les rosiers à roses cent-feuilles et sur les rosiers à roses blanches ; au contraire, nous les avons observés rarement sur les rosiers thé.

Comment s'y prendre pour se débarrasser des cladies ? Il y a peu d'espèces certai-

(1) Pl. 9, fig. 1, 1', 1'', 1''' ; et fig. 2, individu grossi.
(2) Pl. 9, fig. 3.
(3) Pl. 9, fig. 4.

Les Rosiers. — La Tenthrède rouge

nement qu'il soit aussi difficile d'atteindre sous leurs diverses formes que le sont ces tenthrédides. Nous l'avons vu, les œufs étant pondus isolément, toujours parfaitement cachés et en outre fort petits, il n'y a guère possibilité de procéder à leur égard comme à l'égard des œufs de l'Hylotome de la Rose.

Pour chercher et saisir les larves, il faut un examen minutieux du dessous de chaque feuille, et je suis convaincu que chacun reculera devant une semblable besogne.

Il est plus facile de voir les coques qui sont très apparentes sur le feuillage. Le mieux serait donc de porter son attention sur les rosiers à la fin de juin et au mois de septembre, et d'enlever les coques. Mais pour obtenir un bon résultat, il faut être très attentif à choisir le bon moment. Je l'ai dit, les insectes adultes éclosent deux à trois semaines après la transformation des larves ; un soin extrême est toujours nécessaire. Pourtant les Cladies nuisent tellement aux rosiers, que ce ne peut être peine perdue que de s'attacher à les détruire.

Les arbustes rongés par ces insectes souffrent beaucoup ; les feuilles mutilées se flétrissent, les tiges s'inclinent et les boutons de roses tombent avant de s'épanouir. C'est là ce que chacun peut observer sans aller bien loin.

La planche 9 montre une branche de rosier attaquée par le Cladie difforme (*Cladius difformis*).
La figure 1 montre une fausse chenille de profil, au bord d'une feuille très rongée.
La figure 1′ un autre individu dans la position la plus ordinaire.
La figure 1″ un autre individu vu de profil.
La figure 1‴ un individu qui montre la partie antérieure de son corps vers la face supérieure d'une feuille.
La figure 1⁗ un individu arrivé au dernier terme de son accroissement ; il est un peu ramassé sur lui-même.
La figure 2 montre de profil une fausse chenille très grossie.
La figure 3 une coque.
La figure 4 une nymphe de grandeur naturelle tirée de sa coque.
La figure 5 l'insecte adulte au bord d'une feuille.
La figure 5′ un individu femelle grossi.
La figure 6 sa dimension naturelle.
La figure 7 une antenne du mâle très grossie.
La figure 8 la tarière de la femelle très grossie.

La Tenthrède zonée.

Nous avons observé, nous avons décrit les habitudes des deux insectes de la famille des Tenthrédides les plus redoutables aux rosiers. D'autres fausses chenilles sont très nuisibles à ces arbustes, mais elles sont répandues d'une manière moins générale. S'il y a des localités où elles abondent, ailleurs on n'en voit pas un seul individu ; les dégâts qu'elles exercent sont partiels comparativement.

Voici l'une de ces tenthrédides ; elle appartient au genre Tenthrède proprement dit, caractérisé par des antennes simples, filiformes, formées de neuf articles, des mandibules dentées, un corps épais, etc. ; c'est la Tenthrède zonée (*Tenthredo zona*, Klug), espèce commune dans une grande partie de l'Europe.

Cette mouche à scie (1) est longue d'environ 8 à 10 millimètres ; son corps est d'un beau noir luisant, avec les parties de la bouche d'un jaune clair, les antennes jaunes seulement à la base, l'abdomen orné de bandes, au bord du premier, du quatrième et du cinquième anneau d'un jaune vif et luisant comme ses derniers segments, les pattes d'un jaune pâle ayant la base des cuisses et quelquefois le bout des jambes et des articles des tarses noirs.

La Tenthrède zonée se montre au mois de mai ; elle fixe ses œufs le long de la grosse nervure des feuilles. Au mois de juin on trouve les fausses chenilles sur les rosiers. Celles-ci sont en dessus d'un vert grisâtre, dont la nuance du reste varie un peu suivant les individus ; les côtés et le dessous du corps sont d'un blanc plus ou moins gris ; la tête est d'un jaune fauve pâle avec les yeux noirs ; tous les anneaux du corps sont criblés de petits tubercules arrondis d'un blanc pur (2).

Les larves de la Tenthrède zonée ont un aspect tout autre que les fausses chenilles des hylotomes et des cladies. Si elles se déplacent, ou si elles rongent les feuilles, leur corps est droit ; mais pendant le repos elles sont enroulées et leur corps forme un ou deux tours de spire.

A la fin de juin ou au commencement de juillet, ces fausses chenilles ont pris leur entier accroissement ; le moment de leur transformation en nymphe est arrivé : alors elles se laissent tomber et pénètrent dans la terre, toujours du reste peu profondément.

Les larves de la Tenthrède zonée ne se construisent pas de coques ; il ne faudrait pas croire pourtant que ces insectes demeurent la terre appliquée sur leur corps : non, ils se forment une loge ovoïde, et, à l'aide de leur salive, ils en consolident les parois, de telle sorte que la larve, et ensuite la nymphe, ne subit en aucune façon les atteintes des corps environnants.

La nymphe de la mouche à scie zonée est allongée, entièrement d'un vert pâle, avec l'extrémité du corps pourvue de quatre petites pointes (3).

Les insectes adultes éclosent environ trois semaines après la transformation des larves en nymphes. On les voit donc apparaître de nouveau à la fin de juillet ; pendant les mois d'août et de septembre, les fausses chenilles reparaissent sur les rosiers ; comme les premières, elles entrent en terre pour s'y métamorphoser, et les nymphes y demeurent jusqu'au printemps prochain.

Les fausses chenilles de la Tenthrède zonée rongent les feuilles, tantôt par leurs

(1) Pl. 10, fig. 4 et 5.
(2) Pl. 10, fig. 1 et 2.
(3) Pl. 10, fig. 3.

bords, tantôt par le milieu ; lorsqu'elles sont nombreuses, elles dépouillent des arbrisseaux entiers dans un court espace de temps. Dans des champs de roses, près d'un village des environs de Paris, renommé par ses productions spéciales, Fontenay-aux-Roses, j'ai vu des quantités énormes de rosiers à fleurs blanches complétement dévastés par les tenthrèdes zonées. Dans les jardins, au contraire, je n'ai pas observé très fréquemment cette espèce.

Toujours est-il que, dans certaines localités, elle exerce des dévastations étendues. Les moyens de destruction permis par le genre de vie de l'insecte offrent tous d'assez grandes difficultés.

La recherche des œufs ne nous semble guère plus aisée à entreprendre ici que pour ceux du Cladie. Quant aux larves, presque toujours placées à la face inférieure des feuilles, elles ont un volume assez considérable pour qu'on puisse s'en emparer; mais c'est un travail long de visiter avec attention toutes les branches de chaque rosier. Néanmoins, pendant les mois de juin et de septembre, si l'on ne recule pas devant une telle besogne, on obtiendra un bon résultat. On est toujours averti de la présence des larves par les déchirures que présentent les feuilles rongées.

Nous avons vu que les fausses chenilles de la Tenthrède zonée entraient en terre pour s'y transformer au pied des rosiers, à la fin de juin ou au commencement de juillet et à la fin de septembre. Cette circonstance permet d'atteindre les nymphes en raclant la terre, comme déjà il a été dit à l'occasion d'autres végétaux et d'autres insectes. S'il n'est pas possible de s'occuper de ce soin pendant l'été, il importe de ne pas le négliger durant l'hiver; car si l'on réussit à détruire les nymphes à cette époque de l'année, quand viendra le printemps, les mouches à scie manqueront : alors plus de fausses chenilles de la Tenthrède zonée à redouter.

La planche 10 montre une branche de rosier attaquée par les fausses chenilles de la Tenthrède zonée (*Tenthredo zona*).

La figure 1 est une fausse chenille étendue et rongeant le bord d'une feuille.

La figure 2 une fausse chenille pendant le repos, enroulée sur elle-même.

La figure 3 la nymphe de grandeur naturelle vue de dos.

La figure 4 l'insecte adulte posé sur une feuille.

La figure 4' l'insecte adulte grossi, les ailes étendues.

La figure 5 sa grandeur naturelle.

La Tenthrède à ceinture rousse.

J'ai au moins à signaler une mouche à scie, voisine de la précédente, sous le rapport de son genre de vie et des caractères de sa larve, qui n'est pas ordinairement très-abondante dans notre pays.

La Tenthrède à ceinture rousse (*Tenthredo rufocincta*) a d'abord été observée en

Suède par Charles de Geer; elle a été rencontrée ensuite en Allemagne et en France. L'insecte adulte a 8 à 10 millimètres de longueur et des ailes d'une envergure de 15 à 20 millimètres. Son corps est noir, avec les jambes et les tarses d'un rouge jaunâtre, et une bande d'un rouge vif couvrant les quatrième et cinquième anneaux de l'abdomen.

La Tenthrède à ceinture rousse a le corps assez grêle; à raison de ce caractère et de quelques autres particularités dans les cellules des ailes, les entomologistes la classent dans une division comprenant un certain nombre d'espèces fort apparentées (*Emphytus*).

Cette mouche à scie paraît aux mêmes époques que la Tenthrède zonée; sa fausse chenille est très semblable à celle de cette dernière. Elle est pourvue de même de seize pattes membraneuses. Son corps, d'un vert grisâtre foncé en dessus, quelquefois olivâtre, est d'un blanc sale sur les côtés et en dessous; sa tête est d'un jaune d'ocre, et les anneaux, du premier au dernier, sont criblés de petits tubercules blancs arrondis qui rendent la peau toute chagrinée.

La larve de la Tenthrède à ceinture rousse se tient sous les feuilles, de la même façon que la larve de la Tenthrède zonée; elle enroule son corps, pendant le repos, absolument comme celle-ci. Pour se métamorphoser, elle entre également dans la terre.

Dans les localités où se montre cette espèce, il faut agir à son égard comme à l'égard de la Tenthrède zonée.

La Tenthrède ceinturée.

Celle-ci, par ses caractères naturels, se place dans la même division que la Tenthrède à ceinture rousse (*Emphytus*); mais elle réclame une attention particulière, à raison du genre de vie de sa larve.

La Tenthrède ceinturée (1) a aussi 8 à 10 millimètres de longueur; elle est noire, avec les jambes rougeâtres et une bande blanche sur le cinquième anneau de l'abdomen; cette bande existe toujours chez la femelle, mais elle disparaît habituellement chez le mâle.

L'espèce paraît avoir deux générations par an, comme les précédentes. Ici les détails relatifs à la vie et à la reproduction de l'insecte font en partie défaut; cependant les faits les plus curieux et les plus importants ont été bien constatés.

La mouche à scie ceinturée est souvent assez commune dans les jardins durant les mois de mai et d'août, c'est-à-dire à deux époques de l'année.

(1) Pl. 10 *bis*, fig. 1.

La femelle pratique des entailles dans les tiges ligneuses, et y dépose ses œufs; les larves qui en naissent ne grimpent pas sur les feuilles, ainsi que cela a lieu pour les autres Tenthrédides; elles pénètrent dans les bois et s'y creusent, au centre des tiges, des galeries qui, souvent, n'ont pas moins de 2 à 3 pouces de longueur. Quelquefois il en résulte à l'extérieur un renflement des tiges assez appréciable; mais fréquemment aussi rien ne décèle bien positivement au dehors la présence des larves lignivores. Quand la tige est percée de trous, c'est l'indice certain de la sortie des insectes adultes.

On comprend facilement jusqu'à quel point les rosiers attaqués par la Tenthrède ceinturée doivent dépérir rapidement. Les tiges, rongées à l'intérieur, finissent par recevoir très peu de séve; elles s'inclinent, elles se dessèchent, elles meurent : c'est l'affaire d'une saison. Les fausses chenilles de cette espèce atteignent une longueur d'environ 12 à 15 millimètres (1). Leur corps est presque cylindrique, aminci en arrière, d'un vert foncé en dessus et d'un vert grisâtre en dessous et sur les côtés. Leur tête est fortement ponctuée, et les deux derniers anneaux de leur abdomen portent chacun une petite épine rougeâtre.

En général, on trouve plusieurs de ces larves dans un même nid. Vivant cachées, elles ont été rarement observées. Signalées et même représentées par Réaumur, c'est seulement il y a vingt années qu'elles furent étudiées et décrites par un entomologiste de l'Allemagne, M. Bouché.

Ces insectes pourtant ne sont pas rares, et dans beaucoup de localités ils causent un préjudice notable aux plants de rosiers, préjudice, il est vrai, qu'on remarque faiblement, la cause en restant presque toujours ignorée.

Les larves de la Tenthrède ceinturée, que l'on découvre à l'automne, ne changent pas de forme jusqu'au printemps; alors seulement elles subissent leur transformation en nymphes. Peu de jours après cette métamorphose, a lieu l'éclosion des insectes adultes.

L'insecte dont je viens de tracer succinctement l'histoire a un genre de vie qui rend les tentatives pour le détruire fort malaisées. Il n'y a d'autre ressource que d'examiner avec soin les tiges des rosiers. Un épaississement sensible des parties attaquées fait reconnaître, dans bien des cas, la présence des larves lignivores; mais si cet indice n'est pas très manifeste, il faut regarder avec une scrupuleuse attention si le bois a été entaillé par des mouches à scie; car ces entailles constatées, il n'y a plus guère de doute à avoir. La branche, d'ailleurs, paraît souffrante, et le mieux est de la couper au-dessous du point où l'on a remarqué les incisions pratiquées par les femelles. Les branches détachées contenant des larves devront être brûlées incontinent; est-il besoin de dire qu'en les laissant à terre, les fausses chenilles trouveraient assez

(1) Pl. 10 *bis*, fig. 2 et 3.

longtemps à se nourrir avant la complète dessiccation du bois, pour accomplir toutes leurs métamorphoses ; les insectes adultes paraissant, iraient confier leurs œufs aux arbustes jusque-là demeurés intacts.

La planche 10 *bis* représente une branche de rosier attaquée par la Tenthrède ceinturée (*Tenthredo cincta*).

La figure 1 montre l'insecte adulte de grandeur naturelle.

La figure 1′ une femelle grossie, ayant les ailes étendues.

La figure 2 une tige ouverte pour montrer les larves dans leurs loges.

La figure 3 une larve isolée.

La figure 4 une nymphe.

Le Dolère de l'Églantier.

C'est encore une vraie Tenthrède. Le nom générique diffère il est vrai, mais il s'agit ici de l'une de ces distinctions de faible importance, comme les entomologistes sont souvent conduits à en admettre pour se reconnaître parmi ces espèces si nombreuses présentant les mêmes caractères généraux.

Ainsi les Dolerus se distinguent des Tenthrèdes proprement dites par leur corps plus élancé, et surtout par leurs antennes longues et grêles.

La Tenthrède ou le Dolère de l'églantier (*Dolerus eglanteriæ*, Fabr.) est rougeâtre, avec la tête, le thorax en entier chez le mâle, et seulement les côtés chez la femelle, le premier anneau abdominal et souvent aussi l'extrémité, chez le mâle, d'un noir brillant.

La larve de cette espèce ressemble à celle des Tenthrèdes ; son corps est verdâtre, un peu chagriné. Elle vit à la manière de la Tenthrède zonée et de la Tenthrède à ceinture rousse, c'est-à-dire qu'elle ronge les feuilles. Rarement on trouve cette fausse chenille sur les rosiers de nos jardins ; elle paraît s'attaquer principalement aux rosiers sauvages, c'est-à-dire aux églantiers ; ce n'est donc que dans les grands parcs qu'on a la chance de la rencontrer.

La Tenthrède de l'églantier se transforme dans la terre, et a deux générations par an, comme la plupart de ses congénères ; du reste sa fausse chenille, si l'on doit se fier aux assertions de quelques naturalistes, vivrait sur des plantes très diverses. Suivant l'un d'eux, on la trouverait même sur des joncs, mais ceci aurait besoin d'être vérifié.

Toujours est-il que cette espèce peut à peine être réputée nuisible aux rosiers, et volontiers nous l'eussions passée sous silence, sans notre désir de rendre notre livre aussi complet que possible.

L'Athalie de la rose.

Les Athalies ressemblent d'une manière étonnante par leur aspect, par leur coloration surtout, à l'Hylotome de la rose que nous avons décrit avec assez de détails.
Malgré cette analogie dans les couleurs, les Athalies par leurs caractères sont plus
voisines des vraies Tenthrèdes. Les différences qu'elles présentent avec ces dernières
sont même assez légères. Les Athalies ont le corps plus court, plus ramassé et comme
un peu déprimé en dessus, et les antennes composées de dix à onze articles augmen-
tant graduellement un peu d'épaisseur ; souvent ces antennes sont un peu dentelées
dans les mâles.

L'Athalie de la rose (*Athalia rosæ*, Linné) est un petit insecte de 6 à 8 millimètres
de long, d'un jaune rougeâtre brillant, avec la tête, les antennes, la partie supérieure
du thorax, l'extrémité des jambes et des articles des tarses de couleur noire.

Il abonde souvent dans les jardins, autour des rosiers, particulièrement dans les
buissons de rosiers, et cela deux fois chaque année, en mai et au commencement de
juin et ensuite au mois d'août.

Les femelles déposent leurs œufs le long de la grosse nervure des feuilles ; les larves,
qui éclosent peu de jours après la ponte, acquièrent une longueur de 12 à 15 millimètres ; elles ont seize pattes membraneuses ; leur corps est un peu aminci d'avant
en arrière, d'un vert foncé, quelquefois noirâtre en dessus, il est plus clair sur les
côtés et en dessous. La tête est toujours jaunâtre, et le corps tend à prendre cette
nuance quand l'insecte est sur le point de se métamorphoser.

Les fausses chenilles de l'Athalie abondent quelquefois sur les rosiers ; elles causent un genre d'altération qui fait reconnaître aisément leur présence. Ces larves ne
rongent pas les feuilles à la manière des autres Tenthrèdes, elles épargnent l'épiderme
d'un côté et toutes les nervures : de la sorte les feuilles ont l'aspect de dentelles, d'abord
dans une partie de leur étendue et ensuite sur leur surface entière. Les rosiers ont
ainsi tout leur feuillage dévasté et bientôt complétement desséché. Dans cet état les
fleurs avortent, les boutons tombent avant de s'épanouir.

C'est au mois de juillet et au mois de septembre que nous trouvons en abondance
les fausses chenilles de l'Athalie de la rose. Quand le moment de leur transformation
est arrivé, elles se laissent choir et pénètrent dans la terre ; là, ainsi que nous l'avons
vu pour d'autres espèces, chaque individu se forme une petite loge où il se change en
nymphe.

Les larves de l'été, celles de la première génération de l'année passent peu de jours
dans cette situation ; celles de l'automne ou de la seconde génération y demeurent
jusqu'au printemps de l'année suivante.

L'Athalie de la rose ne s'attaque pas seulement aux rosiers ; elle vit également sur des arbres fruitiers, et notamment sur des pruniers ; on assure même qu'elle cause aussi de grands dégâts aux plantes potagères. Des observateurs anglais ont eu l'occasion de la rencontrer en abondance sur ces végétaux.

Pour détruire les Athalies on a deux ressources : détacher les feuilles rongées, sous lesquelles on est sûr de trouver les larves, ce qui n'est pas toujours facile lorsque ces larves sont fort nombreuses et envahissent des arbustes entiers, et faire le raclage de la terre pendant l'hiver, de façon à enlever les nymphes.

On peut le voir par les exemples fréquents que nous citons, le raclage de la terre au pied des arbres et des arbustes est l'un des travaux les plus utiles, les plus indispensables à exécuter pour la destruction des insectes nuisibles. Par cette opération simple, pratiquée avant le retour de la belle saison, on enlève une quantité considérable de nymphes et de chrysalides, et l'on préserve ainsi en grande partie la végétation d'alentour.

La planche 11 montre une branche de rosier dévastée par les fausses chenilles de l'Athalie de la rose (*Athalia rosæ*).

La figure 1 est l'insecte adulte au repos, de grandeur naturelle.

La figure 2 une femelle grossie, ayant les ailes étendues.

La figure 3 ses dimensions.

Les figures 4, 4', 4'', les larves dans diverses positions et à des degrés de développement plus ou moins avancés.

La figure 5 une nymphe.

L'Athalie des Épines.

L'Athalie des épines *(Athalia spinarum*, Fabr.), que d'autres nomment l'Athalie de la centfeuille *(Athalia centifoliæ*, Panz.), est une espèce extrêmement voisine de la précédente ; elle n'en diffère guère que par le thorax, qui est noir seulement en arrière, le reste conservant la nuance générale du corps.

Cette petite mouche à scie se voit très fréquemment aussi dans nos jardins, mais sa larve ne se rencontre pas si habituellement sur les rosiers. D'un vert plus noir que celle de l'Athalie de la rose, elle a les mêmes habitudes.

D'après diverses observations, elle cause surtout de grands dégâts à certaines brassicaires ; les naturalistes du nord de l'Europe, particulièrement, ont signalé les ravages de cet insecte dans les potagers.

Les Cynips.

Ce sont des insectes bien curieux que les Cynips; ils sont tous de taille extrêmement exiguë, aussi les entomologistes seuls les connaissent; ils sont assez abondants dans notre pays, et pourtant personne ne les voit; en revanche, chacun remarque ces excroissances singulières, de formes bizarres ou de couleurs étranges qui se rencontrent sur les tiges ou sur les feuilles d'un grand nombre de végétaux indigènes, on croirait parfois avoir sous les yeux des espèces de fruits. Ces excroissances sont connues sous le nom de *galles :* dans leur intérieur vivent, se développent et se transforment les larves des Cynips.

Les Cynips constituent dans l'ordre des Hyménoptères une famille (la famille des Cynipsides) très apparentée à celle des Tenthrédides. Cette famille, néanmoins, a des caractères parfaitement tranchés. Ainsi les Cynips ont un corps oblong très convexe, avec l'abdomen uni au thorax par un grêle pédicule; ils ont des palpes fort longs, des antennes filiformes auxquelles on ne compte pas moins de treize à quatorze articles, des ailes antérieures ne présentant que quelques cellules, et des ailes postérieures n'en offrant qu'une seule. Ce n'est pas tout encore parmi les particularités que nous observons chez les Cynips. Les femelles sont pourvues d'une longue tarière filiforme, et cette tarière, dans la plupart des circonstances, échappe à la vue malgré son remarquable développement. Durant le repos, elle est enroulée sur elle-même et logée dans une rainure existant à l'extrémité inférieure de l'abdomen.

Le Cynips est-il disposé à commencer sa ponte, par un effort de ses muscles sa tarière se déroule. L'insecte sait faire choix du végétal qui convient à ses larves, jamais il ne se trompe; à l'aide de l'instrument aigu, il fait une entaille : tantôt c'est à une tige, tantôt c'est aux pédicelles des feuilles, cela varie suivant les espèces, chacune ayant ses habitudes, son instinct propre. La femelle, d'un coup de sa tarière, a pratiqué une incision, aussitôt dans la fente elle introduit un œuf; en même temps, sans doute, un liquide excitant est versé dans la petite plaie, car bientôt la séve de la plante est attirée vers le point qui a reçu le dépôt, et l'excroissance commence à se former.

Les excroissances, les galles produites par une espèce sont toujours les mêmes; si trois, si quatre espèces différentes de Cynips s'attaquent à un même arbre, cet arbre portera trois, quatre sortes de galles. Le naturaliste n'aura jamais la moindre difficulté par la seule inspection de l'excroissance, à désigner sûrement quel en est l'auteur.

Si une femelle pond cinquante ou soixante œufs, elle produira cinquante ou soixante galles; c'est au moins le cas le plus ordinaire; c'est ce qui a lieu pour la grande majorité des espèces. Pour quelques-unes, cependant , c'est autre chose. Une femelle a pondu sur un même point cinq, six, huit œufs, peut-être davantage , une seule galle se formera pour la totalité des larves qui en sortiront, et alors cette galle offrira dans son intérieur des compartiments irréguliers, des loges; chacune renfermera un individu; ce sera une galle multiloculaire.

A peine sorties de l'œuf, les petites larves commencent à se nourrir de la substance qui les entoure; suivant grande probabilité elles sécrètent par la bouche une salive, qui contribue à amener, de leur côté, la séve en plus grande abondance, car, au fur et à mesure qu'elles s'accroissent, les galles augmentent de volume.

Les larves des Cynipsides ont la forme de petits vers blanchâtres, un peu amincis d'avant en arrière. Ne devant presque pas se déplacer, elles sont entièrement privées de pattes, seulement les anneaux de leur corps, assez boursouflés, leur permettent d'exécuter quelques mouvements de reptation; leurs yeux ont une coloration brune ou rougeâtre.

En général, ces larves subissent leurs transformations dans les excroissances végétales où elles ont vécu; les trous que l'on remarque au printemps, à la surface des galles, n'indiquent que la sortie des insectes parfaits; pourtant, assure-t-on, les larves de certaines espèces sortent, elles-mêmes, des galles et entrent en terre pour s'y métamorphoser; c'est là encore une de ces assertions souvent reproduites, qui auraient besoin d'être vérifiées.

Les nymphes des Cynips sont blanches comme les larves, mais leurs formes traduisent déjà, d'une manière exacte, les parties de l'insecte adulte.

Les galles varient singulièrement sous le rapport de leur configuration et de leur consistance ; il y en a de rondes ou d'oblongues qui demeurent toujours assez molles, et qui se rident en se flétrissant; il y en a de rondes d'une dureté extrême; les unes lisses, les autres couvertes de pointes ou de tubercules; il y en a d'apparence chevelue, qui semblent formées d'une infinité de filaments rapprochés les uns des autres.

A ne considérer que les Cynips de notre pays, et leurs étranges productions, on ne saurait, dans l'état actuel, leur trouver aucune utilité. Il n'en est pas de même, cependant, pour toutes les espèces.

Chacun connaît les noix de galle, employées à la confection de l'encre et des teintures noires; elles sont l'objet d'un commerce considérable. Ces galles ou noix de galle, comme on les désigne habituellement, qui nous viennent du Levant, sont déterminées par un Cynips, différant très peu des espèces, dont nous allons avoir à donner la description. On le nomme le Cynips de la galle à teinture (*Cynips gallæ tinctoriæ*), pour rappeler la nature de son produit. L'insecte s'attaque à une espèce de chêne propre à l'Orient (*Quercus infectoria*); chaque galle est habitée par une seule larve qui, au centre, forme une petite cavité arrondie.

Les noix de galle, on le sait, atteignent à peu près la grosseur de la moitié d'une noix ordinaire; leur dureté est telle qu'on ne peut les briser sans le secours d'un marteau. La récolte de ces galles se fait à diverses époques. Avant la sortie de l'insecte, alors qu'elles contiennent plus de matière astringente, elles sont désignées dans le commerce, sous les noms de *galles noires*, *bleues*, *vertes*. On appelle galles blanches, celles dont l'insecte s'est échappé, celles qui présentent le trou circulaire qui atteste leur abandon par l'habitant.

Parmi ces galles, en usage dans l'industrie, toutes, sans doute, n'appartiennent pas à la même espèce; la science est encore fort incertaine sur ce point.

Est-ce bien le lieu de s'occuper de ces faits, ici où nous avons à traiter de l'histoire des espèces nuisibles et de leurs dévastations? Peut-être : D'un côté, c'est une espèce nuisible parce qu'elle altère nos végétaux cultivés; d'un autre côté, c'est une espèce utile parce qu'elle donne un produit que l'on sait employer. Eh bien, qui oserait dire combien il y a de ces espèces, aujourd'hui indifférentes ou réputées dangereuses, dont on saura tirer parti dans l'avenir? De notre temps sept ou huit espèces d'insectes, seulement, rendent de grands services aux nations civilisées; un jour viendra où l'on en comptera plusieurs centaines.

On veut toujours se refuser à croire qu'un être dont le corps a à peine quelques millimètres de long, puisse jouer un rôle considérable, et cependant que d'exemples déjà! Ici c'est un insecte à peine visible à l'œil nu, qui dévaste vos champs et consomme une part immense de vos récoltes; aveugles, vous ne voulez pas y croire; là, c'est un insecte, tout petit également, qui devient une source de richesse ne tarissant jamais.

La Cochenille, qu'on vous apporte sous la forme de petits grains rougeâtres, tout ratatinés, voyez pour quelle somme chaque pays en consomme annuellement !

Le Cynips de la galle à teinture, dont la taille est à peine de 5 millimètres, songez à ce qu'il donne en produits. Il entre en France, dans le cours d'une année, des noix de galle pour une valeur de près de deux millions.

Aussi, en cherchant tous les moyens possibles pour détruire les espèces nuisibles, pensons toujours à celles qui sont de nature à être utilisées.

Cette réflexion me vient à propos des Cynips. Les Cynips doivent à peine être rangés parmi les insectes nuisibles; ils amènent, sans doute, un certain dépérissement de la plante sur laquelle se développent leurs galles; mais ils ne portent nulle part, suivant toute apparence, de préjudices bien graves. Il eût été permis dans ce livre de les passer sous silence, mais l'intérêt que présente leur histoire nous forçait à appeler l'attention de leur côté. En considérant l'utilité des produits de l'un de ces insectes, que l'on nous apporte de l'Orient, je me demande si les produits de nos espèces indigènes ne pourraient pas également servir à quelque usage. C'est un point qui mériterait d'être sérieusement étudié.

Puisque j'ai voulu examiner un instant les Cynips, au point de vue de leur utilité, allons jusqu'au bout. C'est encore en Orient qu'il faut nous transporter. Dans cette contrée, qui a fourni au monde tant de choses précieuses, on se sert des Cynips pour faire mûrir des fruits.

Qui n'a entendu parler de la *caprification* des figues, du moyen de faire mûrir les figues tardives? Ce sont des Cynips qui sont chargés de ce soin. Les petits Hyménoptères viennent déposer leurs œufs dans des figues ; on s'empare de ces fruits, on les enfile plusieurs ensemble, et on les place sur les figuiers tardifs : les Cynips sortent tout couverts de poussière fécondante ; s'introduisant, ainsi chargés, dans l'œil des figues nouvelles, ils en fécondent les graines, et de cette façon hâtent la maturité du fruit.

Il ne faut dédaigner les services de personne, pas même ceux des Cynips.

Après cette esquisse de l'histoire générale des Cynips, que nous reste-t-il à considérer chez ces insectes? Les faits particuliers concernant chaque espèce vivant sur nos plantes cultivées, ce sera peu.

Les rosiers, par exemple, nourrissent trois ou quatre espèces de ces insectes ; elles nous offrent les mêmes habitudes ; ce sont, seulement, quelques légères différences spécifiques à signaler et quelques différences plus notables dans la nature des galles qu'elles produisent. Hâtons-nous même de dire que les rosiers cultivés sont rarement atteints par ces insectes ; c'est particulièrement sur les rosiers sauvages, c'est-à-dire sur les églantiers, que nous avons l'occasion de lés observer.

Le Cynips du Rosier.

De tous les Cynips qui vivent sur les rosiers, celui-ci est le plus commun.

L'insecte adulte paraît au mois de mai ; long de 4 à 5 millimètres, il est d'un noir luisant, avec les pattes et l'abdomen, sauf l'extrémité d'un brun ferrugineux, et les ailes diaphanes, légèrement enfumées (1).

A la fin de mai ou vers le commencement de juin, les Cynips pondent leurs œufs ; les galles se forment, mais avec lenteur, ce n'est qu'à l'automne qu'elles sont tout à fait développées.

Les galles du Cynips du rosier sont des plus étranges parmi toutes les galles connues ; quelquefois arrondies, plus souvent élargies, et plus ou moins irrégulières ; elles rappellent la forme des nèfles, dont elles ont, du reste, à peu près le volume (2). Ces galles semblent toutes moussues ; on les croirait composées d'une multitude de filaments rameux, rapprochés les uns des autres ; de là le nom de *galles chevelues* qui leur a été

(1) Pl. 12, fig. 3.
(2) Pl. 12, fig. 1 et 1'.

Les Rosiers. _____ Le Cynips de Réaumur.

appliqué. Cette dénomination pourtant n'est pas la plus habituellement employée, celle de *Bédéguars* a été presque partout adoptée.

A la fin de l'été, les bédéguars, ou galles du Cynips du rosier, présentent des nuances vertes et rouges entremêlées, dont l'effet est charmant ; portés comme ils sont, sur une sorte de pédicule, on penserait volontiers avoir sous les yeux des fruits d'un genre inconnu. La mauvaise saison arrive, les galles chevelues perdent leurs riches teintes, elles deviennent d'un ton brunâtre uniforme.

A ne considérer que la surface de nos bédéguars, on se douterait peu de leur dureté ; cette mousse qui les revêt, si fine et si douce, semble les constituer en totalité. Il faut essayer de couper ces galles pour apercevoir jusqu'à quel point les larves des Cynips sont bien protégées. En effet, la partie solide, la partie ligneuse du bédéguar a une grande épaisseur et un tissu fort serré.

Une de ces galles étant fendue perpendiculairement par le milieu (1), on voit les loges assez irrégulières qui occupent l'intérieur. Chaque loge est habitée par une seule larve, qui, dans l'espace le plus resserré du monde, car elle n'a vraiment pas de quoi se retourner, se développe et subit toutes ses transformations.

Les larves des Cynips du rosier sont, comme nous avons dépeint d'une manière générale les larves des Cynips, entièrement blanchâtres, avec les yeux seuls colorés. Une fois qu'elles ont pris tout leur accroissement, ces larves passent par un long temps de repos ; elles se raccourcissent, se ramassent sur elles-mêmes (2), et demeurent à peu près immobiles, depuis la fin de l'automne jusqu'au printemps suivant. A cette époque s'effectue la métamorphose en nymphe. Les Cynips ne vivent guère plus de dix à quinze jours sous cette forme ; les insectes adultes éclosent, mais si la température est froide encore, ils restent dans les loges étroites où ils viennent de naître, attendant pour sortir que le temps chaud se fasse sentir pour tout de bon. Quand on ouvre des bédéguars au printemps, il est très fréquent de voir les Cynips sur le point de percer la paroi de leur prison, pour s'échapper.

C'est avec ses mandibules que le petit Hyménoptère perfore le bédéguar : les parois étant dures et épaisses, il a fort à faire avant d'être dehors ; mais ses efforts sont en rapport avec la difficulté, et il parvient, selon toute apparence assez rapidement, à pratiquer son trou parfaitement régulier, parfaitement arrondi.

Conservez-vous dans une boîte des bédéguars recueillis à l'automne : on est au mois de mai, vous attendez l'éclosion des Cynips ; chaque jour vous regardez si rien n'est sorti des galles chevelues ; un beau matin la boîte est remplie de petits hyménoptères ; sans peine vous reconnaissez les Cynips ; mais il n'y a pas que des Cynips, il y a aussi une foule d'autres petits hyménoptères qui attirent tout d'abord votre attention.

(1) Pl. 12, fig. 2.
(2) Pl. 12, fig. 4 et 4'.

Leur corps est d'un vert doré éclatant, et les femelles portent une longue tarière droite presque toujours vibrante. Voici donc deux insectes, absolument différents, sortis des mêmes galles; c'est à n'y pas croire. Aussi ce fait jeta dans une affreuse perplexité les premiers naturalistes qui en furent témoins; ils ne savaient quels étaient les propriétaires légitimes des bédéguars; la légitimité de la possession fut attribuée aussi bien aux uns qu'aux autres. Heureusement quelques-uns ne voulurent pas s'en tenir à des conjectures; il s'agissait d'observer, ils observèrent scrupuleusement; alors les petits Hyménoptères brillants furent reconnus pour larrons.

Ces larrons aux étincelantes couleurs sont de cette nombreuse famille dont je vous ai déjà dit un mot, mes lecteurs, de la famille des Chalcidides. Ceux-ci sont d'un genre que l'on reconnaît aux antennes, dont le premier article est très long ainsi que le quatrième et le cinquième, aux cuisses dépourvues de toute épine, et à la tarière des femelles véritablement capillaire, et presque aussi longue que le corps.

C'est le genre Diplolepis (*Diplolepis*, Fabr., *Callimome*, pour divers auteurs). L'espèce que vous avez vue sortir des bédéguars en même temps que le Cynips est appelée par les entomologistes le Cynips du bédéguar (*Diplolepis bedeguaris*, Fabr.); n'est-ce pas pour le mieux? son nom indique son origine.

Le corps de l'insecte a la longueur du Cynips, environ 4 à 5 millimètres, seulement il est beaucoup plus grêle; d'un vert doré métallique, brillant comme une pierre précieuse, il est couvert de points enfoncés, comme sculptés sur la tête et le corselet. La splendide couleur du Diplolepis est relevée par la couleur de ses antennes, qui est noire à l'exception du premier article, par celle de ses pattes qui est d'un jaune-paille, et par la limpidité de ses ailes, traversées par leurs nervures d'une teinte brune (1).

Voilà les Cynips et les Diplolepis éclos en même temps, sortis du même logis; les Cynips vont effectuer leur ponte, bientôt après les Diplolepis, armés de leur longue tarière, vont introduire leur œuf près de l'œuf du Cynips, ou dans le corps même de la larve nouvellement éclose. La larve du Cynips va se nourrir de la substance végétale, et nourrir de sa propre substance la larve du Diplolepis, jusqu'à ce qu'elle soit anéantie.

Là où le Cynips a déposé dix de ses œufs, où dix de ses larves sont nées, quatre, six larves de Diplolepis se développeront, peut-être davantage. Partout chaque individu a la chance de succomber sous la morsure d'un ennemi, surtout s'il est inoffensif pour autrui.

Mais ici ne nous en plaignons pas : le Diplolepis, amateur de roses, préserve vos rosiers d'une foule de bédéguars, qui empêcheraient sans doute le développement de bien des fleurs.

(1) Pl. 12, fig. 6.

Au reste, si le Diplolepis ne vient pas suffisamment à votre secours, il ne vous sera pas fort difficile de détruire les Cynips. A l'automne coupez et brûlez toutes les galles chevelues qui s'étalent complaisamment à vos regards; l'année suivante plus de Cynips, plus de bédéguars épuisant la séve de vos arbustes.

Dans les jardins des villes il est fort rare de voir les rosiers chargés d'excroissances produites par les Cynips. Il n'en est pas de même dans les jardins des campagnes, où souvent des arbrisseaux portent un grand nombre de galles chevelues. Les églantiers en sont souvent couverts, et dans les parcs où on laisse croître ces rosiers sauvages, on est sûr de pouvoir facilement observer les bédéguars.

La planche 12 montre une branche d'églantier portant des bédéguars.
La figure 1 est un bédéguar de médiocre dimension et de forme arrondie.
La figure 1′ un bédéguar de grosse dimension et de forme élargie.
La figure 2 un bédéguar coupé perpendiculairement par le milieu pour montrer les loges des larves.
La figure 3 le Cynips du rosier (*Cynips rosæ*, Linné).
La figure 3′ sa grandeur naturelle.
La figure 4 sa larve vue par devant.
La figure 4′ la même grossie.
La figure 5 la nymphe.
La figure 6 le Diplolepis du bédéguar (*Diplolepis Bedeguaris*, Fabricius) très grossi.
La figure 6′ sa grandeur naturelle.

Le Cynips de Réaumur.

On a souvent parlé du Cynips du rosier et de sa galle chevelue. Voici une autre espèce que l'on trouve quelquefois en grand nombre sur les rosiers sauvages, à laquelle on n'avait donné jusqu'ici aucune attention.

Nous appelons cet insecte le Cynips de Réaumur (*Cynips Reaumurii*) [1]. Il est un peu plus petit que l'espèce du bédéguar, entièrement noirâtre, avec les antennes jaunes au bout, les pattes de cette dernière couleur et les ailes légèrement enfumées.

Sauf quelques particularités dans les nuances, principalement dans la teinte générale de l'abdomen, le Cynips du rosier et le Cynips de Réaumur se ressemblent extrêmement; il n'y a entre eux aucune différence appréciable dans l'organisation; ils éclosent en même temps, ils vont pendant les belles journées piquer les tiges de rosiers pour assurer le dépôt de leurs œufs; ils se trouvent parfois ensemble sur les mêmes arbustes, sur les mêmes branches. Les larves des deux espèces, encore plus

[1] Pl. 12 *bis*, fig. 2.

semblables entre elles que les insectes adultes, vivent et se développent dans des galles. Eh bien, ces galles diffèrent considérablement malgré les rapports si frappants qui existent entre les insectes auxquels elles sont dues.

Les galles du Cynips de Réaumur ne sont nullement chevelues ; toutes rondes et portées sur un pédicule comme de véritables fruits, leur surface est couverte d'épines minces et aiguës. Dire leur grosseur en la comparant à la grosseur connue de tel ou tel objet, me paraît au moins inutile ; regardez notre planche (1), elles sont représentées là d'une manière fidèle, vous en aurez par cette rapide inspection une idée plus nette que par une longue description.

Ces galles sont d'un vert grisâtre uniforme ; une fois l'automne passé, leur couleur s'assombrit, et leur dureté augmente ; elles prennent la teinte du bois ; leurs épines, souvent battues par le vent et frottées aux branches, s'émoussent et se brisent.

Ouvrons ces galles ; au centre il n'y a qu'une seule loge, qu'une seule larve ; bien rarement nous en avons vu deux ; dans ce cas les galles offraient vers le milieu un large sillon, indiquant la réunion de deux sujets, comme cela se remarque parfois dans certains fruits.

Les larves du Cynips de Réaumur sont véritablement pareilles à celles du Cynips du rosier ; nous ne saurions du moins signaler aucune différence. Elles se métamorphosent de même au printemps, et les insectes adultes paraissent aux beaux jours de mai.

Nous avons vu le Diplolepis du bédéguar sortir des galles du Cynips de Réaumur : l'insecte parasite, paraît-il, s'attaque à plusieurs espèces de Cynips, au moins à celles des rosiers.

Le Cynips de Réaumur est rare, si nous le comparons à l'espèce qui produit les bédéguars. Jamais nous ne l'avons rencontré sur les rosiers cultivés ; nous voyons ses galles sur des buissons d'églantiers.

Déjà, je l'ai dit, tous ces Cynips pourraient ne pas nous occuper ici ; leurs étranges productions, si fréquentes sur des arbustes si généralement admirés, nous ont engagé à leur consacrer quelques pages.

La planche 12 *bis* montre une branche d'églantier chargée de galles de Cynips de **Réaumur** (*Cynips Reaumurii*, Blanch.).

La figure 1, 1′, 1″, sont des galles de diverses grosseurs copiées exactement.

La figure 2 le Cynips très grossi.

La figure 2′ sa grandeur naturelle.

(1) Pl. 12 *bis*, fig. 1, 1′, 1″.

Le Cynips des feuilles de Rosiers.

Encore un Cynips; tout petit, même parmi les Cynips. Celui-ci n'a pas plus de 2 à 3 millimètres de long, il est noir comme les autres avec l'abdomen plus roux et les pattes pâles (1).

Nous l'appelons le Cynips des feuilles de rosier (*Cynips rosæ-foliarum*), les naturalistes ne s'en étaient pas encore occupés; quelquefois des églantiers sont couverts de centaines de galles; mais il ne s'est pas trouvé de Réaumur pour les observer.

Le petit Cynips, dont il est question à présent, ne dépose pas ses œufs sur les tiges, comme ses congénères des rosiers; il s'en prend aux feuilles.

A la fin de l'été, il est curieux d'observer les églantiers qui nourrissent cette espèce. Figurez-vous ces élégants arbrisseaux, souvent encore parés de leurs fleurs, dont toutes les feuilles, ou à peu près, sont chargées en dessus et en dessous d'excroissances, semblables à de petits fruits arrondis et tout vermeils (2).

Les galles du Cynips des feuilles sont grosses comme des pois fins, mais plus rondes; toutes petites elles sont d'un rouge incarnat; un peu plus grosses elles prennent une teinte vert-pomme, en conservant des espaces rouges; les plus grosses seules deviennent d'un vert tendre uniforme. Ces galles n'acquièrent jamais une grande dureté, aussi elles se rident, se flétrissent quand vient l'hiver.

Chaque galle est habitée par un seul individu, blotti dans sa loge parfaitement ronde (3). La larve est proportionnellement un peu plus allongée que celles des Cynips du rosier et de Réaumur, ses yeux sont rougeâtres (4). Elle subit ses transformations au printemps comme ses congénères. Nous n'avons pas eu l'occasion d'observer de parasites chez cette espèce, mais il n'est pas à croire qu'elle soit plus que les autres épargnée par les Chalcidides: l'occasion nous a manqué, c'est là tout.

Voilà donc trois espèces voisines d'un même genre, produisant sur les rosiers des galles fort différentes. En cherchant bien de tous les côtés, on en découvrira sans doute d'autres encore. Et, d'ailleurs, j'oubliais de vous le dire, Réaumur a remarqué, sur des églantiers, des galles aussi grosses que les Bédéguars; il n'a pas obtenu les Cynips, il s'est contenté de faire connaître les excroissances; celles-ci n'étant pas chevelues, moussues, comme les galles du Cynips du rosier, il les a appelées les galles

(1) Pl. 13, fig. 1.
(2) Pl. 13.
(3) Pl. 13, fig. 3.
(4) Pl. 13, fig. 2, 2'.

chauves. Nous n'avons pu réussir à rencontrer cette espèce, elle habite probablement des localités que nous n'avons pas explorées.

Ce serait déjà quatre espèces de Cynips, quatre sortes de galles pour les rosiers.

La planche 13 montre une branche d'églantier dont les feuilles sont chargées de galles du Cynips des feuilles de rosier (*Cynips rosæ-foliarum*, Blanch.).

La figure 1 est le Cynips très grossi.

La figure 1' sa grandeur naturelle.

La figure 2 sa larve très grossie.

La figure 2' une galle ouverte; on voit la larve dans son intérieur.

Les Lépidoptères dont les Chenilles rongent les Rosiers.

Nous avons vu les rosiers livrés aux dépradations de nombreuses espèces d'Hymenoptères; nous allons les voir exposés aux ravages d'espèces plus nombreuses encore de Lépidoptères. La plupart des familles de cet ordre, appartenant à la grande division des Nocturnes, ont des espèces qui dévastent les rosiers, les unes d'une manière habituelle, les autres d'une manière accidentelle.

Les Tordeuses ou Tortricides abondent dans une infinité de localités sur les arbustes si recherchés pour leurs admirables fleurs. Les Tinéides sont moins fréquentes, mais cependant on en voit quelques-unes. Les Phalènes ou Géomètres ont aussi divers représentants de leur groupe qui s'attaquent aux rosiers. Plusieurs Bombycides encore vivent très bien du feuillage de ces arbrisseaux, sans que ce soit, néanmoins, la nourriture spéciale d'aucun d'eux.

Les Tordeuses ou Tortricides des Rosiers.

De tous les Lépidoptères dont les chenilles dévastent les rosiers, les Tordeuses sont les plus préjudiciables; nous allons faire passer sous vos yeux, horticulteurs et amateurs, une assez longue suite de ces insectes, mais nous devrons nous attacher particulièrement à bien étudier quatre ou cinq d'entre eux. Ce sont les espèces qu'on peut regarder comme un fléau pour les jardins; les autres sont rares comparativement, leurs dégâts sont partiels; on en souffre parfois sur quelques points isolés, on souffre des dégâts exercés par les premiers sur presque tous les points. Nous avons déjà eu l'occasion de dire un mot des caractères des Tortricides. Les papillons sont toujours de petite taille; leur corps est grêle avec les ailes larges proportionnellement, leurs antennes sont amincies vers le bout, en manière de soie; leur bouche est pourvue d'une trompe assez développée et de palpes écailleux d'une assez grande dimension. Les chenilles des Tordeuses sont médiocrement allongées, très agiles, très vives, ondulant leur corps avec une extrême facilité quand elles sont inquiétées : elles ont dix pattes membraneuses, comme les chenilles des Papillons de jour et des Noctuelles. Quand elles deviennent communes, les chenilles des Tordeuses causent des dégâts énormes sur les plantes qu'elles dévorent, roulant les feuilles, ce qui leur a valu leur nom, ou les réunissant en paquets au moyen de fils qu'elles répandent de tous côtés; elles causent des dévastations qu'on ne parvient pas aisément à arrêter. Tout est bientôt perdu par ces insectes : fleurs, fruits, feuillages. Les rosiers vont en montrer des exemples.

La Penthine gentiane.

Dès le mois de mai, de petites chenilles d'un vert foncé, avec la tête noire, une plaque écailleuse de même couleur sur le premier anneau, et sur toutes les parties du corps de petits tubercules blancs surmontés d'un poil, sont, dans certains jardins, répandues à profusion sur les rosiers (1). Vers la fin de juin, ces chenilles ont pris tout leur accroissement; leur longueur est alors de 12 à 15 millimètres.

Les rosiers sont bien maltraités par plusieurs insectes; mais par aucun peut-être ils ne le sont autant que par les Tordeuses. Voyez ces arbustes envahis par les chenilles de la Penthine gentiane (*Penthina gentianana*) (2) : çà et là ce sont des feuilles isolées, repliées et attachées par des fils blancs; ailleurs ce sont, par le même procédé, des feuilles réunies en paquets. La poussière est retenue par ces fils, les feuilles attachées et rongées se fanent, se flétrissent, se dessèchent; elles jaunissent, et les arbustes présentent l'état le plus pitoyable.

Mais, sur ces arbustes dont les feuilles sont si maltraitées, il y a peut-être encore quelques boutons de roses paraissant sur le point de s'épanouir; tout espoir d'obtenir de belles fleurs n'est sans doute pas perdu. Avec un peu d'attention, considérez-les de près, ces boutons si avancés déjà; ils semblent à leur dernière période, arrêtés dans leur développement. Ah! voilà que vous apercevez les bords des pétales entr'ouverts, rongés et jaunis, que vous distinguez un trou profond; portez votre attention sur ce point, une chenille de la Penthine gentiane, à l'entrée de ce trou, montre sa tête, puis sort une partie de son corps (3). C'est fait de la fleur, elle est rongée au cœur; les bords de ses pétales sont coupés et aussitôt flétris, et comme lisérés de jaune. Tout

(1) Pl. 14, fig. 1, 1''.
(2) Pl. 14.
(3) Pl. 14, fig. 1'.

I.

rosier envahi par cette Tordeuse est promptement ravagé sur tous les points; les boutons, les fleurs s'il y en a, ne sont pas plus épargnés que les feuilles.

Au mois de juillet, les chenilles de la Penthine gentiane se transforment en chrysalides. En général, elles restent entre les feuilles où elles ont vécu; elles y sont protégées de façon à être à l'abri de la plupart des dangers venant de l'extérieur.

Les chrysalides de cette Tortricide sont ovalaires, d'un brun roussâtre plus ou moins foncé, avec tous les anneaux du corps garnis de rangées transversales de petites épines (1).

A la fin de juillet et au commencement d'août, a lieu l'éclosion des papillons. En quelques jours on les voit dans les jardins se répandre sur les rosiers ravagés par leurs chenilles; des chrysalides, dont il ne reste plus que la dépouille, se montrent souvent entre les feuilles (2) : elles ont été entraînées par les papillons dans leurs efforts pour se dégager au moment de leur éclosion.

La Penthine gentiane a environ 2 centimètres d'envergure, les ailes déployées (3) : c'est un petit Papillon dont les ailes antérieures sont brunes, striées de noir, de bleuâtre et de jaune, avec toute l'extrémité d'un jaune pâle, ornée de quelques points bruns, et les secondes ailes d'un gris foncé, ayant leur frange plus pâle.

Cette Tordeuse, paraît-il, n'a qu'une génération par an; les papillons femelles pondraient leurs œufs à la fin de juillet et au commencement d'août; mais il y a ici pour la plupart de ces petites Tortricides des détails qu'il n'a pas été encore possible d'observer. Nous n'avons pu réussir à trouver les pontes sur les feuilles; cependant on voit fréquemment les Papillons venir s'y poser. Selon toute probabilité, les jeunes chenilles éclosent vers la fin de l'été et commencent à hiverner dès cette époque, ainsi qu'on l'a constaté pour diverses autres espèces du même groupe; elles se réfugient sans doute sous les écorces, dans les fissures du tronc et dans toutes les cavités du voisinage, qui les abritent convenablement. La taille extrêmement exiguë de ces chenilles leur permet de se contenter d'espaces très restreints. Au printemps, les jeunes chenilles sortent de leurs retraites pour se répandre sur les tiges et les envahir de toutes parts, comme nous l'avons dit précédemment. La Penthine gentiane, de même que les autres Tortricides, est difficile à détruire, surtout quand les arbustes en sont extrêmement chargés; si quelques tiges seulement sont atteintes, le mieux, certes, est d'en faire le sacrifice, de les couper et de les brûler tout aussitôt; les chenilles étant détruites, on est sûr qu'elles n'iront pas se répandre sur de nouvelles branches après avoir ravagé les premières. Le mal étant trop général pour arrêter les chenilles dans leur marche, il faudrait avoir soin de surveiller le moment de leur transformation et ne pas hésiter à arracher les feuilles flétries ou desséchées entre lesquelles se trouvent les chrysalides. Ces

(1) Pl. 14, fig. 2' et 2''.
(2) Pl. 14, fig. 2.
(3) Pl. 14, fig. 3.

dernières sont beaucoup plus faciles à enlever et à détruire; le travail étant fait avec tout le soin nécessaire, on aurait à peu près la certitude de n'avoir pas à redouter le fléau l'année suivante.

Dans certaines localités, la Penthine gentiane est si abondante sur les rosiers, que l'on croirait volontiers que l'espèce est tout à fait propre à ces arbustes; cependant, selon divers auteurs, elle vit sur plusieurs autres plantes. Son nom indiquerait qu'elle a été trouvée sur la Gentiane; elle a été représentée aussi sur la Cardère ou *Herbe à foulon* (*Dipsacus*); mais il y a peu d'observations à cet égard, et le fait positif, c'est que la Penthine gentiane a une malheureuse préférence pour les rosiers.

Cette Tordeuse a un ennemi dans une petite dont la larve vit à ses dépens. Si vous avez sous les yeux un certain nombre de chenilles de la Penthine gentiane, examinez-les de près, vous ne manquerez pas d'en voir portant à leurs flancs un ou plusieurs petits points blancs. Si les horticulteurs avaient le temps de regarder les chenilles avec autant de soin, il faudrait leur conseiller de laisser vivre en paix les individus marqués de la sorte; ces individus ne deviendront jamais des Papillons; les points blancs attachés à leur peau sont les œufs de la petite Mouche; peu de jours, et les larves vont éclore; aussitôt nées, elles perceront la peau de la chenille et commenceront à dévorer son tissu graisseux.

Le ver de la Mouche a fini de croître à peu près en même temps que la chenille; le plus souvent le ver se transforme et la peau de la chenille sert d'abri à sa coque; mais quelquefois aussi la chenille a le temps de subir sa métamorphose, et c'est la chrysalide qui renferme la coque de la Mouche; la Mouche venant à éclore perce les deux enveloppes, entraînant plus ou moins sa coque hors de la dépouille de la chrysalide (1).

Cette Mouche est du genre Exoriste des entomologistes. Je ne vous tracerai pas, mes lecteurs, les caractères qui distinguent ce genre de la foule des genres établis parmi les Mouches; je préfère vous renvoyer aux détails représentés sur la planche (2), cela vous éclairera plus vite qu'une description et au moins aussi bien. L'insecte n'est guère plus gros que notre Mouche domestique : il est noir, avec la face revêtue d'un duvet argenté, tout le corps garni de poils noirs, et le bord postérieur de chacun des anneaux de l'abdomen couvert d'un duvet gris blanchâtre, brillant et soyeux, ce qui forme des bandes transversales argentées se détachant sur un fond noir. Cette espèce a reçu le nom d'Exoriste champêtre (*Exorista arvensis*, Meigen).

Très habituellement la Mouche champêtre fait périr un très grand nombre d'individus parmi les Tordeuses qui attaquent les rosiers, et principalement de la Penthine gentiane; pourtant je ne l'ai jamais vue assez abondante pour que la plupart des

(1) Pl. 18, fig. 4.
(2) Pl. 14, fig. 4.

funestes Tordeuses ne vinssent à bien. Le secours que les insectes parasites nous prêtent dans certains cas, comme nous l'avons déjà dit, ne suffit pas d'ordinaire pour nous préserver des ravages des insectes destructeurs; l'homme a toujours son rôle à remplir à cet égard, dès qu'il s'agit de plantes cultivées dans de vastes proportions.

La planche 14 montre une branche de rosier attaquée par la Penthine gentiane (*Penthina gentianana*). Plusieurs feuilles sont repliées, d'autres réunies en paquets au moyen de fils. Les boutons, parvenus au moment où ils devraient s'épanouir, ont leurs pétales rongés et déjà jaunes sur leurs bords. De celui qui est le plus avancé, nous voyons sortir une chenille, figure 1*, qui a percé la fleur en entier.

La figure 1 est une chenille qui n'a pas encore pris tout son développement; elle a quitté sa retraite et va se loger dans une autre feuille.

La figure 1*' est une chenille parvenue au terme de son accroissement.

La figure 1** est une feuille repliée et attachée par des fils qu'une chenille tend à écarter.

La figure 1' montre le contour de l'une des mandibules très grossie de la chenille.

La figure 1″, une de ses pattes écailleuses.

Sous le nᵒ 2, on voit une chrysalide un peu sortie de sa coque.

Sous le nᵒ 2′, la chrysalide isolée vue de profil.

Sous le nᵒ 2″, la même grossie, pour mettre en évidence les aspérités et les épines dont elle est couverte.

Le nᵒ 3 désigne le papillon au repos, de grandeur naturelle.

Le nᵒ 3′, le papillon dont les ailes sont étendues.

La Penthine ocellée.

Nous avons vu la Penthine gentiane détruisant les feuilles des rosiers et les boutons de rose; voici une espèce voisine (*Penthina ocellana*) qui s'en prend presque exclusivement aux boutons de roses. Moins commune que l'autre dans la plupart de nos jardins, elle est cependant assez abondante dans certaines localités; ses époques d'apparition et de métamorphoses sont les mêmes que celles de la Penthine gentiane. La chenille est d'un gris jaune, avec des lignes noirâtres sur le dos et sur les côtés, des raies transversales de la même couleur à la séparation des anneaux et une tache brune entre le septième et le huitième segments; sa tête, l'écusson du premier anneau et les pattes écailleuses sont noirâtres.

Au mois de juin, l'insecte se métamorphose en chrysalide, soit dans le bouton de rose flétri où il a vécu, soit en quelque endroit du voisinage. Cette chrysalide est d'un brun vert, plus jaune en arrière, avec des raies noires entre les anneaux.

A la fin de juin et durant le mois de juillet, on voit à l'entour des rosiers voltiger le Papillon, le soir et le matin, dans la plupart des jardins. La Penthine ocellée est plus généralement répandue que la Penthine gentiane; mais elle n'est presque jamais aussi abondante sur un même point.

Ce petit papillon a exactement la même taille que le précédent; ses premières ailes sont d'un brun noir depuis leur base jusqu'au milieu de leur longueur, de la même couleur à l'extrémité, d'un blanc roux dans la partie intermédiaire, avec trois taches d'un gris bleuâtre et une rangée de points formant une ligne transversale; ses secondes ailes sont d'un gris cendré uniforme; son corps est noirâtre, avec les palpes d'un jaune fauve et l'abdomen gris.

Pour la destruction de cette espèce, il faut prendre les mêmes soins que pour la Penthine gentiane. Nous avons vu que la Penthine ocellée s'attaquait d'une manière toute particulière aux boutons de roses; il importe donc d'examiner scrupuleusement tous les boutons. Il est facile en général de reconnaître ceux qui sont rongés par une chenille : si à l'extérieur rien ne décèle encore directement la présence de l'insecte rongeur, l'état des boutons atteints peut toujours être constaté; ces boutons grossissent peu, ils semblent se faner, ils tendent à s'incliner sur leur tige. L'horticulteur aperçoit bien là le bouton qui ne donnera pas de rose; alors, ce qu'il y a à faire au plus vite, c'est de couper tous ces boutons malades et de les brûler avant que les chenilles aient eu le temps de s'échapper. Cette opération sans doute ne sauve pas les roses pour le moment, mais elle préservera celles de l'année suivante. La Penthine ocellée, de même que la plupart des autres Tordeuses des rosiers, est attaquée souvent par la mouche qui détruit en grand nombre les chenilles de la Penthine gentiane; mais, nous le répétons, dans la plupart des cas c'est un secours tout à fait insuffisant.

L'Aspidie cynosbane.

L'Aspidie cynosbane est une petite Tordeuse dont l'aspect et les habitudes sont très semblables aux formes et aux habitudes des Penthines que nous venons de décrire; pourtant, dans les ouvrages des entomologistes, cette Tortricide n'est pas du même genre.

Les Aspidies ont proportionnellement les ailes un peu plus larges que les Penthines, avec la côte moins arquée au milieu et les palpes plus renflés au milieu. Vous voyez que ce sont des différences bien insignifiantes. On ne manque pas souvent non plus de se récrier sur le peu d'importance des caractères que présentent, comparés les uns aux autres, les genres établis et adoptés par les naturalistes; on est facilement disposé à croire que l'on pourrait fort bien se passer de tant de dénominations génériques. Il n'en est rien cependant : dans la classe des insectes les divisions étant prodigieusement multipliées, beaucoup de ces divisions comprennent encore de très longues séries d'espèces. Si l'on venait à trop les réduire, les déterminations spécifiques deviendraient, dans une foule de circonstances, presque impossibles.

Revenons à notre espèce. L'Aspidie cynosbane, comme les Tordeuses dont il vient d'être question, n'a qu'une génération par an; la chenille se montre au printemps, elle se métamorphose en chrysalide dans le cours du mois de juin, et le papillon paraît dans les derniers jours de ce même mois ou dans le commencement de juillet.

Ce papillon est de la même taille que les précédents (1); ses premières ailes sont d'un blanc laiteux, nuagées de gris plombé et ornées de trois taches brunes : la première située à la base, offrant des points plus foncés; la seconde placée vers le milieu, marquée de quelques petites lignes noires cernées de blanc, et la troisième occupant l'extrémité, divisée par une ligne blanchâtre, ondulée; en outre, la côte est d'un gris bleuâtre, entrecoupée par de petites lignes blanches et des points noirs. Ses ailes postérieures sont entièrement d'un gris pâle et luisant; le corps est lui-même de cette dernière nuance.

Comme on le voit, les ailes de l'Aspidie cynosbane sont fort élégamment variées de couleurs; mais ce détail intéresse moins les horticulteurs que les entomologistes.

La chenille est plus courte, d'une forme plus ramassée que celles des Penthines; elle est d'un brun vineux, avec une ligne dorsale plus foncée, la tête d'un jaune fauve, les pattes écailleuses noires, ainsi que l'extrémité du dernier anneau du corps. La peau semble comme plissée; elle porte de petits tubercules à peine visibles à l'œil nu, presque tous surmontés d'un poil.

Les habitudes de cette chenille sont tout à fait semblables à celles de la Penthine gentiane; elle enroule et ronge les feuilles, et elle attaque également les boutons dont elle ronge le cœur; pour se métamorphoser en chrysalide, elle demeure souvent entre les feuilles des rosiers maintenues par des fils soyeux; mais, dans une foule de cas, l'insecte va chercher un endroit plus abrité, forme une espèce de coque lâche, garantie par des feuilles, et là subit sa transformation. La chrysalide est ovoïde, entièrement brune et chargée de très petites aspérités.

L'Aspidie cynosbane se rencontre très habituellement dans nos bois, où sa chenille vit sur les églantiers (*Rosa canina*); mais souvent aussi nous l'avons vue en abondance dans divers jardins, où des arbustes étaient complétement abîmés par cette espèce. Quant aux moyens à employer pour arriver à sa destruction, ils sont les mêmes que ceux indiqués pour arrêter les ravages de la Penthine gentiane; ils sont les mêmes pour toutes les Tortricides ou Tordeuses qui attaquent les rosiers, tous ces insectes ayant des mœurs et des époques d'apparition semblables.

____

(1) Pl. 15, fig. 3.

La planche 15 montre une branche de rosier maltraitée par les chenilles de l'Aspidie cynosbane (*Aspidia cynosbana*, Frœlich), ou Aspidie de l'églantier ; des feuilles sont rongées ; plusieurs sont repliées et servent de retraite à des chenilles ; en même temps la plupart des boutons sont attaqués.

La figure 1 montre des chenilles qui grimpent après les tiges ; l'une d'elles a pris tout son accroissement, elle est sur le point de se métamorphoser.

La figure 2 est la chrysalide isolée, vue de profil.

La figure 3 est le papillon de grandeur naturelle.

La figure 4 représente de profil la tête du papillon très grossie pour mettre en évidence la forme des palpes et de la trompe.

L'Aspidie répandue.

L'Aspidie répandue (*Aspidia suffusana*, Dup.) est une espèce extrêmement voisine de la précédente. Le papillon est de la même taille, marqué de la même manière ; seulement les taches des ailes sont un peu plus roussâtres, la tache basilaire s'avance davantage dans l'Aspidie répandue.

Celle-ci n'est pas rare dans certaines parties de l'Allemagne et peut-être du nord de la France, où elle vit comme sa congénère ; mais nous ne l'avons jamais vue aux environs de Paris.

L'Aspidie de Udmann.

Cette espèce est commune, mais elle n'attaque pas les rosiers d'une manière très habituelle. Elle vit plus ordinairement aux dépens des framboisiers, des ronces et même des orties, aussi est-elle assez fréquente dans nos bois ; néanmoins on la voit dans quelques jardins où sa chenille vit aux dépens des rosiers.

Le papillon est des plus élégamment colorés ; il a environ 2 centimètres d'envergure ; ses premières ailes sont d'un gris marbré avec une tache médiane d'un brun rouge, cernée de blanc, une autre tache située vers le sommet, d'un gris foncé, traversée par une ligne oblique plus pâle, et, en outre, un grand nombre de lignes transversales, blanchâtres, ondulées, aboutissant toutes à la côte où elles sont séparées par une rangée de points bruns. Les secondes ailes sont d'un gris cendré uniforme.

La chenille de l'Aspidie de Udmann (*Aspidia Udmanniana*) ressemble beaucoup à celle de l'Aspidie apuesbane ; comme cette dernière elle est courte et assez épaisse. Dans son jeune âge, elle est d'un brun très obscur, mais quand son accroissement est presque achevé, elle est d'un brun terreux, et couverte de petites verrues surmontées chacune d'un long poil brun. La tête est noire, ainsi que les plaques du premier anneau et les pattes écailleuses.

Les chenilles de l'Aspidie de Udmann vivent réunies entre des feuilles ramassées en paquet. Au moment de la transformation, vers la fin de juin, chacune s'enveloppe d'un léger tissu soyeux qu'elle protége à l'aide de petites feuilles sèches. La chrysalide est brune, plus claire vers la partie postérieure avec l'extrémité garnie de plusieurs petits crochets.

On doit agir, à l'égard de cette espèce, comme pour les autres Tordeuses qui attaquent les rosiers; cependant, celle-ci ayant l'habitude de ronger les feuilles et de les réunir en paquet, plutôt que de dévorer les boutons, le mieux est de couper promptement les feuilles attaquées, en ayant soin de ne pas attendre le temps de la métamorphose; les chenilles quittant ordinairement la plante où elles ont vécu pour se transformer en chrysalides dans des endroits plus cachés. Cette opération est d'autant plus facile que les chenilles de l'Aspidie de Udmann vivent par familles. En enlevant un paquet de feuilles, on détruit d'une manière sûre un nombre d'individus assez considérable.

L'Argyrotoze de Bergmann.

Voici encore une Tordeuse funeste aux rosiers : c'est la plus petite, mais ce n'est pas la moins redoutable; elle est plus généralement répandue que toutes les autres.

Il n'y a pas d'horticulteur qui n'ait remarqué ce papillon tout délicat et tout paré de vives couleurs, que l'on voit se poser continuellement sur les rosiers à la fin de juin et durant la première partie du mois de juillet (1).

Il s'agit ici encore, parmi les Tortricides, d'un genre particulier, le genre Argyrotoze. Celui-ci se distingue à peine des vraies Tordeuses (*Tortrix*); il a été établi principalement en considération de la présence de lignes et de taches métalliques sur les ailes antérieures. Ce n'est là véritablement qu'un détail, mais le détail est facile à constater.

L'Argyrotoze de Bergmann (*Argyrotoza Bergmanniana*, Linné) ayant les ailes déployées ne présente pas une envergure de plus de 15 millimètres (2). Ses premières ailes sont d'un jaune soufre, avec une fine réticulation d'un rouge brunâtre et trois lignes transversales argentées, la première située près de la base, la seconde oblique, coupant l'aile obliquement, et la troisième longeant la frange; ses secondes ailes sont d'un gris noirâtre. L'abdomen est de cette dernière nuance; la tête et le corselet sont au contraire d'un jaune pâle.

Pendant le mois de juillet, le matin et le soir, l'Argyrotoze voltige dans la plupart des jardins, à l'entour des rosiers; le jour, les petits papillons demeurent immobiles,

(1) Pl. 16, fig. 7.
(2) Pl. 16, fig. 8.

Les Rosiers ___ L'Argyrotoza de Bergmann

Paris Imp. Gerny-Braz r. St Jacques 33.

à moins que le temps ne soit couvert : on les voit posés sur les tiges ou sur les feuilles,
et surtout à la face inférieure des feuilles. Si l'on vient à agiter les branches, les légers
insectes s'envolent aussitôt, mais c'est toujours pour aller se poser aussi près que
possible. Ces papillons nocturnes sont toujours gênés par l'éclat du jour.

Il est difficile de croire que les Argyrotozes ne pondent pas leurs œufs sur les rosiers
eux-mêmes; pourtant, il ne nous a pas été possible de les découvrir même dans les
endroits où les papillons se trouvaient en abondance.

Dans le but d'obtenir un meilleur résultat, nous avons entouré d'une gaze des
rosiers, en enfermant de grandes quantités d'Argyrotozes; nous n'avons pas été plus
 .eureux : suivant toute apparence, ces Tordeuses déposent leurs œufs dans les endroits
les mieux cachés. D'après ce que nous savons de plusieurs Lépidoptères du même
groupe, il est à croire que les chenilles éclosent peu de temps après la ponte, et
qu'aussitôt nées elles vont se réfugier sous les écorces, dans les fissures du bois, etc.;
la chenille sortant de l'œuf d'une Argyrotoze doit être d'une dimension assez exiguë
pour trouver facilement un abri.

Toujours est-il bien positif qu'aucune chenille ne se rencontre sur les feuilles des
rosiers après l'apparition des papillons; c'est seulement au printemps qu'on les voit
en nombre plus ou moins considérable envahir les arbustes et commencer leurs
dévastations.

La chenille de l'Argyrotoze de Bergmann (1) est d'un vert très pâle, avec la tête et
les pattes écailleuses d'un noir brillant, ainsi que deux plaques presque contiguës
occupant le premier anneau. On remarque des poils clair-semés dans toute la longueur
du corps. Quand approche le moment de la métamorphose, la chenille devient d'un
jaune pâle, parfois légèrement marbré de verdâtre.

Au printemps, les petites chenilles paraissent sur les jeunes pousses, qu'elles détruisent bientôt en rongeant et en enlaçant les feuilles nouvelles; plus tard, chaque
chenille va s'établir isolément, en roulant une feuille ou en rapprochant deux feuilles
ensemble; au moment de se transformer en chrysalide, elle tapisse de soie l'intérieur
de sa demeure. Vient-on à dérouler une feuille contenant une chrysalide, on trouve
celle-ci entourée d'un duvet blanc très moelleux.

En considérant les végétaux attaqués par des Tordeuses, ce qui attire l'attention
tout d'abord, ce sont les feuilles repliées ou enlacées; mais de tous côtés il y a des
feuilles rongées qui sont restées libres. Ces feuilles ont cependant été dévorées par les
Tordeuses. Quelquefois, surtout pendant la nuit, l'insecte fait une sortie, et, après
s'être nourri, regagne sa retraite ou s'en construit une autre. Dans le cours de son
existence aussi, la chenille change plusieurs fois de demeure. Lorsque la feuille qui lui
sert d'abri a été trop mangée, elle la quitte pour aller s'installer un peu plus loin; la

____

(1) Pl. 16, fig. 1 et 2.

I.   16

feuille, que de nouveaux fils ne viennent plus retenir, s'étend en offrant des échancrures plus ou moins profondes.

La chrysalide de l'Argyrotoze de Bergmann (1) est ovalaire ; d'abord presque jaune, elle devient ensuite d'un brun clair, et d'un brun foncé quelques jours avant l'éclosion de l'insecte adulte ; sur chacun de ses anneaux elle porte deux rangées d'épines, les unes très petites, les autres notablement plus longues ; à l'extrémité du corps elle est armée en outre de quelques crochets.

Une foule de chrysalides de Tordeuses sont pourvues d'épines et de crochets. L'utilité de ces armes se comprend aisément : logées entre des feuilles tapissées de quelques fils soyeux, ces chrysalides, au moyen de leurs épines, se trouvent solidement retenues ; lisses, l'agitation des branches suffirait, dans bien des cas, pour les faire tomber.

L'Argyrotoze de Bergmann est répandue dans une très grande partie de l'Europe ; partout elle exerce des dégâts dans les jardins où les rosiers sont abondants ; elle nuit surtout au feuillage, mais pourtant elle n'épargne pas non plus les boutons.

Cette espèce est peut-être plus facile à détruire que les autres Tortricides dont nous traitons dans ce chapitre. Ordinairement ses chenilles vivent isolées ; chacune est logée dans une feuille repliée. En procédant avec soin à l'enlèvement des feuilles qui servent de demeure aux Argyrotozes, on doit réussir à s'en débarrasser en grande partie sans qu'il en coûte une peine considérable. Nous le répétons, si tous les horticulteurs comprenaient ce qu'ils feraient d'utile en donnant une attention sérieuse aux insectes qu'ils ont à redouter pour leurs cultures, le mal diminuerait d'une manière bien appréciable : au lieu de ces légions de chenilles dévastatrices qui ruinent et qui souvent font périr les plus beaux arbustes, ils n'en verraient que quelques isolées, dès lors incapables de causer de graves préjudices.

La Mouche champêtre (*Exorista arvensis*) attaque les chenilles de l'Argyrotoze de Bergmann, comme celles des Penthines et des Aspidies ; mais, nous le savons, son secours est insuffisant.

Déjà, en plus d'une circonstance, j'ai conseillé aux horticulteurs et à tous les amateurs de songer sérieusement aux insectes nuisibles pendant l'hiver ; oui, pendant l'hiver, au moment où ils y pensent le moins. A cette époque, le travail nécessaire pour atteindre les espèces dévastatrices est en général plus facile, et les individus atteints sont détruits avant d'avoir pu causer aucun dommage. Ainsi, soyez-en sûrs, mes lecteurs, des centaines, des milliers de ces chenilles de Tordeuses, si petites qu'elles échappent à votre vue, sont réfugiées durant toute la mauvaise saison dans les fissures de l'écorce de vos rosiers ; eh bien, des lavages répétés du tronc et des principales branches, en employant quelque infusion de tabac ou d'autre substance âcre, suffiraient probablement pour détruire les jeunes chenilles qui deviendront si redoutables au prin-

(1) Pl. 16, fig. 6.

temps. On a pu sans inconvénient procéder avec un succès complet à l'échaudage des ceps de vigne ; s'il était possible de laver avec de l'eau chaude, pendant l'hiver, les troncs de rosiers sans qu'il en résultât d'effet fâcheux pour les arbustes, au printemps les jeunes pousses seraient épargnées, les boutons de roses ne seraient plus dévorés, les feuilles ne seraient plus enlacées de fils blancs, rongées et flétries, ou du moins ces accidents deviendraient comparativement tout partiels.

Quand on possède un beau jardin où s'étalent fièrement de beaux arbustes et de belles fleurs, le jour où l'on voit tout cela abîmé par une foule d'insectes, il y a de quoi regretter d'avoir négligé quelques soins qui eussent suffi pour empêcher tout ce mal.

La planche 16 représente une branche d'un rosier attaquée par l'Argyrotoze de Bergmann (*Argyrotoza Bergmanniana*, Linné). Des jeunes pousses sont rongées, les boutons sont attaqués, les bords des pétales sont coupés. Un grand nombre de feuilles sont repliées et plus ou moins dévorées.

La figure 1 est une chenille qui a pris tout son accroissement.

La figure 2 une chenille un peu plus jeune.

La figure 3 montre la tête très grossie de la chenille, vue en dessous pour mettre en évidence la forme des mâchoires et des palpes.

La figure 4 est l'une des pattes écailleuses très grossie.

La figure 5 est une chrysalide ouverte, tirée hors de sa loge ; le papillon en est sorti.

La figure 6 est une chrysalide isolée vue de profil.

La figure 7 est le papillon dans sa position naturelle pendant le repos.

La figure 8, le papillon représenté les ailes ouvertes.

La figure 9 montre une partie de la tête du papillon très grossie, pour mettre en évidence la forme des palpes.

L'Argyrotoze de Forskael.

Cette espèce nous arrêtera peu. Extrêmement voisine de l'Argyrotoze de Bergmann, elle en a les habitudes, les temps d'apparition, etc.; nuisible aux rosiers dans certaines localités, principalement dans le nord de la France et en Allemagne, elle est infiniment moins répandue que sa congénère. Nous ne l'avons jamais rencontrée dans les jardins des environs de Paris; si elle s'y trouve, c'est donc fort rarement. Dans les pays où elle cause des dégâts, on doit lui faire la guerre, comme nous l'avons prescrit à l'égard de l'Argyrotoze de Bergmann. Il suffit ici de dire les particularités de nature à faire reconnaître l'insecte.

L'Argyrotoze de Forskael a tout au plus la taille de sa congénère ; d'ordinaire, elle est même un peu plus petite. Le papillon est d'un jaune pâle ; ses ailes antérieures sont de cette nuance, finement réticulées de rougeâtre, avec une tache nébuleuse s'appuyant obliquement au bord interne, de laquelle part un trait brunâtre dirigé en sens contraire et aboutissant à la côte ; ses ailes postérieures ont la même teinte jaunâtre, mais elles ne présentent aucune réticulation.

La chenille de cette espèce ressemble extrêmement à celle de l'Argyrotoze de Bergmann : elle est également d'un vert pâle, avec la tête noire ; mais son corps est un peu plus grêle. Les auteurs paraissent du reste avoir fréquemment confondu les deux insectes.

La Tordeuse hépatique.

La Tordeuse hépatique (*Tortrix heparana*) n'est pas extrêmement répandue ; néanmoins elle abonde parfois dans certaines localités, où elle cause des dégâts tout aussi considérables que la Penthine gentiane, que l'Aspidie cynosbane, etc. Cette espèce paraît aux mêmes époques que ces dernières.

Le papillon présente une envergure de 20 à 25 millimètres (1) ; ses premières ailes sont d'un rouge brun qui rappelle la couleur du foie, de là le nom d'*hépatique* donné à cet insecte ; elles sont finement réticulées de brun plus foncé, traversées dans leur milieu par une bande oblique et marquées de deux taches du même ton, l'une à la base et l'autre appuyée à la côte près du sommet ; ses secondes ailes sont entièrement d'un gris obscur avec la frange plus pâle.

La chenille n'a été bien décrite que dans ces derniers temps ; les auteurs anciens l'avaient évidemment confondue avec quelque autre espèce. Cette chenille, longue de 2 centimètres (2), est d'un vert pâle plus ou moins nuancé de gris, avec la tête plus jaune, les plaques du premier anneau d'un vert luisant, ainsi que les pattes écailleuses ; elle porte, sur toutes les parties du corps, de petites verrues supportant chacune un poil blanc.

La Tordeuse hépatique est une espèce qui attaque à la fois les feuilles et les boutons. J'ai vu des rosiers chargés de boutons déjà presque entr'ouverts, dont pas un seul n'était épargné ; le cœur était dévoré, et bientôt après les pétales percés de trous (3). La chenille ronge également les feuilles, et se loge très habituellement dans une feuille repliée et retenue par des fils, à la manière des autres insectes du même groupe. Quand elle a pris tout son accroissement, elle se transforme en chrysalide soit dans la feuille repliée, soit dans le voisinage de l'arbuste, en s'entourant d'un léger tissu, protégé par des débris de feuilles desséchées.

La chrysalide de la Tordeuse hépatique est allongée, brune et couverte sur chaque anneau de petites pointes fines et aiguës (4).

(1) Pl. 17, fig. 3.
(2) Pl. 17, fig. 1, 1'.
(3) Pl. 17.
(4) Pl. 17, fig. 2.

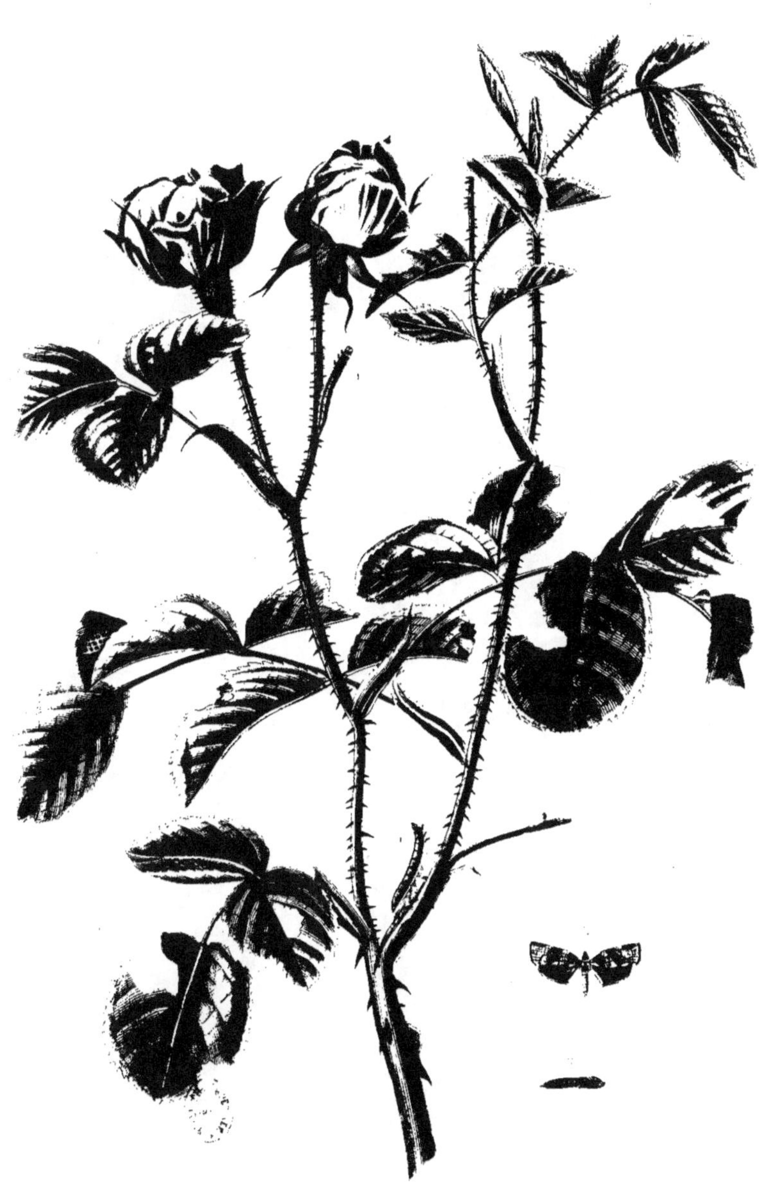

Pour cette espèce, comme pour les précédentes, il est évident que nous n'avons à notre disposition qu'un seul moyen de destruction; il faut couper dès le mois de juin les feuilles repliées et les boutons attaqués. Nous le répétons, en ne négligeant pas de faire ce travail avec soin, on arrive, d'une façon presque certaine, à préserver ses arbustes pour l'année suivante, et à empêcher le mal d'arriver à son terme durant l'année présente.

La planche 17 montre une branche de rosier attaquée par la Tordeuse hépatique (*Tortrix heparana*); les feuilles et les boutons sont également rongés; quelques feuilles sont repliées et servent d'abri à des chenilles.

Les figures 1 et 1′ sont des chenilles parvenues au terme de leur accroissement.

La figure 2 est la chrysalide vue de profil.

La figure 3 est le papillon vu les ailes étendues.

La Tordeuse lisse.

Voici une espèce que nous ne croyons pas très abondante en France, mais que les auteurs allemands citent comme l'une des plus nuisibles aux rosiers dans les jardins de l'Allemagne.

La Tordeuse lisse (*Tortrix lævigana*) ressemble beaucoup à la Tordeuse hépatique. Le papillon est de la même taille. Chez le mâle, les ailes antérieures sont arrondies vers le sommet; mais, chez la femelle, elles sont un peu falquées; dans les deux sexes elles sont d'un gris plus ou moins roussâtre, avec une réticulation brune, et trois bandes transversales plus ou moins larges, plus ou moins obscures, suivant les individus, et disparaissant quelquefois d'une manière totale chez la femelle. Les ailes postérieures sont grises, mais dans la femelle, et quelquefois dans le mâle, tout le sommet est jaune.

On trouve les chenilles de cette espèce durant le mois de juin; jeunes, elles vivent en société, réunissant pour se cacher toutes les feuilles de l'extrémité d'une tige, qu'elles enlacent de leurs fils. Elles sont d'une très grande vivacité; si elles viennent à être découvertes, elles se laissent, avec la plus grande prestesse, tomber jusqu'à terre, en se tenant néanmoins suspendues à un fil. Arrivées à une certaine période de leur accroissement, elles commencent à se loger, chacune de son côté, comme le font les autres Tordeuses. Ces chenilles sont d'un vert clair, couvertes de très petits tubercules surmontés d'un poil, avec la tête et la partie dorsale du premier anneau d'un brun foncé chez les jeunes individus, et d'un blanc clair teinté de verdâtre chez les individus parvenus au terme de leur croissance. Les pattes écailleuses sont d'un brun verdâtre, et les pattes membraneuses d'un vert clair.

Les chenilles de la Tordeuse lisse se transforment où elles ont vécu, c'est-à-dire entre les feuilles tapissées d'un léger tissu soyeux. La chrysalide est d'un brun clair, un peu lavé de vert ; son dernier anneau est allongé et supporte quatre langues crochues. Dix à quinze jours après la métamorphose en chrysalide, éclôt le papillon ; celui-ci se rencontre depuis la fin de juin jusque dans les premiers jours du mois d'août.

Le genre de vie de la Tordeuse lisse étant connu, il est permis de juger aisément l'instant propice pour combattre l'insecte dans les localités où il exerce des dégâts. Il est évident que si l'on détruit ces extrémités de tiges qui abritent une famille entière de jeunes chenilles, on arrivera promptement à un résultat bien autrement important que si l'on s'attachait plus tard à enlever soit les chenilles isolées, soit les chrysalides. Pour cette espèce, c'est donc dès le moment d'apparition des chenilles qu'il faut songer à la destruction de l'espèce nuisible.

La Tordeuse lisse, réputée très dangereuse pour les rosiers dans certaines localités, vit sur une foule de plantes diverses, comme les groseilliers, les aubépines, les bouleaux, les trembles, les tilleuls mêmes, les chèvrefeuilles et les menthes ; c'est donc un insecte essentiellement polyphage.

Les Tinéides des Rosiers.

Pour certains végétaux, les Tinéides ne sont pas moins préjudiciables que les Tordeuses. Pour les rosiers, c'est autre chose ; quelques Tinéides seulement vivent sur ces arbustes et ne semblent pas se trouver jamais en assez grande masse pour causer de véritables dégâts.

Les Tinéides, dont nous avons déjà eu l'occasion de parler en traitant des insectes qui ravagent les lilas, les chèvrefeuilles, etc., sont les plus petits des Lépidoptères. Les papillons se reconnaissent à leurs longs palpes redressés, à leurs antennes en forme de soies, à leurs ailes étroites ordinairement garnies d'une longue frange. Souvent ces ailes, d'une délicatesse inouïe, brillent d'un singulier éclat, des nuances ou des taches d'aspect métallique les rendent extrêmement jolies.

A l'état de chenilles, les Tinéides ressemblent beaucoup aux Tordeuses : elles ont le même nombre de pattes, seulement d'ordinaire ces pattes sont très courtes ; mais leurs habitudes sont fort différentes. Les chenilles des Tinéides recherchent davantage encore l'obscurité ; beaucoup d'entre elles vivent dans l'épaisseur des feuilles, de là le nom de *Mineuses*, qu'on leur donne habituellement ; d'autres se logent entre deux feuilles qu'elles rapprochent au moyen d'un tissu soyeux, d'autres se construisent des fourreaux qu'elles portent avec elles. Rien de plus varié que les mœurs des chenilles de Tinéides. Ces insectes ne s'attaquent pas simplement au feuillage des arbustes, ils s'en prennent à toutes les substances. On sait trop combien certaines espèces de cette famille sont dangereuses pour les grains, pour les pelleteries, les vêtements, etc.

Les Tinéides observées sur les rosiers sont peu nombreuses, si nous les comparons aux Tordeuses, et aucune d'elles n'est abondamment répandue ; aussi ne ferons-nous pour ainsi dire que les mentionner. On cite parmi ces Tinéides qu'on rencontre parfois sur les rosiers, une espèce du genre Incurvaria, genre que l'on reconnaît à des antennes pectinées dans les mâles, à un front très velu, à des ailes antérieures dont la côte est légèrement arquée et dont la frange est assez courte, etc.

L'espèce a reçu le nom d'Incurvaria courageuse (*Incurvaria masculella*, Denis et Schifferm.), je ne saurais dire pourquoi ; c'est un tout petit papillon ayant un centi‑ mètre et demi d'envergure ; ses ailes antérieures sont bronzées avec deux taches triangulaires blanches, l'une au milieu du bord externe, l'autre à l'extrémité.

On le voit voltiger durant le mois de mai dans les buissons de rosiers, mais il se rencontre également le long des haies d'aubépine et même dans les bois. La chenille est grisâtre ; elle se construit, comme toutes ses congénères, un fourreau avec de petits fragments de feuilles maintenues par un tissu soyeux ; pour se déplacer, elle ne sort que la partie antérieure de son corps, transportant son abri comme un colimaçon porte sa coquille.

Cette chenille vit sur une infinité de plantes, comme l'anémone des bois, le mouron, etc. ; ce n'est donc qu'accidentellement qu'on la trouve sur le rosier. A l'automne, elle se laisse tomber à terre, et se cache sous des feuilles mortes ; fermant l'entrée de son fourreau, elle y subit sa transformation en chrysalide. Une autre de ces Tinéides, dont les chenilles se confectionnent des fourreaux, est signalée par M. Macquart comme vivant sur les rosiers : c'est une espèce du genre Coléophore, genre reconnaissable à des antennes simples dont l'article basilaire est garni en dessus d'un pinceau de poils, et des ailes antérieures longues lancéolées et terminées par une longue frange, etc. Cette Tinéide a été nommée le Coléophore plume de rossignol (*Coleophora lusciniæpennella*, Treitsch.). Le papillon n'a pas plus de 12 à 14 mil‑ limètres d'envergure ; ses premières ailes sont d'un brun doré uniforme, et ses secondes ailes d'un brun noirâtre.

La chenille se tient dans un fourreau étroit de couleur sombre, revêtu à l'extérieur d'espèces de poils jaunâtres. Cet insecte vit d'ordinaire sur le saule marceau ; sa présence sur le rosier est donc purement accidentelle.

Il en est de même sans doute de quelques autres Tinéides qui appartiennent à un genre désigné par les entomologistes modernes sous le nom de *Lyonetia*. Il a suffi d'avoir pris les papillons sur des rosiers pour qu'on les ait regardés comme vivant sur ces arbustes dans leur premier état.

Les Lyonéties sont au nombre des plu spetits Lépidoptères; en général, leur envergure n'est que de 6 à 7 millimètres; leurs ailes sont extrêmement étroites, presque linéaires; leur tête est surmontée d'une touffe de poils ; dans l'état de repos, les yeux de l'insecte sont recouverts par le premier article des antennes.

Les chenilles vivent en mineuses du parenchyme des feuilles.

Mais voici une Tinéide que chacun a pu voir dans les jardins, se posant sur les rosiers; elle est du genre Ptérophore. Ptérophore : ce nom veut dire qui porte des plumes; en effet, les Lépidoptères auxquels est échue cette dénomination semblent avoir pour ailes de petites plumes délicieusement frangées ; les ailes antérieures en forment deux, et les ailes postérieures trois. Les Ptérophores ont des antennes filiformes dans les deux sexes, un corps très long, des pattes grêles munies d'ergots.

Les chenilles de ces étranges Lépidoptères ont seize pattes comme celles des autres Tinéides, mais elles sont velues ou pubescentes et d'une forme assez ramassée. Par une singulière exception, parmi les Lépidoptères nocturnes, les chenilles des Ptérophores ne se forment aucune coque, aucun abri pour subir leur transformation en chrysalides; elles se suspendent à nu, absolument comme le font les chenilles de papillon de jour. Les chrysalides sont allongées et comme hérissées de poils.

Des espèces assez nombreuses de ce genre nous n'en avons qu'une seule à citer, c'est le Ptérophore rhododactyle (*Pterophorus rhododactylus*, Fabr.). Le papillon présente une envergure de près de 2 centimètres. Ses premières ailes, divisées à l'extrémité en deux parties, sont d'un brun ferrugineux dans leur plus grande étendue. Vers le bout elles deviennent d'un roux vif, avec une ligne blanche séparant les deux teintes et quelques taches près du bord interne et près du sommet également blanches. Ses secondes ailes ont les trois divisions qu'on remarque dans ce genre, ces divisions ayant un peu la forme de spatule; du reste leur couleur est d'un roux ferrugineux avec la troisième plume lisérée de blanc.

Ce Ptérophore voltige à la fin de juin et au commencement de juillet. On ignore où il dépose ses œufs et le moment d'éclosion des chenilles. On n'observe celles-ci qu'au printemps, sur les rosiers des jardins aussi bien que sur les églantiers ; ce sont seulement les boutons qu'elles attaquent. Mais dans notre pays le Ptérophore rhododactyle est si peu commun, que nous n'avons pas besoin d'insister longuement sur son histoire. La chenille de cette espèce est d'un vert jaunâtre et ornée d'une raie dorsale d'un vert plus foncé passant au rouge sombre vers les deux extrémités. Tout son corps est revêtu d'une fine pubescence, parsemée çà et là de quelques longs poils. Pour se transformer, elle se suspend, soit à une feuille, soit à une tige; la chrysalide est allongée, d'un vert pâle ; sous son enveloppe, on distingue déjà la forme des ailes dont le contour est marqué de deux lignes obscures.

Le Ptérophore rhododactyle nous a paru trop remarquable pour être passé sous silence, puisque c'est le plus souvent dans les jardins qu'on le rencontre ; mais d'un autre côté, il nous a semblé qu'il suffisait de le mentionner, car nulle part nous n'avons vu de graves dégâts commis par cette espèce.

Les Phalénides ou Géomètres des Rosiers.

Les chenilles des Phalènes, ou les Géomètres, que nous avons déjà eu l'occasion de faire connaître en termes généraux, sont rares sur les rosiers.

En réalité, il n'y a pas de Géomètres des rosiers : quelques espèces se rencontrent parfois sur ces arbustes, mais ce sont, pour ainsi dire, des individus égarés et toujours isolés ; ils ne peuvent donc causer de préjudice sensible, et dès lors il n'y a guère lieu de s'en occuper longuement. Les rosiers occupent une place si importante dans tous les jardins, qu'il est bon de mentionner même les espèces qui s'y trouvent accidentellement.

Une remarquable Phalénide, appartenant au genre Phalène proprement dit (genre *Amphidasis* des entomologistes allemands), genre que l'on reconnaît à un corps fort épais, à une tête petite paraissant enfoncée dans le thorax, et à des antennes pectinées, vole quelquefois dans les jardins : c'est l'Amphidasis du bouleau (*Amphidasis betularia*, Linné). Les ailes de cet insecte sont d'un blanc laiteux et parsemées d'une multitude de petits points noirs formant des lignes transversales sinueuses ; en outre les antérieures sont ornées de cinq taches noires rangées le long de la côte. Chez la femelle, l'envergure des ailes dépasse quelquefois 6 centimètres, mais chez le mâle elle est ordinairement de moitié moindre.

Le papillon paraît en mai et en juin; du mois de juillet au mois d'octobre on rencontre la chenille, qui vit habituellement sur le bouleau, le saule, le peuplier, le chêne et l'orme plus particulièrement. Quelquefois elle se trouve sur les rosiers, mais c'est rare. La chenille de l'Amphidasis du bouleau est longue, avec les trois premiers anneaux un peu renflés; elle porte quatre petites verrues grises ou blanches : deux d'entre elles sont placées sur le huitième anneau, les deux autres sur le onzième. Quant à la couleur de cette chenille, rien n'est plus variable : tantôt elle est d'un jaune d'ocre, tantôt d'un vert jaunâtre avec une ligne dorsale ferrugineuse, tantôt d'un gris cendré, tantôt d'un brun jaune, et enfin de toutes les nuances intermédiaires. Le moment venu de sa transformation, elle descend de l'arbrisseau, s'enfonce dans la terre, ne forme pas de coque, mais une simple loge dans laquelle elle subit sa métamorphose. La chrysalide, terminée en arrière par une assez longue pointe, est entièrement d'un brun marron luisant. L'insecte parfait éclôt au printemps.

Quelques autres chenilles de Phalénides peuvent vivre sur les rosiers, mais elles s'y trouvent plus accidentellement encore que l'Amphidasis du bouleau. De ce nombre est l'Himère plume. Les espèces du genre Himère ont le corps assez mince, les ailes amples et légèrement dentelées, les antennes plumeuses chez les mâles, la trompe assez longue et les palpes plus courts que la tête. L'Himère plume (*Himera pennaria*, Fabr.) est un papillon d'au moins 4 centimètres d'envergure ; ses ailes antérieures, d'un rouge-brique finement pointillé de brun chez le mâle, tirent vers le gris pâle chez la femelle ; mais dans les deux sexes elles présentent toujours au sommet une tache partie noire et partie blanche, et au centre un point noir placé entre deux lignes transversales flexueuses ; les ailes postérieures, plus pâles que les ailes antérieures, offrent aussi un point vers le milieu, et au-dessous une ligne ondée, toujours l'un et l'autre très peu marqués.

C'est particulièrement au printemps qu'on rencontre ce papillon ; au milieu de l'été on trouve sa chenille : celle-ci est d'un gris brunâtre, marbré de brun et de blanc, avec deux taches rougeâtres sur le premier anneau et deux petites pointes charnues de même couleur sur l'avant-dernier.

La chenille de l'Himère plume vit accidentellement sur les rosiers ; elle se trouve ordinairement sur le chêne et sur le charme ; elle s'enfonce dans la terre pour se métamorphoser en chrysalide et y passer l'hiver.

Il est inutile de signaler ici en particulier les autres Phalénides qu'on peut observer par hasard sur les rosiers : les chenilles de ces lépidoptères vivent à peu près toutes de la même manière ; elles rongent les feuilles et elles se transforment en chrysalides dans la terre, au pied des arbustes où elles ont vécu.

En aucun cas, croyons-nous, les Géomètres ne sont bien préjudiciables aux rosiers, les horticulteurs n'ont donc guère à s'en occuper ; mais pourtant le travail que nous avons prescrit dans le but de détruire les espèces vraiment nuisibles, c'est-à-dire le raclage pendant l'hiver de la terre au pied des arbustes, permet d'enlever sans difficulté les chrysalides des Phalénides en même temps que les chrysalides et les nymphes d'une foule d'insectes autrement redoutables.

Les Bombycides des Rosiers.

Pour en finir avec les lépidoptères dont les chenilles s'attaquent en plus ou moins grand nombre aux rosiers, il faut signaler encore à l'attention des horticulteurs et des amateurs quelques espèces de la famille des Bombycides. Il en est de celles-ci comme des Phalénides, aucune n'est particulière aux rosiers ; ce sont quelques espèces polyphages, abondantes sur divers végétaux, qu'on rencontre quelquefois sur les arbustes de nos jardins. Ce n'est donc pas là qu'ils exercent de bien grands ravages.

La chenille du grand Paon de nuit (*Attacus pavonia major*, Linné) se rencontre comme par hasard sur les rosiers. Tout le monde connaît le grand Paon de nuit, ce géant des lépidoptères de l'Europe. Le papillon n'a pas moins de 12 centimètres d'envergure ; ses ailes sont d'un gris cendré, noirâtre à l'extrémité avec une bordure d'un gris blanchâtre ; les antérieures sont ornées vers leur centre d'un cercle noir, surmontant une tache oculaire dont la prunelle, presque transparente, est en forme de croissant, et l'iris d'un fauve obscur bordé de blanc.

Ce beau papillon paraît à la fin de mai et au commencement de juin ; il est peu de personnes qui n'aient eu l'occasion de le voir à cette époque de l'année. Au mois de juillet et au mois d'août on rencontre sa chenille sur différents arbres : elle abonde fréquemment sur les ormes de nos routes ; elle vit également sur les frênes, les aunes, les poiriers, les pommiers, les pruniers, les amandiers, et parfois même sur les rosiers. Cette chenille est d'un beau vert-pomme avec des tubercules d'un bleu d'azur surmontés de poils noirs terminés en boutons. Quand approche l'instant de se métamorphoser, sa belle couleur verte passe au jaune terne ; alors elle se file une coque un peu en forme de poire, composée d'une soie très forte et agglutinée au moyen d'une quantité considérable de matière gommeuse. L'insecte choisit des corniches de murailles, des séparations de branches d'arbres pour y établir sa coque. La chrysalide est massive et entièrement d'un brun foncé. Le papillon n'éclôt qu'au printemps suivant.

Ici il y a un petit fait d'histoire naturelle trop curieux pour ne pas le citer. Bien des personnes ont souvent conservé des coques de grands Paons dans le but d'en voir sortir le papillon, et plus d'une a remarqué que le papillon quelquefois n'était éclos qu'au bout de deux ans, de trois ans, ou même davantage. L'insecte qui a filé son cocon au mois d'août doit normalement en sortir sous la forme de papillon au mois de mai suivant : c'est ce qui a lieu pour la grande majorité des individus, cependant les exceptions sont fréquentes. Vous avez une chrysalide de grand Paon. Les premiers jours de mai ont été chauds, le papillon est sur le point d'éclore, mais soudain survient un abaissement de température : c'en est fait, l'insecte n'éclora pas ; son apparition, au lieu d'être retardée de quelques jours, comme cela arrive pour la plupart des insectes, est retardée pour lui d'une année. Que l'année suivante les mêmes phénomènes de température se reproduisent, ce sera encore un retard d'une année. Enfin nous avons eu des individus dont l'éclosion ne s'est effectuée qu'au bout de cinq années, et l'on cite des cas où des grands Paons sont demeurés sous la forme de chrysalides durant sept années. Chose singulière, c'est cette longue vie du papillon renfermé dans son enveloppe de chrysalide, quand son existence à l'état de liberté se prolonge à peine durant un mois.

Si les chenilles du grand Paon de nuit peuvent être nuisibles dans les jardins, c'est moins, avons-nous dit, aux rosiers qu'aux arbres fruitiers ; du reste, on sent combien il est facile d'enlever des insectes aussi volumineux que ceux-ci, et combien il est plus facile encore pendant l'hiver de découvrir ces énormes coques attachées soit aux murs, soit aux branches d'arbres.

Un autre insecte de la famille des Bombycides, appartenant au genre Lasiocampe, caractérisé par des palpes avancés figurant une sorte de bec, et par des ailes dentelées, est assez fréquent dans les jardins : c'est le Lasiocampe feuille-morte. Mais c'est là encore une espèce qui attaque rarement les rosiers ; elle vit d'ordinaire sur les arbres fruitiers, c'est donc ailleurs que nous aurons occasion d'en faire l'histoire un peu détaillée. Qu'il nous suffise ici de dire que le Lasiocampe feuille-morte, bien connu du reste d'une foule de personnes, est un papillon dont les ailes, très dentelées et d'environ 5 à 6 centimètres d'envergure, sont entièrement d'un brun ferrugineux, qui, à l'insecte, a valu à juste titre le nom sous lequel on le désigne.

La chenille se montre dès le printemps ; elle a acquis tout son développement vers la fin de juin ; elle se fait remarquer par sa taille qui atteint 10 à 12 centimètres, par sa forme aplatie, sa couleur grise, les longs poils dont sont revêtus les côtés de son corps, et la présence d'un double collier bleu. Cette chenille se file une coque mince entre les feuilles. L'insecte adulte paraît au bout de vingt ou vingt-cinq jours. Les petites chenilles naissent peu de jours après la ponte, mais à cette époque elles ne prennent aucune nourriture. Chaque individu s'assure tout de suite d'une retraite dans les fissures des écorces et des murailles pour commencer à hiverner, malgré la température élevée des derniers jours du mois d'août et du commencement de septembre. Pour cette espèce comme pour bien d'autres que nous avons déjà signalées, on voit donc toute l'utilité du lavage des écorces et du nettoyage des murailles.

Il y a un Bombycide de petite taille qui vit bien plus fréquemment sur les rosiers que les précédents, c'est l'Orgyie antique (*Orgyia antiqua*, Linné), que Geoffroy, le vieil historien des insectes des environs de Paris, appelle l'*étoilée*. Le papillon n'a pas plus de 3 centimètres d'envergure ; ses ailes sont d'un brun marron uniforme, avec deux bandes transversales obscures fortement sinuées, la seconde se terminant à l'angle interne par une bande blanche ; mais cette description se rapporte seulement au mâle. La femelle ressemble peu à un papillon ordinaire : elle est privée d'ailes, ou du moins n'en a que des moignons extrêmement courts ; son corps est épais, mou, d'un gris terne, avec une ligne dorsale plus pâle.

Le papillon vole communément au mois de juin et une seconde fois durant l'automne. Ce sont les œufs qui passent l'hiver ; aussi voit-on les chenilles dès le printemps ; on rencontre celles de la seconde génération pendant les mois de juillet et d'août.

Rien de plus curieux et de plus élégant tout à la fois que les chenilles de l'Orgyie antique. Elles présentent des faisceaux de poils : les uns, courts, forment des brosses dorsales ; les autres, longs, ressemblent à des antennes et à une queue. Le corps est noir ou d'un brun très obscur ; la tête est garnie de poils jaunes ; le premier anneau porte de chaque côté un tubercule roux surmonté d'une longue aigrette ou pinceau de poils noirâtres élargis vers le bout comme de petites spatules. Le onzième anneau offre au milieu une semblable aigrette dirigée en arrière. Tous les anneaux ont en outre deux rangées latérales de tubercules rougeâtres surmontés d'une petite étoile de poils gris ou jaunes; les quatrième, cinquième, sixième et septième portent chacun une brosse formée de poils très serrés, tantôt blanche, tantôt grise, plus souvent jaune. Chacun, à coup sûr, a remarqué ces singulières chenilles; elles sont communes sur les feuilles des rosiers, mais elles le sont bien davantage encore sur une foule d'autres végétaux, particulièrement les arbres fruitiers, les peupliers, les tilleuls, etc. : aussi aurons-nous l'occasion de parler ailleurs plus longuement de leurs dégâts.

La chenille de l'Orgyie antique se file, pour subir sa transformation, une coque lâche blanchâtre, entremêlée de ses poils, qu'elle établit soit entre les feuilles, soit contre les murs. La chrysalide est noirâtre, velue, avec les anneaux du ventre verdâtres en dessous.

Les coques de cette espèce étant en général assez faciles à voir, on doit chercher avec soin à les enlever avant la sortie des papillons.

Les chenilles de l'Orgyie antique sont loin d'être rares sur les rosiers, dont elles rongent le feuillage; cependant, comme il n'arrive presque jamais qu'un même arbrisseau soit chargé d'un grand nombre d'individus, leurs dégâts sont d'ordinaire de peu d'importance.

Ceci s'applique également à un Bombycide qui cause sur d'autres végétaux des dommages très considérables, particulièrement sur les ormes : le Zigzag (*Liparis dispar*, Linné), comme on le désigne vulgairement. Pendant l'été on voit en abondance le papillon dans certaines localités; le mâle a des ailes grises, et la femelle des ailes blanches avec des lignes transversales noirâtres fortement ondulées. Ces papillons abondent à la fin de juillet et au commencement d'août; les femelles déposent leurs œufs très ordinairement sur des troncs d'arbres : ces œufs, réunis en paquets et recouverts d'une matière soyeuse roussâtre, ressemblent à de l'étoupe ou à de l'amadou. Les œufs passent l'hiver, et au mois de mai éclosent les chenilles, qui atteignent leur entier développement en juillet. Alors les chenilles du *Liparis zigzag* ou *dispar* ont de 6 à 7 centimètres de long; elles sont d'un brun noir vermiculé de gris, principalement sur le dos; tous les anneaux du corps portent de gros tubercules garnis de longs poils roides de couleur roussâtre; ces tubercules sont bleu sur les cinq premiers anneaux, et d'un rouge ferrugineux sur tous les autres.

Les chenilles du Zigzag se filent, pour se transformer en chrysalides, un réseau extrêmement mince et souvent fort imparfait, qu'elles établissent dans les crevasses des écorces d'arbres, sous les corniches de murailles, dans des excavations, etc. L'insecte adulte se montre au bout de quinze à vingt jours.

Il est fréquent de voir de ces chenilles sur les rosiers, dont elles dévorent les feuilles, mais presque toujours isolées; elles causent rarement à ces arbustes de grands dégâts. Au reste, comme nous le montrerons en parlant d'autres cultures, en ayant soin d'enlever pendant l'hiver les plaques d'œufs qu'il est très facile de voir sur les troncs et les branches d'arbres, on peut parvenir à se débarrasser du Liparis zigzag, qui est souvent un véritable fléau dans les vergers et sur les arbres des routes et des forêts.

Enfin, nous signalerons encore un Bombycide plus rare que les précédents, dont la chenille se rencontre parfois sur les feuilles des rosiers, bien qu'elle vive ordinairement sur les ormes, les chênes, les hêtres, les bouleaux, etc. : c'est le Pygère bucéphale (*Pygœra bucephala*, Linné). Comme chez toutes les espèces de son genre, les ailes de ce papillon nocturne sont assez longues et médiocrement larges, les antennes sont pectinées, la tête est petite et l'abdomen allongé. Le Pygère bucéphale a une envergure d'environ 4 centimètres 1/2 ; ses ailes sont grisâtres, les premières ornées de deux bandes transversales ferrugineuses et d'une tache terminale d'un blanc jaunâtre. Ce papillon paraît au printemps ; la chenille se montre durant tout l'été, elle a pris sa croissance entière au commencement de l'automne. Elle est allongée, un peu flasque, velue, d'une teinte généralement noirâtre, vermiculée de jaune rose, avec des bandes jaunes longitudinales plus ou moins marquées et plus ou moins interrompues, suivant les individus ; la tête est très grosse, noire, avec deux lignes jaunes formant un V. Sur le point de se métamorphoser, cette chenille entre en terre et s'y construit une loge ; la chrysalide, d'un brun noir luisant, est terminée par deux petites pointes.

Le Pygère bucéphale est de la catégorie des espèces qu'on doit chercher à détruire à l'état de chrysalide par le raclage de la terre, que nous avons déjà recommandé d'exécuter pendant l'hiver ; mais, nous le répétons, cette espèce est peu dangereuse pour les rosiers. On rencontre des individus isolés sur les feuilles de ces arbustes, principalement dans les départements du nord de la France ; mais nous ne croyons pas qu'ils se montrent nulle part en nombre assez considérable pour causer des dommages sérieux.

Les Coléoptères qui attaquent les Rosiers.

Les Coléoptères sont loin d'être aussi redoutables pour les rosiers que certains hyménoptères et que certains lépidoptères. Ceux qui vivent aux dépens de ces arbustes ne sont pas nombreux, et encore ce sont les insectes adultes, toujours beaucoup moins à craindre que les larves qui viennent y chercher leur nourriture.

Les coléoptères dont l'histoire doit être tracée ici appartiennent presque tous à la grande famille des Scarabéides, qui a pour types principaux le Scarabée, le Hanneton et la Cétoine, insectes ayant pour caractères communs d'avoir des antennes courtes, insérées dans une cavité sous les bords de la tête et terminées par une massue formée de plusieurs lamelles par le prolongement des articles, et d'avoir aussi des tarses tou-

Les Rosiers. —— La Cétoine dorée.

jours composés de cinq articles. Qui, au reste, ne connaît parfaitement les types que nous venons de citer? Ils ont une assez grande taille ; ils sont abondants presque partout ; chacun est familiarisé avec la vue de ces insectes.

La Cétoine dorée.

Parmi les Scarabéides, on distingue les Cétoines à leurs antennes formées de dix articles, dont les trois derniers constituent la massue, aux pièces de leur bouche qui sont membraneuses, aux crochets de leurs tarses qui sont simples et égaux, et enfin à la présence d'une pièce, sorte d'épaule, qui est visible entre les élytres et la base du corselet.

Tous les ans, dans les jardins, vous voyez en abondance, surtout durant les mois de mai et de juin, un insecte assez gros qui présente les caractères que nous venons d'indiquer. Il est d'une belle couleur vert doré, avec de petites lignes blanches irrégulières traversant ses élytres. Quand il vole au soleil, son corps entier brille d'un superbe éclat métallique et de reflets chatoyants. Chacun a remarqué cet insecte mille et mille fois : c'est la Cétoine dorée (*Cetonia aurata*, Linné). A en juger d'après quelques écrits de l'antiquité, c'est à cette espèce surtout que s'appliquait chez les Grecs le nom de Mélolonthe, qui, dans la langue des naturalistes modernes, est devenu la dénomination générique du Hanneton. Aristophane nous l'apprend, les enfants de la Grèce ancienne s'amusaient du Mélolonthe doré comme les enfants de notre pays s'amusent aujourd'hui du Hanneton commun : l'idée d'attacher un fil à la patte de l'insecte martyrisé date de beaucoup plus de vingt siècles.

La Cétoine ne vole pas comme le Hanneton, comme volent la plupart des coléoptères. Ceux-ci écartent leurs élytres en même temps que leurs ailes ; la Cétoine soulève légèrement ces élytres pour étendre ses ailes, mais ses élytres ne s'écartent pas. Observez la Cétoine qui vient se poser sur une fleur (1), vous reconnaîtrez ce singulier genre de vol.

Que recherchent-elles dans les jardins, ces Cétoines dorées? Tout simplement les plus belles fleurs, quelquefois les pivoines, presque toujours les roses. Il y a des propriétaires de jardins qui me disent qu'elles préfèrent les roses blanches ; il y en a d'autres qui m'assurent qu'elles recherchent davantage les roses cent feuilles ou même les roses rouges, comme le Géant des batailles. J'ai examiné un peu partout, et mon opinion est que les Cétoines dorées aiment assez indifféremment toutes les roses.

Demandez à l'horticulteur, à l'amateur, si ces beaux insectes verts lui paraissent

(1) Pl. 22, fig. 2.

très nuisibles ; sa réponse sera probablement négative. En effet, de la part de ces coléoptères il n'y a rien à redouter de semblable aux dégâts que causent, ou les Tenthrèdes, ou les Pyralides ; ils ne peuvent amener le dépérissement des arbustes, ni provoquer la flétrissure des feuilles ou l'avortement des boutons : ils n'arrivent qu'au moment où les fleurs sont épanouies, et ils ne rongent que les pétales.

La Cétoine, avec ses mandibules et ses mâchoires d'une assez faible consistance, entame aisément ces délicates parties de la fleur, tandis qu'elle serait impuissante à couper des feuilles.

Ainsi c'est à cela que se réduisent les dégâts occasionnés par les Cétoines, quelques fleurs plus ou moins rongées vers le cœur. C'est peu sans doute, surtout si l'on considère la beauté de l'insecte dont la couleur resplendit si bien sur les nuances des roses.

Cependant, dans les localités où les Cétoines abondent, beaucoup de fleurs sont rapidement endommagées. Chacun verra si dans son domaine le dégât est assez considérable pour que la chasse lui semble nécessaire. Dans ce cas, rien de plus facile : les Cétoines ont un volume qui permet de les saisir sans difficulté ; elles demeurent longtemps posées sur les fleurs, où l'on peut s'en emparer sans grande peine.

Du reste, comme la plupart des insectes adultes, ces coléoptères consomment peu de nourriture, et ce sont ici les adultes qui s'attaquent à nos plantes d'ornement.

Nous pourrions ne pas aller plus loin dans l'histoire de la Cétoine, puisque c'est sous sa dernière forme seulement que nous la rencontrons sur nos végétaux cultivés, mais il est bon néanmoins que chacun sache où l'insecte passe ses premiers états ; c'est essentiel, surtout pour l'un des types les plus répandus. La Cétoine dorée, en effet, habite à peu près l'Europe entière ; elle habite aussi toute l'Asie Mineure et le nord de l'Afrique, et pourtant elle est la même dans ce vaste espace qui comprend au moins 30 degrés en latitude. Çà et là, principalement dans les contrées les plus méridionales, elle présente de légères variétés de couleur, elle prend quelques teintes ou plus violacées ou plus noirâtres, mais c'est bien toujours la Cétoine dorée.

La larve de la Cétoine est un gros ver blanchâtre légèrement courbé sur lui-même, avec la tête d'apparence cornée et de couleur roussâtre, ainsi que les pattes (1). Elle ressemble extrêmement à la larve du Hanneton commun, que l'on désigne d'ordinaire sous le nom de *ver blanc*, sous le nom de *man*, dans quelques localités ; mais sa tête est proportionnellement beaucoup plus petite que chez cette dernière, ses pattes sont plus courtes, et le dernier anneau de son corps supporte une petite pointe qui n'existe pas dans la larve du Hanneton.

La Cétoine dorée, à l'état adulte, vit au grand soleil, sur les fleurs ; à l'état de larve, elle vit cachée dans la terre ou au milieu des détritus végétaux qui lui servent d'ali-

(1) Pl. 22, fig. 3.

ment. Tantôt on la trouve dans des terres chargées de parcelles végétales décomposées, tantôt dans de vieux troncs complétement pourris ou au pied d'arbres morts, tantôt encore dans des fourmilières. Parvenue à toute sa croissance, chaque larve se forme une coque ovalaire à parois épaisses pour s'y transformer en nymphe. Formée de grains de terre et d'une foule de détritus agglutinés au moyen d'un liquide que l'insecte a la propriété de sécréter, cette coque est rugueuse et plus ou moins inégale au dehors; au dedans au contraire, elle est toujours parfaitement lisse (1).

La nymphe retrace déjà toutes les formes de l'insecte adulte, seulement sa couleur est d'un blanc jaunâtre qui s'obscurcit dans le temps où la Cétoine est sur le point de sortir de son enveloppe (2).

La durée de la croissance de la larve de Cétoine est-elle bien longue? C'est ce que nous ne savons pas au juste; probablement elle est de plus d'une année, peut-être de trois ans, comme pour la larve du Hanneton, mais sur ce point l'observation manque.

La planche 22 montre une rose attaquée par la Cétoine dorée (*Cetonia aurata*, Linné).

Sous le n° 1 on voit la fleur rongée au cœur par deux individus, quelques pétales sont déjà plus ou moins entaillés.

La figure 2 montre une Cétoine pendant le vol.

La figure 3 est la larve de grandeur naturelle, vue de profil.

La figure 4 est la coque qui a été ouverte pour mettre en évidence la situation dans laquelle se trouve la nymphe.

La figure 5 est la nymphe isolée vue en dessus.

La figure 6 est la même vue en dessous.

Les autres Cétoines qui fréquentent les roses.

La Cétoine dorée n'est pas, parmi les Cétoines, la seule espèce que nous rencontrions sur les roses. Il y en a deux autres aux environs de Paris, comme dans tout le centre et le nord de l'Europe; il y en a davantage dans les régions méridionales.

Commençons par les espèces qui sont fréquentes dans notre pays; elles vivent exactement comme la Cétoine dorée.

Il suffit donc maintenant de les signaler.

L'une d'elles est la Cétoine hérissée (*Cetonia hirtella*, Linné), petit coléoptère long de 10 à 12 millimètres, aplati en dessus, d'une teinte noirâtre sale avec quelques petites marques blanchâtres sur les élytres, et des poils longs, d'un gris fauve, répandus sur tout le corps. La Cétoine hérissée abonde non-seulement en France, mais aussi en Allemagne, en Russie, en Italie, en Sicile, en Algérie.

(1) Pl. 22, fig. 4.
(2) Pl. 22, fig. 5 et 6.

L'autre espèce, un peu plus petite que la précédente, est d'un noir à reflets cuivreux, légèrement poilue, avec un grand nombre de petites taches blanches répandues sur les élytres et le corselet. C'est la Cétoine pointillée (*Cetonia stictica*, Linné), beaucoup plus commune encore que la Cétoine hérissée, non-seulement dans toute l'Europe, mais aussi dans l'Asie Mineure et le nord de l'Afrique.

Ces deux insectes, comme la Cétoine dorée, rongent souvent les pétales des roses, mais leur préférence est moins marquée ; ils se jettent sur une infinité de fleurs, et dans les champs il est très ordinaire de les rencontrer en masses sur les fleurs de chardons et sur les ombelles.

Dans tout le midi de la France, quelques espèces voisines de la Cétoine dorée recherchent également les roses. Ce sont : la Cétoine marbrée (*Cetonia marmorata*, Fabr.), un peu plus grande que notre espèce commune, entièrement d'une couleur bronzée luisante, avec le corselet et les élytres vermiculés de blanc ; la Cétoine florentine (*Cetonia florentina*, Herbst.), plus grande aussi que la Cétoine dorée, d'un vert cuivreux, sans taches sur les élytres, avec le dessous du corps et souvent la tête d'un pourpre violacé ; la Cétoine voisine (*Cetonia affinis*, Andersch), entièrement d'un vert éclatant, sans marques sur les élytres, avec des reflets d'or et souvent des reflets bleus. Enfin nous citerons encore la Cétoine morion (*Cetonia morio*, Linné), espèce d'une forme plus ramassée que les précédentes, totalement d'un noir brunâtre, un peu velouté, avec quelques atomes blanchâtres disséminés sur les élytres.

Tous ces coléoptères ont des habitudes tout à fait analogues à celles de la Cétoine dorée ; ils paraissent à la même époque de l'année ; ils passent leurs premiers états dans les mêmes conditions, l'histoire de l'un d'eux est l'histoire de tous les autres

Le Trichie abdominal et le Trichie à bandes.

Les Trichies sont des insectes qui appartiennent à la même division entomologique que les Cétoines ; ils réunissent la plupart des caractères de ces derniers, mais ils en diffèrent par leurs élytres sans échancrure humérale, de façon que chez eux la petite pièce toujours visible dans les Cétoines se trouve complétement cachée.

Les Trichies dont nous avons à parler ici sont au nombre de deux. L'un est extrêmement commun dans notre pays et dans une grande partie du centre de l'Europe : c'est le Trichie abdominal (*Trichius abdominalis*, Schmidt) (1). Il a environ 12 millimètres de long ; son corps est noir, mais tout revêtu d'une fine villosité d'un gris jaunâtre ; ses élytres sont d'un beau jaune vif, relevé par trois taches transversales d'un noir

(1) Pl. 21, fig. 1.

velouté qui n'atteignent pas la suture; son ventre présente deux taches jaunes sur un fond noir : c'est là ce qui lui a valu son nom spécifique.

Vous avez vu la Cétoine dorée fouillant les roses et coupant les pétales ; de même vous voyez le Trichie à peu près dans la même saison. On ne peut non plus lui imputer de grands dommages ; quelques fragments de pétales déchirés, c'est là le seul mal qu'il cause.

Nous avons observé le Trichie abdominal durant les premières phases de son existence. L'insecte alors ressemble sous tous les rapports à la Cétoine : sa larve a absolument la même forme (1); elle est plus petite naturellement, puisque l'adulte a une taille bien inférieure à celle de la Cétoine, mais le port, la coloration, tout est pareil. La larve du Trichie cependant ne se trouve jamais dans des matières terreuses ; elle vit dans des arbres morts, dans des bois employés dans des constructions de jardins, etc. Toujours cachée, elle creuse des espèces de galeries ; arrivée au temps de sa métamorphose, elle réunit au moyen d'une matière agglutinante les parcelles et la poussière du bois qu'elle a enlevées, et se construit ainsi une sorte de coque grossière et friable.

La nymphe (2) indique déjà les formes de l'insecte adulte, sa couleur est un ton jaunâtre pâle.

L'autre Trichie que nous voulons mentionner se trouve aussi en France, mais il est surtout répandu dans les régions montagneuses, comme la Suisse, et dans le nord de l'Europe : c'est le Trichie à bandes (*Trichius fasciatus*, Linné). Il ressemble extrêmement au précédent, mais son duvet est moins serré et d'une nuance plus grise, et les bandes ou taches transversales de ses élytres, à l'exception de celle du milieu, s'étendent jusqu'à la suture.

Du reste, les deux espèces ont des habitudes analogues. Dans les jardins où ces insectes se montrent en trop grande abondance, il est très facile de s'en débarrasser, en les saisissant sur les fleurs, ce qui n'est ni bien long, ni bien difficile.

Le Gnorime noble.

C'est là encore un vrai Trichie; le genre Gnorime se distingue à peine par le chaperon plus large et les jambes antérieures courbées dans les mâles. Quoi qu'il en soit de ces détails, le Gnorime noble (*Gnorimus nobilis*, Linné) est un fort bel insecte qui aime les roses, absolument comme les Cétoines et les Trichies. Il est moins commun que ces derniers, et pourtant dans certaines localités il est loin d'être rare.

Le Gnorime noble (3) est long de 15 à 16 millimètres; il est en dessus d'un vert

(1) Pl. 21, fig. 2.
(2) Pl. 21, fig. 3.
(3) Pl. 21, fig. 4.

éclatant, mais plus foncé que le ton vert doré de la Cétoine ; en dessous il est d'un rouge cuivreux ; son corselet offre des sillons longitudinaux ; ses élytres sont rugueux et tachetés de blanc, ainsi que le ventre.

Ce coléoptère passe ses premiers états dans les mêmes conditions que les Trichies ; sa larve, qui présente les mêmes caractères, vit aussi dans les vieux bois, dans les troncs pourris, etc.

Le Phylloperthe des Jardins.

Il s'agit encore ici d'un Scarabéide, mais d'un Scarabéide d'une autre division que les précédents ; celui-ci est de la tribu des Mélolonthines, c'est-à-dire du groupe des Hannetons. Les entomologistes le regardent comme le type d'un genre particulier, le genre Phylloperthe, que l'on reconnaît à la forme carrée de la tête, aux antennes composées de neuf articles, dont les trois derniers constituent la massue, aux crochets des pattes antérieures, qui sont inégaux, etc.

Le Phylloperthe des jardins (*Phyllopertha horticola*), chacun le connaît, chacun l'a vu mille fois sur les fleurs et l'a qualifié de petit Hanneton. Il n'a pas plus de 8 à 10 millimètres de longueur ; il est d'un vert cuivreux foncé, avec ses élytres striés et d'un brun clair (1).

Le Phylloperthe des jardins peut être réputé l'un des insectes les plus communs, non-seulement en France, mais même dans une grande partie de l'Europe. A l'état adulte il vit à la manière des Cétoines et des Trichies, mais d'ordinaire ses dégâts sont beaucoup plus sensibles. Armé comme tous les Mélolonthines ou Hannetons, de mandibules et de mâchoires solides et dentées, il coupe les pétales des fleurs avec une extrême rapidité. Ensuite il est rare de voir à la fois sur une même fleur ou sur les fleurs d'un même arbuste un grand nombre de Cétoines ou de Trichies ; au contraire, il est fréquent de voir sur une seule rose quinze, vingt Phylloperthes, ou davantage encore, la rongeant en même temps. Dans plusieurs grands jardins, dans quelques parcs, j'ai vu des roses et des églantines presque entièrement dévorées par cette espèce. En moins d'une journée les plus belles fleurs se trouvaient à peu près détruites. Le Phylloperthe des jardins cause des dégâts ailleurs encore, il détruit souvent les fleurs des arbres fruitiers ; tout en paraissant avoir une préférence bien marquée pour les fleurs, il attaque néanmoins le feuillage de différents arbustes. En résumé, c'est un insecte que les horticulteurs ne doivent pas négliger de poursuivre.

Sous sa première forme il vit exactement comme vit le Hanneton commun. La larve du Phylloperthe a tout à fait l'apparence d'un jeune *ver blanc ;* toujours cachée dans la terre, elle ronge les racines d'une foule de végétaux ; on la rencontre souvent dans

(1) Pl. 21, fig. 5.

des plants de choux. En Allemagne, un observateur auquel on doit un beau travail sur les insectes nuisibles aux forêts, M. Ratzeburg, la signale comme attaquant les racines des pins. Arrivée au moment de sa transformation, la larve du Phylloperthe des jardins se forme une petite loge, dans laquelle la nymphe demeure jusqu'à l'éclosion de l'insecte adulte.

D'après le genre de vie de notre insecte, il n'est pas facile, on le voit, de détruire les larves ; sans doute on ne saurait trop recommander à ceux qui bêchent la terre de recueillir toutes les larves de Scarabéides dont le type leur est toujours bien connu par le *ver blanc*. Mais ceci est insuffisant. Il est plus aisé de récolter les Phylloperthes dans les jardins, où ces coléoptères se tiennent habituellement immobiles sur les fleurs et sur les feuilles, surtout pendant le jour ; c'est le matin et le soir qu'ils volent de tous côtés. Le Phylloperthe des jardins se montre dès le printemps, et il n'est pas rare de le rencontrer jusque vers la fin de l'été. Dans les localités où il abonde, on arriverait bientôt à s'en débarrasser en consacrant quelques instants à lui faire la chasse.

Le Phylloperthe champêtre.

Le Phylloperthe champêtre (*Phyllopertha campestris*, Latr.) a les mêmes habitudes que le précédent, mais il est beaucoup moins répandu. Il habite particulièrement le centre de l'Europe, quelques parties de la France, de l'Allemagne, la Suisse, etc. Un peu plus large que le Phylloperthe des jardins, il est noir ou d'un noir bleuâtre , avec ses élytres striés et ornés de deux bandes jaunes transversales arquées et dentelées, et souvent d'une tache de même couleur sur l'épaule. Ce que nous avons dit de son congénère nous dispense d'entrer dans plus de détails à l'égard de celui-là.

L'Anomala oblongue.

Pour ne rien passer sous silence touchant les Scarabéides qui rongent les roses, il faut mentionner encore les Anomalas. Ce sont de jolis coléoptères revêtus de couleurs métalliques éclatantes ; d'ordinaire ils sont verts, avec des reflets plus ou moins cuivreux, plus ou moins dorés. Leurs caractères les éloignent très peu des Phylloperthes, mais leur corps est plus convexe, plus ovalaire ; leurs mandibules sont plus obtuses, etc.

L'Anomala oblongue (*Anomala oblonga*, Scopoli, ou *Anomala Julii*, Duftschm.) a 15 à 18 millimètres de long ; elle est très ponctuée, d'un vert brillant, avec la tête et le corselet un peu cuivreux, les élytres striés, etc. (1). Cette coloration est la plus

(1) Pl. 21, fig. 6.

ordinaire; mais notre insecte offre d'assez nombreuses variétés ; parfois son corselet et ses élytres offrent une bordure jaunâtre ; dans d'autres cas il devient totalement bleuâtre ou noirâtre.

Cette espèce est commune dans la plus grande partie de l'Europe; elle attaque différents végétaux : il n'est pas rare de la rencontrer sur des roses où elle se comporte de la même manière que les Scarabéides dont il a été question précédemment. A l'état de larve, l'Anomala oblongue vit comme les Phylloperthes. Toutes ces larves se ressemblent entre elles à un si haut degré, qu'il est fort difficile même de préciser leurs caractères distinctifs.

La planche 21 montre des roses attaquées par le Trichie, le Gnorime, le Phylloperthe et l'Anomala.

La figure 1 est le Trichie abdominal (*Trichius abdominalis*).

La figure 2, sa larve.

La figure 3, sa nymphe.

La figure 4 est le Gnorime noble (*Gnorimus nobilis*, Linné).

La figure 5, le Phylloperthe des jardins (*Phyllopertha horticola*, Linné).

La figure 6, l'Anomala oblongue (*Anomala oblonga*, Scop., ou *Anomala Julii*, Duftschm.).

Les Hémiptères qui attaquent les Rosiers.

Parmi les insectes de l'ordre des Hémiptères, plusieurs portent de graves préjudices aux rosiers, mais les plus redoutables sont les Pucerons : on a à souffrir de la présence de ces hôtes incommodes dans la plupart des jardins et dans tous les pays où les rosiers sont cultivés. Après eux viennent les Coccinides, dont nous avons déjà parlé en traitant des fusains; ce sont des hémiptères qui se développent particulièrement sur les vieux pieds. Puis ce sont les Cicadelles, qui, en piquant les feuilles sur tous les points pour humer la séve, rendent les arbustes malades ; et enfin ce sont quelques-uns de ces hémiptères dont une partie des ailes est coriace, qui piquent les tiges et font souvent avorter les boutons. On le voit, chacune des grandes divisions de la classe des insectes fournit son contingent d'espèces nuisibles aux rosiers.

Le Puceron du Rosier.

Au chapitre des Chèvrefeuilles, nous avons exposé les faits généraux concernant les Pucerons; nous avons dit comment ces insectes se reproduisaient, montré combien leurs générations se succédaient avec rapidité. Il y a là des détails sur lesquels il n'est pas besoin de revenir.

Le Puceron du rosier (1) (*Aphis rosæ*, Linné) n'a pas plus de 3 millimètres de long; il est d'un vert foncé. Le mâle est souvent presque noirâtre; ses antennes sont noires; ses pattes sont vertes ou brunâtres, avec la partie inférieure des jambes et les tarses souvent noirs et les articulations blanches. Enfin, chez les individus complets, les ailes, très grandes relativement à la dimension du corps, sont diaphanes, légèrement irisées, avec les nervures d'un vert pâle. Je me dispense de décrire la direction de ces nervures, ceci n'étant pas nécessaire pour faire reconnaître l'espèce; d'ailleurs la figure que l'on en trouvera dans notre Atlas rend ces détails inutiles.

Parmi les Pucerons, il n'y en a peut-être pas de plus commun que l'espèce du rosier, et cela se conçoit, la culture des rosiers étant des plus répandues. Cet insecte est donc extrêmement préjudiciable; il s'attache aux tiges en nombre considérable (2), se fixe habituellement à la base des boutons et les fait avorter dans la plupart des cas. Les tiges chargées de pucerons s'appauvrissent avec une rapidité extrême; elles se durcissent peu à peu, et fréquemment elles finissent même par se dessécher. Aussi tout horticulteur doit-il s'attacher scrupuleusement à détruire ces insectes. Nous l'avons dit, jusqu'à présent on ne connaît rien de préférable aux lavages fréquents, en employant pour ces lavages des décoctions de plantes âcres qui ont l'avantage de faire périr les insectes sans altérer la plante.

Les Pucerons peuvent être regardés à bon droit comme un fléau pour toutes nos cultures, et cependant combien d'ennemis leur font une guerre acharnée! que d'insectes en consomment pour leur nourriture d'énormes quantités! Ces insectes rendent d'importants services, bien que leur secours soit encore insuffisant. Il importe que chacun sache distinguer l'espèce qui lui est utile de celle qui lui est nuisible; il est donc indispensable ici de faire l'histoire des insectes qui poursuivent sans cesse les espèces dangereuses pour nos végétaux.

Souvent, sur les plantes chargées de Pucerons, vous avez vu, attachés aux feuilles, des filaments grêles terminés par un corps ovoïde (3). Ces filaments d'ordinaire sont d'un vert tendre ou blanchâtres. A les considérer, on croirait volontiers avoir sous les yeux une végétation parasite, une sorte de cryptogame; aussi telle était l'idée que s'en étaient formée les anciens observateurs. Il a fallu des investigations attentives pour reconnaître la vérité; c'est vers le commencement du siècle dernier que l'on a définitivement reconnu que ces corps étranges étaient les œufs de certains insectes.

Dans l'ordre des Névroptères, cet ordre qui a pour type les Libellules, comme les appellent les naturalistes, ou les *Demoiselles*, comme chacun les nomme, il y a un petit groupe d'espèces, les Hémérobiites, dont les larves, pour la plupart, font la guerre aux Pucerons. Ces Hémérobiites appartiennent à la grande famille des Myrméléonides dont

(1) Pl. 19, fig. 2 et 3.
(2) Pl. 19, fig. 1.
(3) Pl. 19, fig. 4.

le type est l'insecte si connu sous le nom vulgaire de *Fourmi-lion*. On les reconnaît à leurs antennes en forme de soie, à leur tête petite et arrondie; à leurs ailes assez larges, relativement à leur longueur, toujours très réticulées; à leur abdomen médiocrement long, etc. Parmi ces Hémérobiites, nous considérons simplement ici les espèces du genre Hémérobe proprement dit, qui se distinguent des espèces des genres voisins par leur tête dépourvue de petits yeux lisses entre les gros yeux composés placés sur les côtés de la tête, et par leurs ailes d'une forme régulière, ne présentant aucune dilatation.

Dans notre pays, il existe un certain nombre d'espèces de ce genre, et toutes ces espèces ont des habitudes analogues; cependant je citerai d'abord l'une d'elles, la plus commune, ou au moins l'une des plus communes parmi toutes.

L'Hémérobe perle (*Hemerobius perla*, Linné) (1) a le corps long de 10 à 12 millimètres, entièrement d'un vert tendre, quelquefois tirant sur le jaunâtre; les yeux d'un vert doré éclatant; les ailes de 3 à 4 centimètres d'envergure, entièrement diaphanes, irisées, avec leurs nervures d'un vert pâle.

Les Hémérobes ont des formes gracieuses et une assez jolie coloration; mais vient-on à les toucher, ils exhalent une odeur repoussante: c'est là sans doute un moyen pour éloigner leurs ennemis. Ils ont été remarqués si souvent, qu'ils ont un nom vulgaire: on les appelle les *Demoiselles terrestres*, par opposition aux *Demoiselles de rivage*, dont les larves vivent dans les eaux. Leurs générations n'ont pas été rigoureusement suivies, mais nul doute qu'ils n'en aient plusieurs dans le cours d'une année; on voit les insectes adultes et les larves durant la plus grande partie de la belle saison.

Les femelles viennent pondre leurs œufs à la face inférieure des feuilles, dans le voisinage des tiges garnies de Pucerons. L'insecte retient son œuf à l'extrémité de son corps, au moyen de deux appendices; il le pose en partie contre la feuille, puis le tire aussitôt à une certaine distance avant de l'abandonner. Une liqueur visqueuse a été répandue au moment de l'expulsion de l'œuf; se coagulant et se solidifiant avec une extrême rapidité, elle s'est constituée en un long fil par suite du mouvement opéré par l'Hémérobe. La femelle recommence le même manége pour autant d'œufs qu'elle a à pondre; de là ces petits bouquets que nous observons sur diverses plantes, et notamment sur les rosiers (2).

Peu de jours après la ponte, les petites larves éclosent en sortant par le bout supérieur de leur œuf; c'est comme une sorte de petit couvercle qui se détache. Après l'éclosion, ces œufs, qui restent fixés aux feuilles, semblent plus étranges encore qu'auparavant: leur couleur a disparu, ils ressemblent à de microscopiques fleurs blanches.

(1) Pl. 19, fig. 7.
(2) Pl. 19, fig. 4.

Voilà nos petites larves d'Hémérobes dispersées vers les tiges ; elles se nourrissent avec tant d'avidité, qu'elles augmentent rapidement de volume ; elles ont l'apparence de petits Fourmilions, mais leur corps est plus élancé, leur tête est moins aplatie, leurs pattes sont proportionnellement un peu plus longues. Comme les Fourmilions, elles ont des mandibules extrêmement longues, un peu arquées à l'extrémité.

La larve de l'Hémérobe perle est d'un gris rosé, avec de petites lignes brunâtres ; sur les côtés du corps elle est garnie de faisceaux de poils très courts (1).

Observez ces larves avec attention : vous en verrez fréquemment au milieu des Pucerons qui couvrent les tiges des rosiers ; arrêtées, elles semblent un instant guetter leur proie, puis écartant leurs grandes mandibules, elles saisissent leur victime, puis c'est au tour d'une autre, puis d'une autre, car leur voracité est extrême. Réaumur, qui savait si bien peindre les faits relatifs à l'histoire des insectes, a appelé les larves des Hémérobes, les *Lions des Pucerons*. Très ordinairement ces insectes ne se montrent pas à nu ; ils rejettent sur leur corps de petits détritus, des dépouilles de Pucerons, des filaments de toutes sortes, et s'en font une couverture destinée à masquer leur présence et à protéger leur peau molle contre la trop grande chaleur du soleil. L'instinct de ces frêles créatures est toujours chose merveilleuse.

Parvenus au terme de leur croissance, les Lions des Pucerons se filent une coque soyeuse pour y subir leur transformation en nymphes. L'observateur, considérant la taille de l'Hémérobe, s'étonne de la petite dimension de sa larve ; mais il s'étonne davantage encore de la petitesse de la coque. En effet, cette coque d'où sortira un insecte assez long et pourvu de grandes ailes, est de la grosseur d'un pois (2) ; blanche ou jaunâtre, elle est formée d'une soie fine ayant un peu l'apparence de celles des araignées. Cette coque reste attachée, tantôt aux feuilles ou aux tiges, tantôt au pied de la plante. La nymphe contenue dans cette étroite demeure n'offre aucune particularité ; elle est mince et verdâtre, retraçant déjà les formes de l'insecte adulte. Celui-ci naît environ une quinzaine de jours après la transformation de la larve.

L'Hémérobe perle recherche souvent les Pucerons du rosier, mais il est loin d'être exclusif dans sa nourriture. Il dépose ses œufs assez indifféremment sur tous les végétaux attaqués par les mêmes insectes ; on le rencontre souvent sur les arbres fruitiers.

Une espèce bien voisine de celle-ci est l'Hémérobe chrysops (*Hemerobius chrysops*, Linné) ; elle en diffère néanmoins d'une manière notable par sa coloration. Son corps est varié de noir et de vert, ses antennes sont brunes, ses pattes tachetées de noir, ses ailes diaphanes avec leurs nervures vertes et le réseau noir ; ses yeux sont aussi d'une belle couleur d'or qui a valu à l'insecte son nom spécifique. Cet Hémérobe n'est pas moins commun que le précédent dans les jardins ; sa larve, très semblable à celle

(1) Pl. 19, fig. 5.
(2) Pl. 19, fig. 6.

I.

de l'Hémérobe, est un peu moins grise, ordinairement d'un rose pâle, varié de jaune. Elle fait de même un terrible carnage de pucerons, particulièrement de ceux du rosier.

Enfin, parmi ces névroptères si utiles, il existe encore quelques espèces auxquelles il faut au moins accorder une mention : ce sont des Hémérobes plus petits que les précédents, d'une couleur grisâtre, mais dont les habitudes sont les mêmes. Leurs larves ne diffèrent de celles des Hémérobes perle et chrysops que par une taille moindre, quelques détails de coloration et de villosité.

Nous citerons ici en particulier l'Hémérobe hérissé (*Hemerobius crispus*, Panz.); il est d'un gris jaunâtre, avec des ailes de la même nuance, ornées de lignes plus brunes, et garnies sur toute leur surface d'une villosité serrée.

Cet insecte est commun dans les jardins, surtout dans ceux où il règne beaucoup d'humidité.

Ajoutons que tous ces Hémérobes n'atteignent pas seulement les pucerons, ils dévorent aussi des larves molles et de jeunes chenilles.

Mais les Hémérobes ne sont pas les seuls insectes qui se nourrissent de pucerons ; il y a des larves de diptères très avides de ces insectes suceurs. Ce sont celles appartenant à un genre connu sous le nom de *Syrphes*.

Les Syrphes sont des mouches dont le corps est assez long et aplati, la trompe courte terminée par deux lèvres épaisses, les antennes à dernier article aplati. Ces caractères s'appliquent du reste à tous les représentants de la famille des Syrphiens; mais, parmi eux, les Syrphes proprement dits, ceux qu'il nous importe de connaître, se distinguent par leurs antennes courtes dont le troisième article est ovalaire et surmonté d'un style pubescent.

Ces diptères, très abondants sur les fleurs, sont en général de couleur noire avec des taches et des bandes jaunes.

Celui que nous décrirons plus spécialement est le Syrphe des rosiers (*Syrphus rosarum*, Meig.) (1). Il est tout noir, avec l'abdomen traversé en dessus par une bande jaune interrompue au milieu; les pattes noires avec les tarses jaunes, ainsi que l'extrémité des cuisses et des jambes.

Ce Syrphe paraît deux ou trois fois dans le cours d'une année; la femelle dépose ses œufs isolément sur les feuilles des arbustes infestés de pucerons. Les jeunes larves éclosent et grandissent rapidement; elles sont allongées, blanchâtres, plus ou moins plissées, ayant la faculté de s'étendre ou de se ramasser à volonté, et présentent habituellement, le long du dos, une ligne brunâtre plus ou moins manifeste (2).

En effet, cette ligne colorée est produite par les matières contenues dans l'intestin qu'on aperçoit sous la peau, et la quantité d'aliments la rend plus ou moins apparente.

La larve du Syrphe est complétement dépourvue de pattes, mais les anneaux de

(1) Pl. 19, fig. 10.
(2) Pl. 19, fig. 8.

son corps sont très mobiles, et elle avance par un mouvement de reptation souvent rapide. Il est curieux de l'observer faisant la chasse aux pucerons, dont elle se nourrit avec une extrême avidité. Ramassée sur elle-même, elle étend rapidement la partie antérieure de son corps dès qu'une proie est à sa portée, en faisant saillir une sorte de suçoir armé de petites pièces cornées. Elle saisit ainsi le puceron, le suce, en exprime toutes les parties fluides et n'abandonne que sa dépouille.

Les larves de Syrphes consomment ainsi d'énormes quantités de pucerons. On ne saurait donc trop recommander aux horticulteurs de les épargner.

Parvenues au terme de leur croissance, elles se fixent contre une feuille, se ramassent sur elles-mêmes et demeurent immobiles; leur peau se durcit et devient lisse : c'est l'état de nymphe. Chez ces diptères, la transformation ne s'effectue pas comme chez les chenilles, comme chez les larves de coléoptères, d'hyménoptères, qui abandonnent leur peau de larve pour paraître sous leur enveloppe de nymphe.

Les larves de Syrphes sont plus minces en avant qu'en arrière ; par suite du raccourcissement de leur corps, c'est le contraire que l'on observe chez les nymphes. Celle du Syrphe des rosiers est d'un jaune terreux, avec quelques marques brunes sur la ligne médiane du corps (1). L'insecte passe dix à quinze jours sous cette forme, puis sa peau se fend, et tout aussitôt se montre le Syrphe sous son dernier état.

J'ai cité en première ligne le Syrphe des rosiers ; c'est l'espèce que nous avons observée le plus souvent parmi les pucerons des arbustes dont nous nous occupons ici. Mais quelques autres espèces sont communes aussi, tel est le Syrphe ceinturé (*Syrphus balteatus*, de Geer). Cet insecte est un peu plus grand que le Syrphe des rosiers ; il est noirâtre avec le devant de la tête jaune, le corselet tirant sur le vert, l'abdomen traversé de larges bandes jaunes. Sa larve ressemble à celle qui vient d'être décrite ; seulement elle est d'un vert pâle, ainsi que la nymphe.

Il n'est pas utile de décrire ici toutes nos espèces de Syrphes, d'autant plus que nous aurons à en signaler plusieurs en particulier en traitant d'autres cultures. Elles ont toutes des habitudes analogues, et bien que quelques-unes se rencontrent ordinairement sur des plantes déterminées, elles paraissent s'attaquer volontiers à des pucerons d'espèces différentes. Sous ce rapport, elles sont comme les Hémérobes. De même que ces derniers, à défaut de pucerons, elles s'emparent de chenilles, percent leur peau, et les sucent au point de ne laisser que leur dépouille.

Maintenant j'ai à vous signaler comme destructeurs des pucerons des coléoptères que chacun connaît parfaitement : ce sont les Coccinelles, désignées si habituellement sous les noms de *Bêtes à bon Dieu*, de *Vaches à Dieu*, etc., insectes fort abondants dans notre pays et très utiles ; aussi faut-il constamment les respecter.

Les Coccinelles sont de petits coléoptères de forme orbiculaire, dont les tarses ne

(1) Pl. 19, fig. 9.

sont formés que de trois articles. C'est surtout le type du genre, l'espèce la plus grosse parmi celles de notre pays que vous rencontrez sans cesse ; c'est la Coccinelle à sept points (*Coccinella septempunctata*, Linné), qui est d'un rouge orange, avec sept points noirs sur ses élytres. L'insecte adulte d'ordinaire est errant ; il court souvent sur les plantes et se nourrit de pucerons qu'il rencontre, mais il consomme peu d'aliments. Sa larve, au contraire, est vorace ; elle dévore aussi les pucerons, et il lui en faut en grand nombre. Observez-la quelques moments sur les rosiers ou sur d'autres arbustes chargés de pucerons ; elle saisit une victime, et après celle-là, c'est une autre et encore une autre. La larve de la Coccinelle a sept points, chacun l'a remarqué bien probablement, peut-être aussi sans savoir qu'elle était le premier âge de la Bête à bon Dieu : elle est noire, hérissée de petits bouquets de poils et ornée de trois taches rouges de chaque côté ; avec cela le devant de sa tête est jaune. Elle se métamorphose sur la plante où elle a vécu. La nymphe est ramassée comme l'insecte qui doit en sortir, mais sa coloration est celle de la larve. Au bout de peu de jours se montre la Coccinelle adulte. Les individus des deux sexes se recherchent, et puis bientôt les femelles viennent déposer leurs œufs en petits paquets dans les endroits habités par les pucerons, de telle sorte qu'en naissant, les jeunes larves trouvent leur subsistance en abondance autour d'elles.

Bien d'autres Coccinelles rendent des services analogues à ceux de l'espèce qui vient d'être décrite ; elles sont également aphidiphages. L'une d'elles est bien commune sur les rosiers : c'est la Coccinelle à deux points (*Coccinella bipunctata*). De moitié plus petite que la précédente, elle est toute noire, avec une tache rouge sur chacun de ses élytres ; sa larve est fauve, avec deux rangées de taches noires. Au reste, tous ces insectes ne diffèrent guère entre eux que par la coloration ; il suffit de signaler en particulier les plus répandus.

Voilà les pucerons attaqués par de redoutables carnassiers, les Hémérobes, les Syrphes, les Coccinelles. On conçoit sans peine que ces chétives créatures, privées de tout moyen de défense, servent de pâture aux espèces qui se nourrissent de proie vivante ; mais en considérant le volume d'un puceron, il est permis de s'étonner qu'il puisse recéler dans l'intérieur de son corps des larves parasites ; c'est pourtant ce qui a lieu. Déjà, en faisant l'histoire de l'Hylotome de la rose, j'ai parlé des Chalcidides, de ces petits hyménoptères dont les larves vivent dans le corps d'autres insectes.

Les pucerons ont leurs parasites ; ces parasites sont des Chalcidides, et surtout des hyménoptères d'une famille voisine, des Ichneumonides. Je citerai au moins les plus communs : ils sont d'un groupe dont tous les représentants ont les palpes de la lèvre formés seulement de trois articles (les Braconides ; ils sont d'un genre reconnaissable à un abdomen mobile entre les deuxième et troisième anneaux, à des antennes composées d'environ vingt-quatre articles, etc. Ce genre a reçu le nom de *Hybrizon* ; on lui a appliqué également celui d'*Aphidius*.

L'espèce qui attaque le plus ordinairement le Puceron du rosier est l'Hybrizon des pucerons (*Hybrizon aphidum*, *Ichneumon aphidum*, Linné) (1). Cet insecte, tout mince, est long de 2 millimètres ; il est noir avec le devant de la tête jaune ; le prothorax de cette dernière nuance avec deux lignes brunes, les ailes diaphanes, les pattes antérieures jaunes, les autres brunes, avec les articulations jaunes, ainsi que les premiers anneaux de l'abdomen.

La larve est un petit ver blanc complétement privé de pattes. Logée dans le corps du puceron, elle n'attaque d'abord que le tissu graisseux, mais plus tard elle dévore tous les organes. Lorsqu'il ne reste plus rien, le temps de sa métamorphose est arrivé ; elle subit sa transformation en nymphe, et la dépouille de sa victime lui sert d'abri jusqu'à l'instant où l'insecte adulte vient à paraître.

En examinant avec un peu d'attention les tiges chargées de pucerons, il n'est pas rare de voir des dépouilles de ces hémiptères qui montrent combien d'individus ont été tués par les parasites. On distingue aisément ces dépouilles de celles qu'abandonnent les pucerons au moment de leurs changements de peau. Ces dernières sont fendues tout le long du dos, tandis que les autres présentent simplement une ouverture circulaire.

L'Hybrizon des pucerons attaque le plus ordinairement l'espèce du rosier; néanmoins il est certain qu'il s'en prend également à diverses autres espèces.

Il en est de même de l'Hybrizon protée (*Hybrizon protœus*, Wesm.), nommé quelquefois aussi l'Aphidie des rosiers (*Aphidius rosarum*, Wesm.). Cet insecte, de la taille du précédent, est extrêmement variable quant à sa couleur; souvent tout noir, il présente chez une foule d'individus des parties jaunes. Son thorax présente en arrière deux espaces brillants séparés par une carène longitudinale ; son abdomen se fait remarquer aussi par les rugosités du premier anneau.

Cet Hybrizon vit exactement comme le premier.

Au reste, je ne m'étendrai pas davantage sur ces parasites ; leur histoire est pleine d'intérêt au point de vue de l'entomologie, il n'en est pas de même pour les questions que nous traitons ici. Il est bon que tout cultivateur sache les causes de ces disparitions d'insectes nuisibles que nous constatons de temps à autre ; c'est là tout, puisque nous sommes obligé de répéter que la présence de ces auxiliaires ne saurait dispenser de recourir à tous les moyens en notre pouvoir pour la destruction des espèces qui attaquent nos végétaux cultivés.

S'il s'agit d'insectes carnassiers que le cultivateur doit toujours avoir soin d'épargner, il importe de les lui faire connaître avec la plus entière exactitude, de façon à éviter de sa part toute méprise. Cela est moins nécessaire s'il s'agit de parasites ; ce sont des insectes qui échappent constamment, à raison de leur taille et de leurs organes de locomotion.

(1) Pl. 18.

Ai-je besoin de le dire maintenant, les parasites que nous décrivons ici, parce qu'ils contribuent à la destruction des espèces nuisibles, sont eux-mêmes attaqués par d'autres parasites. Il est bien curieux ce monde d'infiniment petits ; chaque être, quel que soit son genre de vie, est exposé à servir de pâture à un autre être de la classe même à laquelle il appartient. L'espèce carnassière ne vit pas en présence de moins de dangers que l'espèce phytophage. Ces Hémérobes, ces Syrphes, ces Coccinelles, qui rendent de grands services, sont également exposés à la voracité d'autres espèces carnassières ; elles ont aussi leurs parasites.

Ce que je viens d'écrire est en vue du Puceron du rosier (*Aphis rosæ*), insecte qu'il est fort rare de ne pas observer là où il y a des rosiers. Eh bien, ce n'est pas tout : les plus charmants arbustes de nos jardins sont maltraités assez souvent par une seconde espèce de pucerons ; quelques-uns assurent en avoir vu une troisième dans certaines localités, mais je ne puis rien dire de cette dernière.

L'espèce qui a reçu le nom de Puceron des rosiers (*Aphis rosarum*, Kaltenbach) se trouve tantôt seule sur les rosiers, tantôt en compagnie de l'espèce commune. Elle est un peu plus grande ; le mâle est entièrement vert comme la femelle. Les détails dans lesquels nous sommes entré à l'égard du Puceron du rosier ne nous laissent rien à ajouter à l'égard de son congénère.

La planche 19 montre une branche de rosier attaquée par le Puceron.

Le n° 4 indique les tiges qui sont couvertes, ainsi que les boutons, d'une foule de ces insectes.

La figure 2 est le Puceron du rosier (*Aphis rosæ*, Linné) mâle, très grossi, ayant les ailes étendues.

La figure 3 est la femelle, également grossie.

Le n° 4 indique les œufs de l'Hémérobe.

Le n° 5, la larve de l'Hémérobe poursuivant un puceron.

La figure 6, son cocon.

La figure 7, l'Hémérobe perle (*Hemerobius perla*, Linné), de grandeur naturelle.

La figure 8, la larve du Syrphe des rosiers.

La figure 9, sa nymphe.

La figure 10, le Syrphe des rosiers (*Syrphus rosarum*), de grandeur naturelle.

L'Aspidiote du Rosier.

Les Aspidiotes fixés sur les végétaux se présentent à l'œil de l'observateur comme une multitude de petites plaques ou de petites écailles lenticulaires, plus ou moins rondes, plus ou moins ovalaires. Il n'est personne qui n'en ait remarqué sur une foule de végétaux : le buis, le laurier-rose, etc. Ces insectes sont surtout apparents lorsqu'ils sont établis sur les feuilles. Les espèces qui se tiennent sur les tiges ligneuses ou sur les troncs s'aperçoivent moins aisément à raison de leur coloration ; pourtant une sorte d'efflorescence blanche sécrétée par les Aspidiotes contribue beaucoup à appeler l'attention.

Les Aspidiotes appartiennent à la nombreuse famille des Coccides, dont la Cochenille peut être considérée comme le type. Ils sont pourvus d'un bec acéré qu'ils enfoncent dans les tissus végétaux ; ils puisent ainsi la séve à la manière des pucerons, et cela sans changer de place, une fois qu'ils sont fixés.

Examinons l'espèce du rosier (*Aspidiotus rosæ*, Bouché). Tous ces petits corps si bien fixés sur les tiges, qu'ils semblent en faire partie, sont des femelles. A l'état adulte, ces femelles ne présentent en dessus qu'une sorte de petite carapace médiocrement convexe, mais néanmoins toujours un peu voûtée à la manière d'une carapace de tortue. Si l'on examine des individus encore un peu jeunes, les parties du corps sont plus distinctes ; néanmoins il est nécessaire de se servir au moins d'une bonne loupe pour les voir nettement. Le corps est ovale, aplati, de couleur jaune ou brunâtre ; la tête est semi-circulaire, avec les yeux bien visibles sur les côtés ; le thorax est presque carré ; l'abdomen, aminci en arrière, a ses bords garnis de quelques soies (1). Au milieu de ces amas de femelles immobiles et fixées au moyen de leur bec sur les tiges ou les troncs, vous apercevrez difficilement les mâles s'agitant autour d'elles ; cependant, avec une attention soutenue, et peut-être le secours d'une loupe, vous distinguerez des insectes ailés d'une extrême petitesse : ce sont les mâles des Aspidiotes. Ils n'ont que deux ailes ; leur corps, long tout au plus de 1 millimètre, est rougeâtre et comme finement poudré ; leurs antennes, formées de neuf articles, sont de la longueur du corps ; leur abdomen porte quelques soies à son extrémité 2).

Les œufs sont déposés sous les femelles, qui les protégent de leur corps ; les jeunes larves naissent ainsi à l'abri, mais à peine écloses, elles se répandent sur les tiges pour s'y fixer, y puiser leur nourriture.

Les larves des femelles ressemblent à leurs mères ; seulement leur tête est en partie cachée sous le thorax, et leur abdomen est très petit (3) ; elles subissent plusieurs mues comme tous les Hémiptères, sans que leur état de nymphes soit marqué par aucun temps d'immobilité. Il paraît en être autrement pour les mâles, ceux-ci subiraient une véritable métamorphose : leurs nymphes sont blanches, allongées, presque linéaires (4) ; elles demeurent cachées sous leur dépouille de larves.

Les faits qui se rapportent aux mâles d'Aspidiotes et d'autres Coccinides sont bien étranges ; ils ont déjà beaucoup préoccupé les naturalistes, et cependant ce qui con-

(1) Pl. 20, fig. 1 et 2.
(2) Pl. 20, fig. 3.
(3) Pl. 20, fig. 4.
(4) Pl. 20, fig. 5.

cerne l'histoire de ces curieux insectes appelle encore bien des observations. Il est singulier de voir des Hémiptères ayant des métamorphoses complètes à la manière des Coléoptères, des Hyménoptères, des Lépidoptères. Aussi un naturaliste de Naples, M. Costa, a-t-il voulu voir, dans ce que nous regardons comme les mâles des Coccinides, des Diptères parasites.

Il y a plus d'une présomption que la vérité est de ce côté; néanmoins de nouvelles recherches sont nécessaires pour lever toutes les incertitudes. Des investigations longues et minutieuses sont indispensables pour suivre toutes les phases de l'existence de ces êtres si petits, qu'ils échappent à la vue. Est-il donc extraordinaire que la science n'ait pas encore dit son dernier mot sur de tels sujets?

Les anciens naturalistes ont extrêmement négligé l'étude des insectes qui nous occupent en ce moment. Il n'y a guère plus de vingt ans qu'un entomologiste de l'Allemagne, M. Bouché, a décrit pour la première fois l'Aspidiote du rosier, si commun dans nos jardins, et c'est à partir de cette époque qu'on a recherché avec un peu de soin les différentes espèces qui vivent sur nos végétaux les plus répandus.

Je n'irai pas plus loin dans des détails inutiles aux horticulteurs; il suffit de leur avoir fait connaître exactement l'espèce qui fait dépérir les rosiers en humant la séve de ces arbustes ; il leur suffit de savoir qu'il leur est facile de détruire l'insecte au moyen de lavages fréquents avec des décoctions de plantes âcres.

La planche **20** montre une branche de rosier attaquée par l'Aspidiote du rosier (*Aspidiotus rosæ*, Bouché).

Sous le n° 1 on voit les groupes d'Aspidiotes massés sur la tige.

La figure 2 est la femelle grossie.

La figure 3, le mâle ; et la figure 3*, l'indication de sa taille.

La figure 4 est la larve.

La figure 5, la nymphe du mâle.

La Cicadelle ou le Typhlocybe du Rosier.

Les anciens naturalistes donnaient le nom de Cicadelles, ou de Cigales muettes, à une foule d'insectes appartenant à la grande division de l'ordre des Hémiptères, dans laquelle on range les Cigales, que l'on ne doit pas confondre avec les Sauterelles, ainsi que cela a lieu dans notre pays, de la part des personnes tout à fait étrangères à l'histoire naturelle.

Les Cicadelles se distinguent des vraies Cigales en ce qu'elles sont privées d'organes de chant, et des Pucerons et des Coccides en ce qu'elles ont trois articles à leurs tarses et des antennes très petites composées seulement de trois articles distincts.

Ces Hémiptères, dans nos classifications modernes, se partagent en un grand nombre de groupes; mais nous n'avons pas à nous en occuper. Il ne doit être question ici que d'une espèce appartenant à un genre désigné sous le nom de Typhlocybe. Les Typhlocybes sont de tout petits insectes, ne dépassant pas beaucoup la taille des pucerons; mais leurs premières ailes sont coriaces et d'une forme allongée; leur tête est inclinée; leurs pattes postérieures sont longues, fortes, propres au saut, avec les jambes garnies d'épines aiguës.

Le Typhlocybe ou la Cicadelle du rosier (*Typhlocyba rosæ*) (1), que notre vieil historien des insectes des environs de Paris, Geoffroy, appelait la Cigale des charmilles, est un insecte d'un blanc verdâtre ou d'un jaune pâle, long de 2 millimètres environ; ses ailes, légèrement transparentes, sont de la même nuance que le corps, sans aucune tache; seules les nervures de l'extrémité ont une teinte brunâtre.

C'est à l'automne qu'on remarque cet insecte dans son dernier état. En général, il est fort commun sur le feuillage des rosiers; il saute à de grandes distances avec une extrême prestesse; il s'envole aussi d'une branche à l'autre, d'un arbuste à l'autre, avec la plus grande vivacité, si l'on vient à agiter la tige sur laquelle il est posé. Dans la plupart des cas, ces petites Cicadelles se tiennent à la face inférieure des feuilles, de façon à être moins facilement aperçues. Les femelles déposent leurs œufs sur les arbustes où elles vivent.

Au milieu de l'été, les Typhlocybes sont à l'état de larves; leur forme est la même, seulement ils n'ont pas encore d'organe de vol (2); plus tard ils présentent des rudiments de ces organes, des moignons en quelque sorte, ils sont alors à leur état de nymphes (3), qui, on le sait, n'est pas marqué chez les Hémiptères par un temps d'immobilité.

Ces insectes subissent simplement des mues, des changements de peau; aussi, sur les feuilles des rosiers, remarque-t-on continuellement des dépouilles abandonnées par les Typhlocybes. Ces dépouilles conservent la forme de l'animal qui est sorti, mais elles sont fendues le long du dos; ce sont des enveloppes vides.

Les larves et les nymphes sautent avec autant d'agilité que les adultes. Le Typhlocybe du rosier est quelquefois très nuisible; avec son bec il pique les feuilles sur une infinité de points pour absorber la séve dont il se nourrit; ne se fixant jamais en aucun endroit, comme les Pucerons ou les Aspidiotes, il renouvelle sans cesse ses piqûres: les feuilles deviennent bientôt toutes marbrées, les parties atteintes prenant une teinte jaune très prononcée (4). Sur les arbustes où les Cicadelles sont nombreuses, le feuillage se flétrit bien vite, il y a un dépérissement de la plante qui ne tarde pas à être sensible.

(1) Pl. 20 *bis*, fig. 1.
(2) Pl. 20 *bis*, fig. 2.
(3) Pl. 20 *bis*, fig. 3.
(4) Pl. 20 *bis*, fig. 4.

Cherchons maintenant le moyen de détruire le Typhlocybe. Au premier abord cela ne paraît pas des plus faciles ; sa taille exiguë, sa grande agilité aussi bien sous sa forme de larve que sous sa forme d'adulte, semblent ôter tout espoir de réussir à lui faire la chasse. C'est dans ces sortes de circonstances qu'il est bon de s'ingénier. Or, déjà nous avons parlé d'un appareil très simple qui peut être souvent fort utile (1). L'appareil consiste en une espèce de très large entonnoir ayant d'un côté une échancrure et au bout un petit sac ; plaçant le tronc dans l'échancrure, on agite brusquement l'arbuste au-dessus de l'entonnoir, les insectes roulent sur le fer-blanc et tombent au fond du sac, que l'on ferme ensuite et que l'on plonge dans l'eau bouillante pour tuer les individus qui s'y trouvent. De la sorte on peut détruire en peu de temps des milliers de Cicadelles.

L'Aphrophore écumante.

C'est encore une Cicadelle, mais nous ne ferons que l'indiquer ici. Elle n'est pas fréquente sur les rosiers ; elle abonde, au contraire, sur d'autres végétaux : son histoire aura donc sa place ailleurs.

L'Aphrophore écumante (*Aphrophora spumaria*) est une des plus grosses Cicadelles de notre pays, elle n'a pas moins de 10 millimètres de long ; son corps est d'un gris jaunâtre, avec ses ailes antérieures de la même nuance et ornées de deux bandes d'un blanc grisâtre.

Cet insecte, surtout pendant son état de larve, sécrète en abondance une écume d'un blanc de neige dont il se recouvre quelquefois entièrement. C'est un moyen de dissimuler sa présence qui doit réussir à merveille. L'Aphrophore écumante vit de la séve des végétaux ; on peut souvent le prendre de la même façon que le Typhlocybe.

L'Hétérotome à antennes épaisses.

Les Hémiptères qu'il nous reste à signaler appartiennent à la catégorie de ceux dont les premières ailes présentent une partie coriace et une partie membraneuse. Tels sont les insectes si connus sous le nom de *Punaises de bois*.

La famille des Mirides comprend des espèces phytophages, à corps grêle, à pattes minces, à antennes insérées au-dessous des yeux. Les Hétérotomes se distinguent au premier coup d'œil à leurs antennes, dont les deuxième et troisième articles sont larges et comprimés.

(1) Page 41.

L'Hétérotome à antennes épaisses (*Heterotoma spissicornis*, Fabr.) est commun sur beaucoup d'arbustes; dans certaines localités il est abondant sur les rosiers. C'est un joli petit insecte, tout étroit, entièrement d'un vert roussâtre bronzé, avec les pattes d'un jaune pâle (1). Au printemps et au commencement de l'été, les Hétérotomes sont à l'état de larves, ils manquent d'ailes; la saison plus avancée, on les rencontre à l'état adulte. Ces petits Hémiptères sont d'une merveilleuse agilité, on les voit courir sur les feuilles et sur les tiges avec une étonnante célérité. Sur les rosiers, ils piquent les tiges à la base des boutons, et souvent les boutons eux-mêmes. Lorsque ceux-ci ont reçu de nombreuses atteintes, ils s'inclinent et avortent presque toujours (2). L'Hétérotome est donc une espèce vraiment nuisible, seulement elle n'est pas répandue dans ous les jardins comme plusieurs des insectes dont il a été question précédemment. Dans quelques endroits elle est fort commune, mais ailleurs au contraire on peut examiner une foule de rosiers sans en découvrir un seul individu. C'est en se servant de l'appareil indiqué pour la Cicadelle qu'on doit chercher à détruire les Hétérotomes.

Le Capse capillaire.

Les Capses appartiennent au même groupe que l'Hétérotome, mais ils ont le corps large, la tête avancée en pointe, le second article des antennes renflé, etc.

Le Capse capillaire (*Capsus capillaris*) est un joli insecte, long de 6 millimètres, de couleur rougeâtre, avec les élytres unicolores, quelquefois ornés d'une tache rouge, suivie d'un point noir, et l'extrémité des cuisses noire.

Telle est la coloration ordinaire de cet insecte, mais il présente de nombreuses variétés que les anciens auteurs avaient regardées comme autant d'espèces particulières. Ainsi souvent le Capse capillaire a le corselet noir en arrière et les élytres marqués vers l'extrémité d'une tache de cette couleur. Cette variété a été souvent désignée sous le nom de Capse danois (*Capsus danicus*, Fabr.).

D'autres fois notre insecte est tout noir, avec deux taches rouges sur chacune des premières ailes, et les genoux rougeâtres. Dans ce cas il était appelé le Capse tricolore (*Capsus tricolor*, Fabr.).

Le Capse capillaire avec toutes ses variétés de nuances est extrêmement commun non-seulement dans notre pays, mais encore dans presque toute l'Europe. Il abonde dans nos jardins sur divers arbustes, et peut-être plus particulièrement sur les rosiers. Durant le printemps il est à l'état de larve, on le trouve alors privé d'ailes; plus tard il en a des moignons, il est à l'état de nymphe; enfin, à la fin de l'été et en automne

(1) Pl. 20 *bis*, fig. 5.
(2) Pl. 20 *bis*, fig. 6.

on le voit dans son état le plus complet. Toujours est-il que, durant une période de plusieurs mois, notre Hémiptère est fort nuisible dans certaines localités ; pour se nourrir, il pique les tiges et la base des boutons et en hume la séve ; lorsque les piqûres sont souvent répétées, les boutons s'inclinent, jaunissent et finissent même par tomber ; la floraison manque.

Nous avons vu dans plusieurs jardins des rosiers dont tous les boutons étaient avortés par suite des piqûres du Capse capillaire ; les horticulteurs doivent donc se préoccuper de cet insecte. Il court sur les feuilles avec une extrême agilité, et, lorsqu'il est adulte, il s'envole avec beaucoup de prestesse au moment où l'on agite les tiges sur lesquelles il est posé. Ses œufs sont pondus sur les arbustes, mais comme ils ne sont presque jamais placés en évidence, on ne saurait recommander de les chercher.

Pour détruire le Capse capillaire, il est nécessaire de faire usage de l'appareil que nous avons indiqué pour saisir les Cicadelles et les Hétérotomes.

Çà et là des rosiers peuvent encore être attaqués par des espèces du groupe dans lequel on place les Capses et les Hétérotomes ; ces insectes n'étant pas très répandus et ayant les mêmes habitudes que ceux que nous venons de décrire, il nous paraît inutile de les mentionner d'une manière spéciale.

La planche 20 *bis* montre une branche de rosier attaquée par divers insectes de l'ordre des Hémiptères.

La figure 1 est le Typhlocybe du rosier (*Typhlocyba rosæ, Cicada rosæ*, Linné).

La figure 1' est le même insecte très grossi et les ailes étendues.

La figure 2, la larve.

La figure 3, la nymphe.

Sous le n° 4, on voit des feuilles attaquées par le Typhlocybe.

La figure 5 est l'Hétérotome à antennes épaisses (*Heterotoma spissicornis*, Fabr.).

La figure 5', le même très grossi.

Sous le n° 6, on voit un bouton avorté par suite des piqûres de cet insecte.

La figure 7 est le Capse capillaire (*Capsus capillaris*, Fabr.).

La figure 7', le même grossi.

Les Diptères dont les larves attaquent les Rosiers.

Parmi les Diptères ou les mouches à deux ailes, il y en a peu qui soient nuisibles aux rosiers ; encore ceux que nous avons à signaler causent-ils peu de dégâts. Deux de ces insectes appartiennent à la grande division des mouches proprement dites (Muscides).

L'une est du genre Téphrite, que l'on reconnaît à des antennes inclinées sur le devant de la tête, ayant leur troisième article allongé, à leurs jambes intermédiaires terminées par deux épines, à leurs ailes présentant une pointe au bord externe, etc.

Les Téphrites sont de très jolies petites mouches dont les ailes offrent habituellement des taches ou des bandes brunes : tel est le Téphrite du rosier (*Tephritis* ou *Trypeta continua*, Meigen), dont nous avons à nous occuper ici ; son corps est brun et ses ailes sont ornées de taches nombreuses. L'insecte adulte se montre vers le milieu de l'été, et dans l'automne on trouve sa larve dans les fruits de quelques rosiers (particulièrement du *Rosa villosa*). C'est un petit ver blanchâtre, presque cylindrique, seulement un peu aminci en avant. Vers la fin d'août, alors qu'elle a pris son entier accroissement, elle sort de sa retraite et s'enfonce dans la terre, pour s'y transformer en nymphe.

La mouche ne doit éclore qu'au mois de juin de l'année suivante. Comme on le voit, cet insecte peut à peine être compté parmi les espèces nuisibles.

Il en est de même de la seconde mouche que nous voulons au moins indiquer. Celle-ci est du genre Psilomyie, qui est caractérisé par une tête courte, des antennes à troisième article oblong et comprimé avec le style finement plumeux.

La Psilomyie du rosier (*Psilomyia rosæ*, longue de 4 à 5 millimètres tout au plus, est d'un noir un peu métallique, avec la tête et les antennes fauves, et les palpes jaunes ayant l'extrémité seule de couleur noire.

Sa larve est amincie en avant, d'un jaune blanchâtre, avec deux marques noires autour des stigmates, à l'extrémité postérieure du corps. Cette larve, paraît-il, vit quelquefois dans les jeunes tiges des rosiers ; cependant un auteur de l'Allemagne, auquel on doit la connaissance des métamorphoses d'un assez grand nombre de diptères, assure qu'elle vit aux dépens des tiges de carottes, et qu'elle est très préjudiciable à ces plantes potagères.

Enfin le dernier diptère que nous ayons encore à mentionner est d'une tout autre famille que les précédents ; il est du groupe des Tipulides, que l'on distingue aisément parmi les insectes à deux ailes, à raison des antennes filiformes.

Cet insecte appartient au genre Cécidomyie, dont nous aurons plus d'une fois à parler dans le cours de cet ouvrage.

Les Cécidomyies ont une taille extrêmement exiguë ; leur corps est grêle, leurs antennes sont longues et garnies de poils verticillés, leur trompe est peu saillante ; leurs ailes, parcourues par trois grandes nervures, ont leurs bords frangés.

La Cécidomyie du rosier (*Cecidomyia rosæ*, Brem.) est longue de 5 à 6 millimètres et d'un brun assez clair ; les femelles pondent leurs œufs sur les feuilles et s'en nourrissent ; on trouve d'ordinaire quatre, cinq ou six de ces petites larves dans la même feuille.

Du reste, nous avons eu très rarement l'occasion de les observer, et nous croyons que leurs dégâts sont insignifiants.

Les Limaçons ou Escargots nuisibles aux Rosiers.

On sait combien les mollusques terrestres, c'est-à-dire les Limaçons ou Escargots
et les Limaces, sont nuisibles à une infinité de plantes de jardins. A-t-il plu, est-il
survenu une abondante rosée, la localité est-elle naturellement humide, ces animaux
se répandent sur les végétaux et dévorent les feuilles, leur laissant des entailles ou
des trous taillés avec la netteté d'un emporte-pièce. Souvent ils rongent les jeunes
pousses et même les fleurs. S'attaquant à la plupart des plantes, ils semblent avoir
peu de préférence bien marquée; ils mangent le feuillage de diverses plantes, telles
que des renonculacées, des solanées, des ombellifères, sans ressentir aucun des effets
que ces végétaux produisent sur l'homme et les animaux supérieurs. Pendant la
saison froide, les Escargots se réfugient au pied des plantes, dans des trous en terre,
dans des cavités de murailles; c'est là où l'horticulteur doit les rechercher.

Le jardinier en chef du Muséum d'histoire naturelle de Paris, M. Pepin, a déjà
indiqué les plantes qui étaient particulièrement sujettes à être maltraitées par les
Colimaçons (1).

Les rosiers sont souvent attaqués par ces mollusques, mais cependant ils ont moins
à en souffrir que bien d'autres végétaux.

L'Hélice des bois, l'Hélice des jardins et l'Hélice hispide, sont des espèces qui
mangent volontiers le feuillage de ces arbrisseaux.

Qui ne connaît l'Hélice des bois (*Helix nemoralis*, Linn. (2), si commune partout
et si variable par sa coloration, qu'elle a excité à un haut degré les recherches des
collecteurs. L'animal est grisâtre; la coquille est tantôt d'un jaune uniforme, tantôt
bariolée de bandes de diverses nuances, avec le bord de la bouche noire. Pendant le
jeune âge, elle est ordinairement unicolore et presque transparente (3).

Dans plusieurs jardins, nous avons vu des rosiers dont toutes les feuilles étaient
percées par ces jeunes Hélices.

L'Hélice des jardins (4) (*Helix hortensis*, Müller) est presque aussi commune que
la précédente. Très semblable par sa coloration et ses variétés, elle s'en distingue en
ce que le bord de la bouche de la coquille, au lieu d'être brun ou noir, est blanc ou
rosé, mais cette différence ne caractérise sans doute pas une espèce particulière, et il
ne faut pas y voir probablement autre chose qu'une variété.

(1) *Observations faites sur les Limaçons, Escargots,* etc. (*Bulletin de la Société d'agriculture*,
octobre 1844).
(2) Pl. 22 *ter*, fig. 1.
(3) Pl. 22 *ter*, fig. 2.
(4) Pl. 22 *ter* fig. 3.

Enfin l'Hélice hispide **(1)** (*Helix hispida*, Linn.), petite espèce dont l'animal est gris, la coquille un peu aplatie, d'un brun grisâtre et comme soyeuse.

Ces Hélices ou Colimaçons nuisent de la même manière en rongeant les feuilles, et en laissant à leur surface la matière muqueuse qu'ils sécrètent.

Pour les détruire, nous n'avons d'autres moyens que de les recueillir sur les plantes elles-mêmes, et de les rechercher pendant l'hiver dans les trous, dans les crevasses, dans tous les endroits qui peuvent leur offrir des abris.

La planche 22 *ter* montre une branche de rosier attaquée par les Hélices ou Limaçons.
La figure 1 est l'Hélice des bois (*Helix nemoralis*), adulte.
La figure 2, les Hélices des bois, très jeunes, presque au sortir de l'œuf.
La figure 3, l'Hélice des jardins (*Helix hortensis*), adulte.
La figure 4, l'Hélice hispide (*Helix hispida*), adulte.

(1) Pl. 22 *ter*, fig. 4.

LE PIED-D'ALOUETTE OU LA DAUPHINELLE.

Le Pied-d'alouette abonde dans tous nos jardins. L'espèce cultivée comme plante d'ornement, le Pied-d'alouette des jardins (*Delphinium Ajacis*), nous vient de l'Asie Mineure; il n'est guère attaqué par nos insectes. Une seule espèce de l'ordre des Lépidoptères, qui a été importée avec la plante même, peut être considérée comme nuisible à la Dauphinelle.

En général, les Renonculacées sont moins exposées que beaucoup d'autres végétaux aux ravages des insectes, sans doute à cause de leurs propriétés vénéneuses.

Les Pieds-d'alouette, si recherchés pour leurs fleurs élégantes dont la culture a produit de nombreuses variétés, sont ordinairement placés en bordures ou en masses compactes; aussi les chenilles qui les dévorent trouvent à s'abriter facilement et à échapper aux recherches.

Le Chariclea du Pied-d'alouette.

Au milieu du nombre immense des papillons nocturnes appartenant à la grande division que les entomologistes appellent la famille des Noctuelles (*Noctuelidæ*), on distingue les Charicléés à leurs antennes grêles, à leur corselet pourvu en avant d'une sorte de crête, et en arrière d'un gros bouquet de poils. Le type de ce genre est une espèce qui nous intéresse : c'est la Chariclea du pied-d'alouette (*Chariclea Delphinii*, Linn.), insecte qui, dans bien des cas, se propage extrêmement dans nos jardins.

A la fin de mai et pendant tout le mois de juin, promenez-vous le matin ou le soir le long des plates-bandes de pied-d'alouette, presque certainement vous verrez voltiger à l'entour de ces plantes le Chariclea du pied-d'alouette. Il vous sera facile de reconnaître le papillon ; il est bien des plus jolis parmi les papillons nocturnes. Son corps est d'un gris clair légèrement teinté de verdâtre; ses premières ailes sont d'un rose violacé, relevé par deux raies transversales sinueuses plus pâles et bordées de violet foncé; ses ailes postérieures sont grises, avec une bande plus claire, le limbe rosé et la frange d'un gris pâle (1).

(1) Pl. 23, fig. 2.

Geoffroy, qui toujours s'efforçait de trouver un nom faisant image, a nommé notre élégante Noctuelle des jardins l'*Incarnat*.

Les femelles sont venues déposer leurs œufs sur les Pieds-d'alouette. Au mois de juillet les chenilles éclosent ; au mois d'août elles ont pris tout leur accroissement. Ce sont aussi des chenilles parées de belles couleurs que celles du Chariclea ; elles sont d'un blanc verdâtre ou violacé, parsemées de points noirs, avec deux raies blanches ou jaunes sur les côtés, et sur chacun des anneaux une ligne dorsale noire plus ou moins interrompue, suivant les individus.

Pendant leur premier âge, les chenilles du Chariclea du Pied-d'alouette sont blanches ou grisâtres, avec les taches et les points plus confus, et en général le dessin beaucoup moins apparent que chez les individus parvenus à peu près au terme de leur développement.

Les chenilles du Chariclea se montrent à l'époque où les Pieds-d'alouette sont en pleine fleur ; elles ne s'attaquent guère au feuillage comme la plupart des autres chenilles, elles mangent de préférence les pétales des fleurs ; aussi dans les jardins où ces insectes sont abondants, n'est-il pas rare de voir des tiges de Pied-d'alouette toutes rongées, toutes dépouillées ; les fleurs passées, les chenilles du Chariclea dévorent les graines, et à ce moment encore leurs dégâts sont souvent très manifestes. Sur le point de se transformer, elles descendent des tiges et s'enfoncent dans la terre toujours peu profondément ; chaque individu se forme une coque ovalaire, composée d'un peu de soie, et de grains de terre agglutinés, comme c'est l'ordinaire pour les chenilles dont la production soyeuse n'est pas considérable.

La chrysalide, oblongue, amincie vers le bout, est munie à l'extrémité postérieure de deux petites pointes rugueuses ; elle est d'un brun rougeâtre avec un reflet verdâtre sur l'enveloppe des ailes (1).

Une remarque a été faite par les entomologistes touchant les Chariclées. Lorsqu'on met plusieurs chenilles dans une boîte, il n'est pas rare qu'elles se dévorent entre elles, ou qu'elles mangent les chrysalides de celles qui se sont métamorphosées les premières : c'est là une chose assez singulière pour des insectes essentiellement phytophages ; du reste, à l'état de liberté, il ne paraît pas que jamais le nombre des individus soit diminué de la sorte.

Le Chariclea du Pied-d'alouette est répandu dans le midi et le centre de l'Europe, il ne semble pas s'étendre dans les pays du nord. Nous l'avons cherché en vain sur les Pieds-d'alouette cultivés dans plusieurs des départements du nord de la France ; il est très commun, au contraire, aux environs de Paris. Cet insecte se trouve dans l'Asie Mineure, et c'est là certainement sa véritable patrie. Amené en Europe avec la plante qui le nourrit, il s'est propagé presque partout où cette plante a été cultivée. Dans

(1) Pl. 23, fig. 2.

notre pays, jamais on ne le trouve ailleurs que dans les jardins, jamais sa chenille ne vit que sur le Pied-d'alouette des jardins (*Delphinium Ajacis*). En aucune circonstance le Chariclea ne se voit sur notre Pied-d'alouette des champs (*Delphinium arvense*); il ne saurait donc y avoir la moindre incertitude sur l'origine de ce lépidoptère. Quoi qu'il en soit, il est devenu chez nous un insecte nuisible; sous ce rapport, il appelle notre attention. On a vu son genre de vie, c'est assez pour savoir comment on peut le mieux s'en débarasser. Recueillir les chenilles sur la plante elle-même, serait une grande peine; au milieu de touffes épaisses, il faudrait un grand soin pour n'en pas laisser échapper une grande quantité.

Les coques contenant les chrysalides étant enfouies dans la terre à une faible profondeur, le plus simple est d'opérer le raclage que nous avons déjà prescrit tant de fois, pour détruire les chrysalides ou les nymphes d'une foule d'insectes. Le papillon du Chariclea éclôt seulement au mois de mai, on a ainsi une partie de l'automne, l'hiver et le commencement du printemps, pour gratter la couche superficielle de la terre, et enlever ainsi toutes les coques avec une extrême facilité et en très peu de temps.

La planche 23 montre des tiges du Pied-d'alouette des jardins (*Delphinium Ajacis*) attaquées par le Chariclea du Pied-d'alouette (*Chariclea Delphinii*); des fleurs ont commencé à être rongées.

Sous les nᵒˢ 1, 1*, les chenilles parvenues au terme de leur accroissement.

Sous le nᵒ 2, la chrysalide.

Sous le nᵒ 3, le papillon de grandeur naturelle.

Les Limaces.

Dans les jardins, où il règne beaucoup d'humidité, les Pieds-d'alouette sont très ordinairement attaqués par de petites Limaces.

La Limace grise (*Limax cinereus*, Müller) est surtout fort commune; celle-ci est toujours de petite taille, ordinairement d'une nuance grise uniforme, présentant néanmoins quelquefois des taches éparses, brunes ou noirâtres. La Limace agreste (*Limax agrestis*, Linné) habite aussi les jardins, tout en y étant plus rare que la précédente, elle est très reconnaissable à sa coloration, qui est blanchâtre, avec les tentacules noirs, ce que vulgairement on appelle les *cornes*.

Il est très ordinaire de voir, surtout après une pluie ou une abondante rosée, des tiges de Pied-d'alouette toutes rongées, dégarnies de feuilles vers le bas et même presque entièrement coupées. Cherche-t-on pendant le jour les auteurs du dégât, on n'aperçoit rien; cependant le lendemain, le surlendemain, de nouveaux pieds sont mis dans un semblable état, et c'est toujours en vain que l'on examine la plante pour y découvrir l'animal destructeur. Si, au contraire, on vient le soir porter son attention sur les plates-bandes, on ne tardera pas à voir grimper les petites Limaces qui viennent d'être décrites, et particulièrement la Limace grise. Dès le matin, ces mollusques regagnent leur retraite, au pied de la plante, s'enfonçant plus ou moins dans la terre, et échappent ainsi à la plupart des recherches. Dans plusieurs jardins des environs de Paris, nous avons vu des Pieds-d'alouette qui avaient souffert extrêmement de la présence des Limaces; sans doute ces animaux attaquent indifféremment une foule de plantes, ils ne sont pas particuliers, comme le sont tant d'insectes, à un végétal à l'exclusion des autres; néanmoins ils semblent avoir une préférence manifeste pour les plantes herbacées que l'on cultive sur une certaine étendue.

Pour détruire ces Limaces, nous ne voyons pas d'autres moyens que de les rechercher individuellement; leur genre de vie indique que cette chasse doit être pratiquée le soir, principalement dans les moments où il y a beaucoup d'humidité; car ces animaux, redoutant la sécheresse au plus haut degré, ne sortent guère de leur retraite si les plantes ne sont pas mouillées.

LA ROSE D'INDE ET LES OEILLETS D'INDE

OU LES TAGÈTES.

Il est peu de jardins où ne soient cultivés la Rose d'Inde et l'OEillet d'Inde ; malgré leur odeur forte et désagréable, on leur accorde presque partout une place, sans doute à cause de leur port assez gracieux et de la longue durée de leurs fleurs. Ce sont les Tagètes (*Tagetes*) des botanistes, genre de la famille des Composées-Sénécionidées. Ces plantes d'ornement, aujourd'hui si répandues chez nous, sont originaires du Mexique : cette origine dit assez que les Tagètes doivent être peu attaqués par nos insectes ; ils n'ont pas de représentants parmi nos végétaux indigènes, et l'odeur si prononcée et si particulière qu'ils exhalent n'est pas de nature à attirer les espèces qui se nourrissent de nos plantes communes. En effet, nous n'avons jamais trouvé d'insectes proprement dits, ni sur la Rose d'Inde, ni sur l'OEillet d'Inde ; mais ces Tagètes sont quelquefois envahis par une petite espèce d'Arachnide très nuisible pour une infinité de végétaux.

La Rose d'Inde, ou le Tagète dressé (*Tagetes erecta*, Linn.), et l'OEillet d'Inde, ou le Tagète étalé (***Tagetes patula***, Linn.), sont également exposés aux attaques de cet animal.

Quant à la troisième espèce de Tagète que l'on cultive dans les jardins, le Tagète luisant (***Tagetes lucida***, Willd.), il n'y a pas de raison pour qu'il soit plus épargné que ses congénères.

Les Limaçons dévorent aussi le feuillage des Roses d'Inde et OEillets d'Inde ; on le sait, ce sont des animaux qui s'en prennent à presque toutes les plantes indifféremment.

Le Tétranyque tisserand.

Pour tous ceux qui possèdent les plus simples connaissances en entomologie, il suffit de dire que l'animal dont il s'agit ici appartient à la classe des Arachnides ; pour ceux qui ne sont pas initiés à ces connaissances, il faut ajouter que la classe des Arachnides, dans nos méthodes, comprend les Araignées et une foule de petites espèces toujours pourvues à l'état adulte de quatre paires de pattes : ce caractère les fait toujours distinguer aisément des insectes qui n'en ont jamais plus de trois paires.

Le genre Tétranyque est de cet ordre, comprenant les Tiques qui s'attachent souvent aux chiens, les Acares qui vivent dans le fromage, sur une foule de végétaux, dans les moisissures, les détritus, etc., et l'Acare ou le Sarcopte de la gale ; on le nomme l'ordre des Acariens. Ce genre Tétranyque appartient à une famille (la famille des Trombidides) caractérisée par de grands palpes, par des pattes propres à la marche, par des yeux situés sur les côtés de la tête, etc. Il se distingue par des pattes inégales, les antérieures étant beaucoup plus longues que les autres, par les tarses munis de deux crochets très courts et de quatre petites soies roides, par des palpes fort gros, portant à l'extrémité un crochet court et épais, etc.

Le type du genre, l'espèce dont nous avons à nous occuper ici, est le Tétranyque tisserand (*Tetranychus telarius*, Hermann) (1).

Figurez-vous un animal de la grosseur d'un grain de poussière, c'est-à-dire à peine visible à l'œil nu. A l'aide d'une loupe, vous pouvez reconnaître sa forme générale, distinguer ses mouvements ; mais voulez-vous l'examiner en détail, le microscope devient indispensable. Or, cet acaride, tout petit qu'il est, cause des dommages considérables sur les végétaux.

Le Tétranyque tisserand est généralement ovalaire, mais sa forme varie un peu suivant l'âge et suivant les sexes ; les mâles sont moins épais que les femelles ; les jeunes individus sont d'ordinaire plus globuleux. L'animal est le plus souvent d'une couleur de chair plus ou moins intense, avec les yeux qui sont rendus très apparents par leur teinte noirâtre ; au reste, rien de plus variable que la coloration de cet arachnide suivant les circonstances ; sa peau ayant une certaine transparence, on aperçoit au travers l'intestin ; alors l'animal offre des nuances vertes, brunes, rougeâtres, etc., selon la nourriture qu'il a prise ; cette particularité avait conduit d'anciens observateurs à admettre, pour ces individus diversement colorés, des distinctions spécifiques qui ont été rejetées quand les faits ont été mieux étudiés.

Le Tétranyque tisserand est répandu sur les plantes de nos jardins, sur les arbres de nos routes et de nos promenades. Des milliers, des centaines de milliers d'individus sont établis sur une plante ; ils ont un suçoir muni de deux petites lancettes, qui leur servent à entamer les feuilles et les tiges pour opérer ensuite la succion de la séve. Au bout de peu de temps, le végétal se trouve de la sorte épuisé ; ses feuilles deviennent tachées, elles se flétrissent, se dessèchent, et souvent la plante périt. Ce n'est pas tout, ces animalcules ont la propriété de sécréter une soie abondante ; une filière est placée vers l'extrémité de leur corps ; à l'aide de leurs pattes agissant avec une grande vivacité, le Tétranyque tire et étend ses fils. Imaginez quelle doit être la grosseur du fil produit par notre arachnide microscopique. Essayez de vous en faire une idée en songeant au volume d'un fil d'araignée, et en comparant le volume de l'araignée à

(1) Pl. 25.

celui du Tétranyque. Aussi ce fil échappe-t-il, non-seulement à la vue simple, mais à l'œil armé d'une forte loupe. Nous l'avons dit, les Tétranyques sont groupés par masses prodigieuses ; les fils produits par tous les individus s'ajoutent les uns aux autres et finissent par former des toiles extrêmement fines à la vérité, et pourtant très apparentes, qui enveloppent les tiges, les feuilles, les fleurs, et qui retombent parfois au hasard, si elles n'ont pas été bien fixées de toutes parts. Alors quel aspect prend la plante déjà gravement endommagée par les piqûres multipliées des Tétranyques : ces toiles d'abord blanchâtres, retenant l'eau et la poussière, deviennent bientôt d'une saleté effrayante ; s'appliquant de plus en plus sur les feuilles et les fleurs, le végétal flétri présente la plus pitoyable apparence.

Protégés par leurs toiles, les microscopiques arachnides se propagent avec une rapidité désolante. Les femelles répandent leurs œufs : ces œufs, de forme sphérique et à peu près incolores, sont très gros si on les compare à la taille des mères. Les larves éclosent ; elles n'ont que six pattes, et ressemblent du reste aux adultes, mais après quelques mues, paraissent les deux autres pattes : c'est là ce qui a lieu pour la plupart des Acariens.

Aux approches de l'hiver, les Tétranyques abandonnent les plantes sur lesquelles ils avaient vécu durant toute la belle saison, et vont se réfugier sous les pierres, sous les écorces, sous les mousses, sous tous les détritus à leur portée, attendant le printemps pour se montrer de nouveau.

Le Tétranyque tisserand envahit fréquemment la Rose d'Inde et l'OEillet d'Inde, mais il se répand sur une foule d'autres végétaux ; aussi aurons-nous encore l'occasion de le signaler. On le trouve sur les Roses trémières, les Althæas, l'Acacia rose, les Liserons, le Sureau, le Charme, l'Orme, le Tilleul, etc. On assure l'avoir vu sur des Rosiers ; jusqu'ici nous ne l'avons pas observé sur ces arbrisseaux déjà maltraités par tant d'insectes, aussi l'avons-nous passé sous silence en énumérant la longue série des espèces nuisibles aux Rosiers.

Sans doute, les Tétranyques sont la proie d'insectes et d'arachnides carnassiers ; des acarides en détruisent beaucoup : s'il faut s'en rapporter à certaines observations, les larves des Hémérobes, si avides de Pucerons, en consommeraient aussi de grandes quantités, néanmoins tout cela n'empêche pas les dégâts de s'étendre d'une manière incroyable.

Il est donc bien essentiel pour les horticulteurs de s'occuper de la destruction des Tétranyques. On est averti aisément de la présence de ces hôtes malfaisants par leurs toiles, qui sont toujours très visibles si l'on apporte un peu d'attention. Quelques feuilles, quelques tiges seulement sont-elles envahies, le mieux est de les couper et de les brûler aussitôt ; s'agit-il de plantes annuelles, le plus court et le plus sûr est d'en faire le sacrifice, en n'en laissant rien subsister. Dans les cas où il est impossible d'avoir recours à ces grands remèdes, il faut répéter des lavages pratiqués avec des décoctions de plantes âcres, comme nous l'avons prescrit à l'égard des Pucerons, des Aspidiotes, des Chermes, etc.

La planche 25 montre une branche de Rose d'Inde ou Tagète dressé (*Tagetes erecta*) attaquée par le Tétranyque tisserand (*Tetranychus telarius*, Hermann) et couverte de ses toiles ; et le Tétranyque adulte grossi au microscope.

Les Limaçons.

Les Tagètes, Rose d'Inde et Œillet d'Inde, sont très fréquemment rongés par les Escargots, notamment par les espèces que nous avons mentionnées à l'occasion des Rosiers, mais aussi par une espèce beaucoup plus grosse, l'Hélice chagrinée (*Helix aspersa*, Müller).

C'est un escargot qui diffère peu de celui des vignes, si parfaitement connu de tout le monde.

Sa coquille est d'un gris jaunâtre, ornée de flammes brunes disposées par zones, avec le bord de la bouche rabattu et de couleur blanche intérieurement.

A raison de sa taille, ce Limaçon peut être recherché encore plus aisément que les autres.

LA JULIENNE.

La Julienne, Julienne des dames comme on l'appelle, la Cassolette comme on la nomme aussi, est cultivée dans tous les jardins. Tout le monde connaît cette plante, qui appartient à la famille des Crucifères. Son aspect est tout humble : c'est à peine si sa tige s'élève à 10 centimètres de hauteur ; ses feuilles sont ovales un peu lancéolées, légèrement velues ; ses fleurs, portées sur des pédoncules, sont blanches ou d'un violet tendre. Ce n'est pas leur beauté, leur éclat qui attirent l'attention, mais c'est leur odeur douce, sensible surtout vers le soir, qui les fait rechercher.

La Julienne des dames (*Hesperis matronalis*) est originaire de nos pays, elle croît à l'état sauvage dans les vallées des hautes montagnes ; elle est commune dans les Pyrénées. La culture l'a un peu modifiée, et a développé son odeur suave. Plante propre à l'Europe, on pourrait penser qu'elle nourrit un très grand nombre d'insectes, cependant en réalité elle est attaquée par peu d'espèces. Une seule, croyons-nous, mérite d'être signalée comme nuisible. Il est vrai que cette espèce nuisible est si répandue, que l'on trouve rarement dans les jardins un pied de la Julienne des dames qui ne soit plus ou moins dévoré. L'insecte dévastateur est une toute petite chenille appartenant à cette nombreuse famille de Lépidoptères dont nous avons déjà eu si souvent l'occasion de parler, la famille des Teignes ou des Tinéides.

L'Alucite porrectelle ou l'Alucite de la Julienne.

Dès le mois de mars, examinez dans les jardins les pieds de Julienne : les feuilles s'élèvent à peine au-dessus de terre, et pourtant beaucoup d'entre elles sont déjà recoquillées, rongées sur leurs bords ou dans leur milieu, tapissées en divers endroits de fils d'une finesse extrême auxquels s'accrochent la terre et la poussière. Dans cet état, la plante a un triste aspect ; tout annonce qu'elle conservera une chétive apparence ou qu'elle périra. Ce mal est dû à de petites chenilles que souvent on n'aperçoit pas du premier coup ; il faut écarter avec précaution les feuilles endommagées ; entre ces feuilles plus ou moins bien maintenues à l'aide de fils entrelacés, on trouve les chenilles. Si vous agitez la plante, il y en a qui se laisseront choir, mais en ayant soin

La Julienne ___ L'Alucite porrectelle

Paris. Imp. Lemercier r. de Seine 57

de se suspendre à un fil, à la manière d'une foule de chenilles arpenteuses et de la plupart des chenilles de Tinéides.

Notre espèce de la Julienne, qui est de la famille de ces dernières, ne dépasse guère 10 à 12 millimètres de longueur, quand elle a pris tout son accroissement. Son corps, d'un vert assez foncé en dessus et sur les côtés, plus pâle en dessous, est garni de rangées de points noirs surmontés d'un poil; sa tête seule est roussâtre (1). Vers la fin d'avril ou le commencement de mai, les chenilles de la Julienne sont arrivées au terme de leur croissance; chacune d'elles va filer sa coque pour se transformer en chrysalide; elle s'établira à la face inférieure d'une feuille, ou elle quittera la plante pour se retirer dans un endroit mieux abrité. Regardez ces coques, admirez-les. Elles sont grandes si l'on considère la taille des chenilles qui les ont construites, si l'on fait attention à la petitesse de la chrysalide qu'elles contiennent, mais c'est leur tissu qui est merveilleux. Figurez-vous, un réseau blanc à mailles écartées et d'une parfaite régularité, une véritable dentelle dont les fils sont suffisamment empesés pour conserver toute la rigidité nécessaire (2). Au travers de ce réseau si délicat, vous distinguerez la chrysalide; celle-ci est d'abord d'un vert clair, mais très promptement elle passe au gris jaunâtre (3).

Quinze ou vingt jours après cette transformation, paraît le papillon (4). Nous le reconnaissons pour appartenir à cette nombreuse famille de petits Lépidoptères qu'on appelle les Tinéides, dont nous avons eu déjà fréquemment l'occasion de parler. A ses ailes étroites, un peu falquées, appliquées l'une contre l'autre pendant le repos (5), à ses longs palpes garnis d'écailles et de grands poils (6), nous le reconnaissons pour appartenir au genre Alucite. L'Alucite de la Julienne (*Alucita porrectella*) a une envergure de 15 à 16 millimètres, quand ses ailes sont étendues (7); son corps est d'un jaune pâle; ses premières ailes sont de la même nuance, avec une bande longitudinale brune plus ou moins apparente, quelques raies à l'extrémité et des points noirâtres près des bords; ses secondes ailes sont d'un gris clair avec la frange jaunâtre. Pendant le jour, rien de plus ordinaire que de trouver les petits papillons posés sur les feuilles des Juliennes ou sur les plantes d'alentour, mais le soir ils voltigent de tous côtés, les mâles recherchant les femelles. Les Alucites sont écloses avant la floraison des Juliennes; les femelles vont pondre leurs œufs à peu près au moment où les fleurs viennent de se faner. Il est curieux ici de voir la plante épargnée par ses insectes destructeurs lorsqu'elle se montre dans toute sa beauté; c'est l'instant où beaucoup

(1) Pl. 25, fig. 1 et fig. 3 grossie.
(2) Pl. 25, fig. 2.
(3) Pl. 25, fig. 4.
(4) Pl. 25, fig. 5, 5' et 6.
(5) Pl. 25fi, g. 5.
(6) Pl. 25, fig. 7.
(7) Pl. 25, fig. 6.

d'autres sont le plus maltraitées. A la fin de juillet et durant le mois d'août, les Juliennes se trouvent attaquées de nouveau par les chenilles de l'Alucite. Une seconde génération de papillons paraît en septembre. Il est vraisemblable que la ponte a lieu à cette époque, que les œufs sont déposés sur les plantes qui nourrissent l'Alucite ; mais ici l'observation fait défaut, et l'on ne peut guère s'en étonner, en songeant à la difficulté de voir ces petits lépidoptères opérer le dépôt de leurs œufs. Du reste, comme des faits du même genre ont été constatés à l'égard d'autres espèces du même groupe, il n'est pas à craindre d'être conduit à une supposition hasardée. Les petites chenilles de l'Alucite de la Julienne doivent éclore en automne et hiverner dans des abris avoisinant les plantes qui les nourrissent, puisque dès le mois de mars nous les voyons déjà occupées à dévorer ces plantes.

L'Alucite porrectelle est bien l'espèce particulière à la Julienne ; il n'est pas ordinaire de la rencontrer ailleurs, cependant elle n'est pas tout à fait exclusive dans sa nourriture ; plusieurs fois nous l'avons observée sur des plantes potagères.

La destruction de cet insecte présente des difficultés. Il est peu commode d'enlever les chenilles sur les Juliennes, néanmoins ceux qui auraient la patience d'entreprendre ce travail durant le mois de mars réussiraient à purger leur jardin de l'Alucite ; les coques s'aperçoivent plus aisément au commencement de mai, il serait bon de chercher à en débarrasser les feuilles auxquelles elles demeurent ordinairement attachées ; enfin, pendant l'hiver, il faut toujours songer au raclage de la terre, au nettoyage des piquets de bois employés comme tuteurs et des murs voisins : c'est le moyen d'anéantir, aussi bien que les chrysalides, les petites chenilles qui hivernent.

La planche 25 montre une tige de Julienne des jardins (*Hesperis matronalis hortensis*) avant la floraison.

Son feuillage est attaqué par l'Alucite porrectelle (*Alucita porrectella*).

Sous le n° 1 on voit les chenilles de grandeur naturelle.

Sous le n° 2, les coques fixées à la partie inférieure des feuilles.

La figure 3 est une chenille grossie.

La figure 4, la chrysalide de grandeur naturelle.

La figure 5, le papillon posé sur le bord d'une feuille.

La figure 6, le papillon de grandeur naturelle, les ailes étendues.

La figure 7 montre la tête du papillon très grossie, vue de profil pour mettre en évidence la forme des palpes.

LES GIROFLÉES.

La Giroflée, voilà qui est bien vulgaire; c'est en vérité ce qu'il y a de plus vulgaire en fait de plantes d'ornement. Est-ce la peine de s'occuper des insectes nuisibles à un végétal si dédaigné? Et pourquoi non. L'amateur de fleurs rares tient peu sans doute à embellir son domaine avec des Giroflées; mais ces fleurs des pauvres gens, si accoutumées à s'épanouir à la fenêtre des plus humbles réduits, prennent place dans tous les jardinets, dans les cours, dans les avenues, etc. : le jour où la plante est rongée, quelqu'un pourrait regretter, malgré le peu de valeur de l'objet endommagé, que ce livre ne lui dise pas quel est l'auteur du dégât. La Giroflée commune (*Cheiranthus cheiri*) a produit, par la culture, des variétés nombreuses qui ont porté à en faire des collections; type du genre *Cheiranthus* de la famille des Crucifères, cette plante croit spontanément dans notre pays; on sait combien elle est abondante dans les endroits rocailleux, sur les murs, sur les rochers, etc.

Les Giroflées, cependant, ne sont pas attaquées par un grand nombre d'insectes; dans les jardins, elles ont plus à souffrir de la voracité des colimaçons et des limaces que de toute autre chose; plusieurs chenilles s'en nourrissent, une espèce de diptère se développe dans l'épaisseur de leurs feuilles; mais nous n'avons jamais eu à constater de ravages considérables occasionnés par ces insectes.

L'Alucite xylostelle.

Nous avons souvent à parler des Tinéides; nous venons de signaler, en particulier, le genre Alucite, en traitant de l'insecte nuisible à la Julienne, il est inutile d'insister de nouveau sur des caractères entomologiques. Il suffit de dire qu'une espèce de ce dernier genre attaque fréquemment les Giroflées. Cette espèce est l'Alucite xylostelle (*Alucita xylostella*, Lin.); comme son nom l'indique, sa chenille vit sur le Chèvrefeuille des bois (*Lonicera xylosteum*). Mais cette chenille est du nombre de celles qui n'ont pas de préférence marquée pour tel ou tel végétal. L'Alucite xylostelle se rencontre non-seulement sur divers arbrisseaux, mais encore sur une foule de plantes potagères, et dans les jardins elle attaque les Giroflées.

Ses habitudes, ses transformations sont analogues à celles de l'Alucite de la

Julienne. Elle a de même deux générations par an ; ses chenilles recoquillent les feuilles et se couvrent d'un léger tissu, les protégeant à la fois contre les intempéries des saisons et contre les animaux carnassiers (1). Elles se montrent sur les plantes dès le commencement du printemps. Leur corps est aminci aux deux extrémités ; leur couleur est d'un vert tendre, tirant quelquefois un peu sur le jaunâtre ; la tête seule est grise (2). Sur le point de se métamorphoser, elles se filent dans le tissu même qui les garantit une coque dont le tissu est un véritable treillis, comme celui de l'Alucite de la Julienne. La chrysalide, d'un jaune fauve après la transformation, brune lorsque approche le moment de l'éclosion, est d'une forme ramassée (3).

Les papillons naissent au mois de juin. Leur taille est bien minime, 12 à 15 centimètres d'envergure ; leurs ailes antérieures sont brunes, ornées près du bord interne d'une bande sinueuse d'un blanc rosé ; leurs ailes postérieures sont d'un gris noirâtre uniforme, luisant ; leur tête et leur corselet sont d'un blanc rosé et leur abdomen est noirâtre (4).

A la fin de l'été, les chenilles de la seconde génération envahissent de nouveau les Giroflées, et les papillons paraissent à l'automne. Tout se passe ici comme pour l'Alucite de la Julienne, ce que nous avons dit de l'une s'applique à l'autre.

Chose singulière, l'Alucite xylostelle nous est signalée comme très répandue et très nuisible à l'île Maurice, où elle attaque les plantes potagères. L'insecte aura été transporté dans cette île africaine avec les plantes, ainsi que nous en avons des exemples pour plusieurs espèces étrangères introduites et naturalisées en Europe.

La Phlogophore méticuleuse.

La Phlogophore méticuleuse est, dans notre pays, l'un des lépidoptères les plus communs de cette famille des Noctuelles dont nous avons si souvent à nous occuper quand il s'agit d'espèces nuisibles. Commençons d'abord par énoncer que toute Noctuelle du genre Phlogophore a des antennes très longues et un peu dentelées dans les mâles ; un corselet caréné en avant, avec le dos, chez les mâles également, garni de poils serrés formant une crête des plus élégantes ; ajoutons que ces chenilles, lisses, verdâtres ou tachetées, se nourrissent de plantes herbacées et se métamorphosent dans la terre.

La Phlogophore méticuleuse, qui fréquente les jardins, les taillis, les champs, est l'un des plus jolis et des plus curieux papillons de nuit (5). Ses premières ailes, toutes

(1) Pl. 27. fig. 2.
(2) Pl. 27, fig. 1 et 1'.
(3) Pl. 27, fig. 3.
(4) Pl. 27, fig. 4.
(5) Pl. 27, fig. 5.

festonnées à l'extrémité, sont d'un ton de chair rosé, avec une grande tache d'un vert pistache, dans laquelle se dessine une sorte de V, de la teinte générale des ailes; au côté interne, une seconde tache verte, et, enfin, près du bord terminal, une raie d'un vert jaunâtre et des lignes vertes et brunes; ses secondes ailes sont d'un gris rosé, reliées par plusieurs lignes courant près du bord marginal.

La Phlogophore méticuleuse a une attitude singulière lorsqu'elle est posée : ses ailes s'enroulent autour du corps et forment alors deux plis longitudinaux semblables à des gouttières.

La chenille est verte ou brunâtre avec les séparations des anneaux plus claires, et trois lignes longitudinales blanchâtres, une dorsale et deux latérales (1) ; ces lignes sont plus ou moins apparentes suivant les individus. Les variétés sont nombreuses chez cette espèce.

Il serait difficile d'énumérer, sans en omettre, tous les végétaux dont s'accommodent les chenilles de la Phlogophore méticuleuse.

La Betterave, les Orties, l'Absinthe, la Mercuriale, la Pimprenelle, la Poirée, les Primevères, leur conviennent parfaitement, et, en général, toutes les plantes basses qui, durant l'hiver, conservent quelques feuilles : car ces chenilles ne se transforment pas à l'automne comme la plupart des Noctuelles ; elles passent l'hiver, réfugiées sous les feuilles qui couvrent la terre ; engourdies s'il fait froid, reprenant activité, pour se remettre à manger, si la température s'adoucit.

Dans les jardins, les Méticuleuses dévorent souvent les pieds de Giroflée; mais après ce que nous avons dit, nul ne s'étonnera de les rencontrer encore sur d'autres plantes. A la fin de mars ou au commencement d'avril, elles ont atteint toute leur taille; elles entrent en terre, s'y forment une loge et quelquefois une sorte de coque composée de terre agglutinée par une petite quantité de soie ; un mois après, les papillons éclosent. Les chenilles produites par ces papillons se montrent durant l'été, et de nouveaux papillons paraissent à l'automne.

La Méticuleuse a au moins deux générations annuelles ; souvent davantage, car, par une exception assez rare, cette espèce n'a pas d'époques bien fixes. On rencontre les chenilles et les papillons pendant presque tous les mois de l'année; ce n'est que pendant l'hiver que les chenilles seules subsistent. C'est la saison qu'il faut choisir pour leur faire la chasse : en soulevant les feuilles qui reposent à terre, on est sûr de les découvrir aisément; comme leur taille est assez considérable, il est facile de les saisir et de les détruire.

La Méticuleuse n'est pas la seule Noctuelle qui ronge les Giroflées, il y en a une autre fort commune aussi dans les jardins qui s'en nourrit assez volontiers : c'est la Triphène fiancée (*Triphœna pronuba*), la Phalène hibou, de Geoffroy. Cependant nous ne l'avons jamais vue assez abondante sur ces plantes pour leur nuire d'une manière

(1) Pl. 27, fig. 6.

bien sensible; elle attaque plus ordinairement les Primevères, et plus encore les plantes potagères. Nous aurons donc bientôt l'occasion de la retrouver.

La Phytomyze des jardins.

Nous avons parlé des Phytomyzes, de ces petites mouches des végétaux dont les larves minent le parenchyme des feuilles (1). Chacun a remarqué ces galeries irrégulières qui se dessinent sur les feuilles d'une infinité de plantes, comme une traînée brune ou noirâtre. C'est souvent le chemin tracé par la larve mineuse d'un diptère : la larve, rongeant le parenchyme, avançant toujours au fur et à mesure qu'elle a vidé l'espace, décrit ainsi une galerie d'autant plus large que le moment où elle aura pris tout son accroissement est plus voisin. On le sait, l'épiderme des deux côtés de la feuille est toujours respecté par l'insecte ; de la sorte il vit, il se développe, il arrive au temps de sa métamorphose, en demeurant toujours garanti contre les dangers extérieurs.

Les végétaux attaqués par les larves mineuses de ces mouches phytophages souffrent peu, si seulement quelques-unes de leurs feuilles se trouvent envahies ; elles souffrent au contraire d'une façon évidente, si l'envahissement des feuilles est général. Les feuilles atteintes se flétrissent, se dessèchent, la plante dépérit.

Une de ces petites mouches, une de ces Phytomyzes, a été étudiée avec beaucoup de soin, pour la première fois, il y a peu d'années, par un entomologiste distingué, M. Goureau. L'habile observateur a rencontré cet insecte en abondance dans les jardins ; il l'a vu se développer sur la Giroflée et ensuite sur d'autres végétaux, tels que la Capucine, le Pavot, etc. Il l'a nommé la Phytomyze horticole (*Phytomyza horticola*). Depuis, nous avons eu plus d'une occasion de l'examiner.

Vous qui avez des jardins, à votre tour, examinez bien vers le mois de juin les feuilles des Giroflées ; il s'en présentera souvent où vous reconnaîtrez la galerie de la Phytomyze (2). Enlevez avec précaution l'épiderme au-dessus de la galerie, la petite larve sera mise à découvert. C'est un ver blanchâtre, aminci aux deux extrémités, avec la bouche munie de deux crochets recourbés (3), tel, en un mot, que la plupart des larves de mouches dont il n'est pas toujours facile de préciser les différences.

Arrivé au terme de sa croissance, le ver de la Phytomyze s'arrête ; au bout de la galerie qu'il a minée, il se ramasse sur lui-même, sa peau se durcit, s'isole des parties sous-jacentes, forme une véritable coque, une pupe, suivant l'expression des entomologistes : l'insecte est à l'état de nymphe. Au bout de quelques jours la mouche sort de cette enveloppe (4). La Phytomyze horticole est bien petite, 2 millimètres de long ; sa

(1) Pag. 70.
(2) Pl. 27, fig. 7.
(3) Pl. 27, fig. 8.
(4) Pl. 27, fig. 9.

couleur générale est noire; ses antennes et ses pattes le sont également, mais le devant de sa tête est blanchâtre; son corselet est gris; le second anneau de son abdomen offre un liséré blanc.

Les Phytomyzes paraissent avoir au moins deux générations par an; du reste, comme nous l'avons dit précédemment, on n'a pas observé encore de quelle façon elles passent l'hiver. Selon toute apparence, ce sont les insectes adultes qui attendent le retour de la belle saison pour propager leur espèce. Plusieurs parasites de la famille des Ichneumonides vivent aux dépens des larves de notre diptère et en détruisent un certain nombre; M. Goureau a fait connaître ces parasites, il n'est pas nécessaire d'en donner ici une description. Partout où les Phytomyzes se montrent en assez grande abondance pour nuire au végétal qu'elles attaquent, on a un moyen facile de s'en débarrasser : les galeries qui serpentent sur les feuilles trahissent leur présence, il suffit d'enlever ces feuilles avant la transformation des larves et de les faire aussitôt disparaître.

La planche 27 montre une branche de la Giroflée des jardins, attaquée par divers insectes.

Sous les nᵒˢ 1 et 1', les chenilles de l'Alucite xylostelle (*Alucita xylostella*).

Sous les nₒₛ 2 et 2' on remarque les chenilles revêtues du tissu dont elles se protègent.

La figure 3 est la chrysalide.

La figure 4, le papillon.

La figure 5 est la Phlogophore méticuleuse (*Phlogophora meticulosa*, Lin.).

La figure 6, sa chenille.

Sous les nᵒˢ 7, 7' on voit les galeries de la Phytomyze horticole (*Phytomyza horticola*, Goureau).

La figure 8 est la larve grossie; 8' sa grandeur naturelle.

La figure 9, la Phytomyze grossie; 9' sa grandeur naturelle.

L'ÉRYTHRÉE, OU LA PETITE CENTAURÉE.

L'Érythrée, ou petite Centaurée (*Erythræa centaurium*), qui croît dans les champs, dans les clairières, le long des haies, regardée autrefois comme douée d'excellentes propriétés médicales, aujourd'hui presque abandonnée, ne mérite sans doute pas d'être comptée au nombre des plantes d'ornement. On la cultive peu dans les jardins, mais plusieurs espèces étrangères du même genre y ont leur place; l'insecte qui nuit à la plante indigène à notre pays attaque également ses congénères exotiques. C'est un motif pour ne point la passer sous silence.

La petite Centaurée, on le sait, est des plus communes en France; elle est le type du genre Érythrée (*Erythræa*) de la famille des Gentianées. Seul, ce nom vulgaire semble le rattacher au genre des Centaurées, qui est d'une tout autre famille, celle des Cynanthérées-Cynarées. L'insecte dont nous avons ici à présenter l'histoire abonde quelquefois dans les parcs et les jardins; il vit particulièrement sur les Érythrées, néanmoins il se nourrit de végétaux appartenant à d'autres groupes, notamment de quelques espèces de Centaurées.

L'Eupithecia de la Centaurée.

Au printemps, au milieu de l'été, quelquefois encore à l'automne, on rencontre communément dans les jardins où l'on cultive les Erythrées et certaines Centaurées un petit papillon de la famille des Phalènes. Ce papillon, dont les ailes déployées ne dépassent guère 2 millimètres d'envergure, est d'un blanc mat relevé par des raies brunes toutes dentelées; ses premières ailes, blanches dans la plus grande partie de leur étendue, ont leur extrémité d'un gris roux, traversée par une raie blanchâtre; elles ont près de leur bord costal une tache d'un gris de perle et des lignes sinueuses brunes qui s'étendent jusqu'au bord interne; ses secondes ailes, plus étroitement bordées à leur extrémité de la teinte d'un gris roux, sont marquées à leur bord interne de petites raies brisées fort rapprochées les unes des autres. Ce papillon est l'Eupithecia de la Centaurée (*Eupithecia centaurearia*, **Phalæna centaureata** des anciens auteurs) (1). Dans la nombreuse famille des Phalénides, ou Géomètres, toute espèce du genre *Eupithecia* se distingue à des antennes simples dans les deux sexes,

(1) Pl. 26, fig. 4.

La petite Centaurée _____ L'Eupithecia de la Centaurée

à des palpes allongés s'élevant au devant de la tête, à des ailes antérieures assez étroites comparativement à celles des autres Phalènes, etc.

Pendant le jour, notre Phalène des Érythrées et des Centaurées se tient immobile sous les feuilles, sous les rebords des murs, sur les palissades; le matin et le soir, elle voltige et alors les sexes se rapprochent. Les papillons de la première génération paraissent au commencement de mai; dès la fin du même mois, les jeunes chenilles se montrent sur les plantes; au mois de juin, elles ont pris tout leur accroissement. Ces chenilles ont alors de 2 centimètres à 2 centimètres et demi de longueur. Comme toutes les Géomètres, elles sont minces et presque cylindriques; quant à leur coloration, elle est variable selon les individus: ordinairement la teinte générale est d'un blanc gris avec des lignes latérales et des taches dorsales d'un rose vif ou d'un violet tendre (1); quelquefois la teinte générale est plus jaune et les lignes et les taches sont d'un brun rougeâtre; quelquefois encore la teinte générale et même les taches devien-nent verdâtres.

Pendant le mois de juin, la métamorphose a lieu; les chenilles s'établissent sous les feuilles ou au pied de la plante, ou dans des réduits du voisinage, et s'y forment une coque allongée d'un tissu lâche qui laisse apercevoir à l'intérieur la chrysalide. Celle-ci est ovalaire et d'un brun nuancé de vert (2). Les insectes adultes éclosent douze ou quinze jours après la métamorphose des chenilles en chrysalides. Les chenilles de la seconde génération se montrent au milieu de l'été; cette seconde génération est souvent suivie d'une troisième, surtout si la saison est chaude. Les Eupithécias passent l'hiver sous la forme de chrysalides; celles qui sont destinées à supporter les rigueurs de cette partie de l'année ne manquent pas de s'abriter mieux que celles qui subissent leurs transformations dans le cours de l'été; elles se logent dans la terre au pied des plantes.

A ce dernier trait de la vie des phalènes des Érythrées, vous reconnaissez tout de suite le moyen de leur faire la guerre. C'est encore au raclage de la terre qu'il faut recourir ici; car, comment aller chercher les chenilles sur les plantes basses? comment saisir les papillons si agiles et toujours dispersés? Les chenilles de l'Eupithécia rongent les feuilles; dans les localités où elles sont nombreuses, les plantes se trouvent rapide-ment dépouillées par ces insectes, et beaucoup d'entre elles périssent

La planche 26 montre une branche de petite Centaurée (*Erythræa centaurium*, attaquée par les chenilles de l'Eupithecia de la Centaurée (*Eupithecia centaurearia*).

Les figures 1 et 1' montrent deux chenilles de couleurs un peu différentes.

La figure 2, une coque fixée à la face inférieure d'une feuille.

La figure 3, la chrysalide tirée de sa coque.

La figure 4, le Papillon.

(1) Pl. 26, fig. 1 et 1'.
(2) Pl. 26, fig. 2.

I. 23

LES OEILLETS.

Y a-t-il beaucoup de plantes d'ornement plus généralement cultivées que les OEillets?
Ces végétaux embellissent tous les jardins, ornent même les terrasses et les balcons
des habitants des villes. L'espèce type du genre a fourni par la culture des variétés si
nombreuses et si belles, que des collections se forment continuellement où l'on admire
le développement des fleurs, la richesse, la diversité et l'heureux mélange de leurs
couleurs. L'amateur d'œillets, comme l'amateur de roses, est tout fier d'une variété
obtenue pour la première fois par une suite d'efforts et de soins minutieux. Aussi
est-ce pour les jardiniers une branche importante que celle de la culture des OEillets.

Ces belles plantes sont exposées aux ravages de plusieurs insectes. Dans certaines
localités, des collections entières parfois se trouvent entièrement perdues au moment
même de la floraison. Les OEillets sont attaqués, il est vrai, par peu d'espèces; nous
ne verrons pas ici, comme pour les Rosiers, passer sous nos yeux des représentants
de la plupart des grandes divisions de la classe des insectes; nous n'aurons guère à
signaler que quelques chenilles, mais ces chenilles, principalement celles d'une espèce
particulière aux OEillets, abondent quelquefois dans les jardins et causent des dégâts
fort considérables.

Les OEillets (*Dianthus*) constituent un grand genre de la famille des Caryophyllées,
mais nous avons ici seulement à nous occuper des espèces généralement cultivées;
d'ailleurs dans les jardins les différentes espèces sont dévorées indifféremment par les
mêmes insectes.

Le premier des OEillets est celui dont la culture a produit tant de magnifiques
variétés : l'OEillet giroflée (*Dianthus caryophyllus*, Linné), ou comme on l'appelle
encore, l'OEillet des jardins, l'OEillet des fleuristes, le type enfin du genre *Caryo-
phyllum* des botanistes modernes. Dans le langage des horticulteurs, toutes les variétés
de cette espèce ont reçu des qualifications, aussi bien que les roses; c'est aux ouvrages
spéciaux qu'il faut recourir pour en trouver l'énumération. L'OEillet des jardins croît
spontanément dans l'Europe méridionale; cette circonstance donnerait à penser qu'il
doit être exposé aux ravages d'un grand nombre d'insectes; pourtant ce n'est pas le
cas ici, une seule espèce dévastatrice est vraiment propre à l'OEillet.

L'OEillet mignardise *Dianthus plumarius*, Linné, que l'on cultive surtout en
bordures; le joli OEillet de poëte (*Dianthus barbatus*, Linné), connu encore sous les

noms d'Œillet barbu, d'Œillet bouquet, de Parfait bouquet, de Jalousie, etc., à l'état sauvage dans nos départements méridionaux et si répandu par la culture dans les jardins où ses fleurs prennent des nuances diverses, et tous les autres Œillets cultivés, sont exposés à être dévorés par les mêmes chenilles qui vivent aux dépens de l'Œillet giroflée.

La Dianthécie arrangée.

Promenez-vous dans un jardin par les chaudes soirées des derniers jours du mois de juin, à ce moment où les Œillets sont sur le point de s'épanouir, vous verrez voltiger souvent en abondance des papillons de nuit dont les ailes sont agréablement variées de noir et de blanc. Ces papillons appartiennent à cette grande famille des Noctuelles (*Noctuélides*), dont nous avons déjà en diverses circonstances esquissé les principaux traits. Ils sont d'une espèce que les anciens naturalistes ont appelée la Noctuelle arrangée (*Noctua compta*), que les entomologistes modernes classent dans un genre particulier, le genre Dianthécie (*Dianthœcia*), caractérisé principalement par des antennes presque simples, par des palpes terminés par un article en forme de petit tubercule, par des ailes assez courtes, par l'oviducte toujours saillant chez les femelles, etc.

La Dianthécie arrangée (*Dianthœcia compta*, Fabr.) (1), a une envergure de 30 à 35 millimètres. Ses premières ailes sont d'un noir bleuâtre velouté, marquées de blanc à leur base et traversées dans leur milieu par une grande tache également blanche; les deux taches qu'on remarque d'ordinaire sur les ailes des Noctuelles se dessinent légèrement en noir au milieu de la tache blanche; des lignes ondulées, les unes noires ou bleuâtres, les autres jaunâtres, traversent encore les ailes antérieures de notre Dianthécie; ses secondes ailes sont d'un gris brunâtre ayant près de l'angle postérieur un point jaunâtre, la frange est de cette dernière nuance et coupée par une ligne grise dans toute son étendue.

Les Dianthécies viennent pondre leurs œufs sur les Œillets; les jeunes chenilles qui en sortent au bout de peu de jours s'introduisent dans les capsules des fleurs et en rongent tout l'intérieur: aussi c'est fait de toute fleur ainsi attaquée, la capsule jaunit, l'Œillet avorte, ou se flétrit s'il était déjà épanoui quand la jeune chenille a commencé à le dévorer. Les Dianthécies, pendant leur premier âge, vivent donc entièrement cachées, mais elles grossissent rapidement; bientôt les capsules des Œillets ne peuvent plus les contenir; les chenilles alors en percent l'enveloppe; s'établissant sur les tiges, elles n'ont pas pour cela renoncé aux fleurs, elles introduisent la partie antérieure de leur corps dans le calice et continuent à ronger la portion de la plante qui leur convient le mieux.

(1) Pl. 28, fig. 4.

Les chenilles de la Dianthécie arrangée (1) sont un peu amincies aux deux extrémités ; leur couleur est d'un gris roussâtre très pâle, tout saupoudré d'atomes brunâtres presque imperceptibles. Ces chenilles, qui varient légèrement par leur coloration suivant les individus, ont d'ordinaire une ligne pâle au milieu du dos, bordée par des atomes bruns qui envahissent quelquefois la ligne claire, et forment ainsi une bande brune ; en outre, une ou deux raies grisâtres de chaque côté du dos, une bande latérale brunâtre et quatre points sur chaque anneau relèvent la teinte générale.

A la fin de juillet et au mois d'août, les chenilles de Dianthécies sont parvenues au terme de leur croissance ; elles descendent au pied de la plante, y séjournent quelquefois un peu ; puis, s'établissant dans une cavité ou s'enfonçant dans la terre, chaque individu se forme une coque pour se changer en chrysalide. La coque n'est pas brillante ; des parcelles de terre réunies au moyen d'une soie peu abondante en font les frais (2). La chrysalide est d'un brun rouge luisant, comme presque toutes les chrysalides des papillons nocturnes ; son dos est légèrement chagriné et son extrémité postérieure supporte deux petites épines divergentes (3). Ces épines, qu'on remarque souvent chez les chrysalides, leur servent à se maintenir en s'accrochant aux parois de la coque ; la partie la plus insignifiante en apparence chez un animal remplit toujours son rôle.

Voilà nos Dianthécies endormies à la surface du sol jusqu'au mois de juin de l'année suivante. Il n'y a ici qu'une seule génération annuelle. Connaître les métamorphoses de l'espèce, connaître ses moments d'apparition, sous la forme de chenille et de papillon, le lieu de son séjour sous la forme de chrysalide, n'est-ce pas connaître le moyen de détruire l'insecte ? Irez-vous le soir faire la chasse aux papillons ? irezvous chercher les chenilles dans le calice des OEillets ? Non, assurément ; la peine serait trop grande et le résultat trop faible. Mais pendant l'hiver n'oubliez pas d'enlever les chrysalides ; il suffit alors de racler le sol à une bien petite profondeur, pour être certain de n'en laisser guère échapper. Le travail devient peu de chose et le résultat presque complet ; plus de chrysalides, il n'y aura pas de papillons au printemps prochain ; plus de papillons, il n'y aura pas l'été de chenilles dévorant vos OEillets. Sans doute, une femelle échappée de l'enclos voisin sera peut-être venue chez vous déposer ses œufs. Vous ne vous étonnerez donc pas si, après avoir soigneusement enlevé toutes les chrysalides, vous voyez encore çà et là quelques chenilles ; seulement, vous engagerez vos voisins à apporter le même soin que vous à la destruction de l'insecte nuisible, et l'intérêt commun bien entendu, chacun se félicitera de voir épargnées les plus belles fleurs de son domaine.

La Dianthécie arrangée s'attaque presque indifféremment à tous nos OEillets cul-

(1) Pl. 28, fig. 1, 1'.
(2) Pl. 28, fig. 2.
(3) Pl. 28, fig. 3.

tivés ; elle maltraite habituellement les Œillets des jardins (*Dianthus caryophyllus* et *Dianthus prolifer*), mais souvent on la voit s'en prendre aux Œillets de poëte, et, comme chez ceux-ci les calices sont très petits, une seule chenille anéantit bientôt une grande quantité de fleurs.

La planche 28 montre quelques Œillets des jardins attaqués par les chenilles de la Dianthécie arrangée (*Dianthœcia compta*, Fabr., Ochs.).

La figure 1 est une chenille au repos arrivée au terme de sa croissance.

La figure 1', une chenille dont la partie antérieure du corps est engagée dans l'Œille qu'elle dévore.

La figure 2 est la coque.

La figure 3, la chrysalide de grandeur naturelle.

La figure 4, le papillon.

La Noctuelle point d'exclamation.

Au temps où apparaît dans les jardins la Dianthécie de l'Œillet, se montre également et souvent en grande abondance un autre papillon de la même famille (Noctuélides), que nous classerons dans le genre Noctuelle proprement dit (*Noctua*). Les papillons du genre Noctuelle se font remarquer par leurs antennes longues et dentelées dans les mâles, par leurs palpes courts, par leur dos aplati et leurs ailes oblongues.

Leurs chenilles, souvent presque vermiformes, vivent sur les plantes basses et se transforment dans la terre.

L'espèce de Noctuelle que nous avons à signaler ici particulièrement, est la Noctuelle point d'exclamation (*Noctua exclamationis*) (1), espèce des plus communes partout, presque toujours fort répandue dans les jardins et s'attaquant à une foule de végétaux.

La Noctuelle point d'exclamation, appelée la *double tache* par Geoffroy, le vieil historien des insectes des environs de Paris, est un papillon dont les premières ailes sont d'un gris assez clair, relevé par les deux taches ordinaires chez la plupart des Noctuelles qui se dessinent en brun noirâtre, au-dessous par une autre tache noire affectant un peu la forme d'un point d'exclamation, enfin par deux lignes flexueuses noires et à l'extrémité par une ligne blanchâtre formant des zigzags.

Les papillons sont nés au mois de juin ; au mois de juillet, les petites chenilles paraissent sur les plantes ; un peu plus tard, on les trouve ayant pris tout leur développement.

Les chenilles de la Noctuelle point d'exclamation sont massives, presque vermiformes ; leur peau est lisse et comme visqueuse, d'un gris terreux clair avec des raies

(1) Pl. 29, fig. 1.

longitudinales plus obscures, des points noirs disséminés sur chaque anneau ; leur tête est d'une nuance plus fauve et marquée de lignes noires (1).

Ces chenilles sont souvent très nuisibles aux OEillets ; elles n'attaquent en général, ni les boutons, ni les fleurs, comme la Dianthécie parée ; elles s'en prennent aux feuilles, surtout à celles de la partie inférieure de la tige ; quand elles ont rongé les feuilles les plus voisines de la terre, elles montent pour gagner les feuilles supérieures, et de la sorte finissent par dépouiller la plante tout entière. Qu'on imagine, dans les jardins où ces chenilles abondent dans les plants ou les bordures d'OEillets, le ravage qu'elles causent pendant le temps qu'elles mettent à croître. Les OEillets, privés de leur feuillage plus ou moins totalement, offrent un aspect déjà fort triste, et cette privation entraîne la flétrissure des fleurs et l'avortement des boutons. Il est donc fort essentiel d'empêcher les Noctuelles point d'exclamation de se propager ; elles exercent des dégâts souvent considérables, et à plus d'un genre de plantes, comme on le verra dans la suite.

Pendant le jour, les chenilles de la Noctuelle point d'exclamation, qui recherchent l'humidité, s'abritent au pied du végétal dont elles se nourrissent ; arrivées à l'époque de leur métamorphose, elles s'enfoncent dans la terre, s'y forment une loge tapissée d'une faible quantité de soie, et bientôt après se transforment en chrysalides. Celles-ci n'offrent rien de particulier ; de même que la plupart des chrysalides de lépidoptères nocturnes, elles sont oblongues et entièrement d'un brun noirâtre luisant (2). Les papillons n'éclosent que l'année suivante.

Le genre de vie, les époques de transformations de notre espèce, disent pleinement ce que l'on doit faire pour la détruire. Il n'y a évidemment qu'à s'attacher à enlever les chrysalides soit à l'automne, soit pendant l'hiver, comme nous l'avons prescrit pour la Dianthécie et une foule d'autres espèces.

L'Hadena potagère.

C'est encore une Noctuelle (*Hadena oleracea*, L.) dont la chenille est un véritable fléau pour les jardins ; s'attaquant indifféremment à des plantes de familles très diverses, elle cause de grands dégâts, souvent elle nuit beaucoup aux OEillets. Cependant, comme elle est plus funeste à d'autres végétaux, ce n'est pas ici que nous comptons la décrire. Nous la retrouverons bientôt parmi les espèces nuisibles aux Dahlias, aux Phlox, etc. ; nous la retrouverons encore lorsque, dans une autre partie de cet ouvrage, nous traiterons des espèces qui dévorent nos plantes potagères.

(1) Pl. 29, fig. 2 et 2'.
(2) Pl. 29, fig. 3.

Le Puceron de l'Œillet.

Les Œillets ne sont pas aussi fréquemment attaqués par les pucerons que bien d'autres plantes, pourtant ils ont encore à souffrir de la présence de ces insectes. Le Puceron de l'Œillet (*Aphis Dianthi*, Schrank) est très petit, noirâtre, avec l'abdomen jaune, les palpes de cette couleur, ayant les genoux et les tarses noirs. Les individus ailés ont les ailes longues et diaphanes ; nous ne décrirons pas leurs nervures, notre figure en donne une idée suffisante (1). Au printemps, les Pucerons se montrent sur les tiges, épuisent peu à peu le végétal ; lorsque les boutons paraissent, on les voit avorter ou donner des fleurs chétives et mal venues. Nous n'entrerons dans aucun détail sur la multiplication du Puceron de l'Œillet ; les faits que nous avons signalés en parlant des Pucerons des chèvrefeuilles et des rosiers s'appliquent à toutes les espèces du genre. Le Puceron de l'Œillet est regardé par divers entomologistes comme vivant non-seulement sur toutes les sortes d'Œillets, mais encore sur des plantes de familles différentes telles que des Crucifères. Pour s'en débarrasser, on n'a pas d'autre ressource connue que celle d'arroser les végétaux infestés avec des décoctions de plantes âcres, de tabac ou de feuilles de noyer.

La planche 29 représente une branche d'Œillet de poëte (*Dianthus barbatus*) attaquée par la Noctuelle point d'exclamation (*Noctua exclamationis*, Linné), et par le Puceron de l'Œillet (*Aphis Dianthi*, Schrank).

La figure 1 est la Noctuelle point d'exclamation.

Les figures 2, 2′, ses chenilles.

La figure 3, sa chrysalide.

Sous le nº 4, on voit une portion de tige chargée de Pucerons.

La figure 5, est le Puceron de l'Œillet, mâle, très grossi.

La figure 6, la femelle, également très grossie.

Le Thrips commun.

Il s'agit ici d'un type que nous mentionnons pour la première fois dans cet ouvrage. Nous voilà donc forcé d'entrer dans quelques détails entomologiques. Qu'est-ce qu'un Thrips ? Un Thrips, c'est ce tout petit insecte mince, ordinairement noir, que vous voyez courir sur les fleurs ; c'est cet insecte si grêle et si agile que vous apercevez dans chaque épi de blé. Les Thrips sont nombreux en espèces et les individus se montrent presque toujours en grande abondance. Ces insectes sont, sans exception,

(1) Pl. 29, fig. 5.

d'une taille des plus exiguës ; ils ne dépassent jamais 2 ou 3 millimètres de longueur, et notez bien que cette longueur est énorme comparativement à sa largeur. Les Thrips forment une petite famille naturelle, véritablement un grand genre. De quel ordre est ce genre? Il n'y a pas bien longtemps encore, tous les naturalistes le classaient dans l'ordre des Hémiptères ; on avait autrefois une certaine répugnance à étudier ce qu'il n'était pas possible de découvrir à la vue simple ou tout au plus à l'aide d'une loupe ; le microscope était regardé comme bien inutile pour observer les détails de la structure des insectes. Vint le jour néanmoins où il parut intéressant d'examiner sérieusement les caractères des Thrips. On arriva vite alors à reconnaître que ces insectes n'avaient pas un suçoir comme la Punaise ou le Puceron, qu'ainsi ce n'étaient pas des Hémiptères. En effet, les Thrips ont une bouche pourvue d'une paire de mandibules longues et presque sétiformes, des mâchoires et une lèvre munie de palpes articulés. D'autres caractères plus apparents les font distinguer encore. Ainsi ils ont des antennes filiformes, assez longues, formées de cinq articles au moins, de neuf au plus ; ils ont sur le sommet de la tête, entre les gros yeux latéraux, trois petits yeux lisses ou ocelles ; ils ont quatre ailes extrêmement étroites, entièrement membraneuses, n'offrant ni réticulation, ni plissures, mais des bords garnis d'une large frange soyeuse d'une inexprimable délicatesse : l'élégance n'est pas refusée par la nature même à ces êtres à peine visibles à nos yeux ; ils ont enfin, ces Thrips, des pattes assez fortes relativement au volume de leur corps, terminées par des tarses vésiculeux et composés de deux articles.

Ces caractères bien constatés, il n'y avait plus à hésiter, le genre des Thrips devenait le type d'un ordre particulier, ordre qui a reçu de M. Haliday, l'auteur anglais qui a le mieux étudié ces insectes, le nom de Thysanoptères.

Les Thrips ou Thysanoptères, comme les Hémiptères et les Orthoptères, ont des métamorphorses incomplètes ; leur forme de nymphes n'est pas marquée par un temps d'inactivité. Les larves, que souvent on rencontre au milieu d'individus adultes, ont la même forme que ces derniers ; elles s'en distinguent par l'absence d'ailes et aussi par la couleur, qui d'ordinaire est jaune ou rougeâtre ; après quelques mues ou changements de peau, elles prennent des rudiments d'ailes, et leur couleur se rembrunit : à ce moment elles sont à l'état de nymphes ; une dernière mue survient, leurs ailes paraissent dans un entier développement, les Thrips sont sous leur dernière forme.

Ces insectes se rencontrent sur une infinité de fleurs ; ils entament les pétales à l'aide de leurs petites mâchoires, ils s'en prennent également aux boutons, et il n'est pas rare qu'ils les empêchent de s'épanouir, si beaucoup d'individus s'y sont portés. Les OEillets sont quelquefois endommagés par ces Thrips, surtout par une espèce fort répandue dans les jardins, qui, à raison de sa multiplicité, a reçu le nom de Thrips commun (*Thrips vulgatissima*, Halid.) (1). Cette espèce est noire, le mâle tirant un

(1) Pl. 28, fig. 5.

peu plus sur le brun que la femelle; les antennes et les ailes sont grises ou blanchâtres, et les pattes également très pâles avec le milieu des cuisses et des jambes noirâtre.

Le Thrips commun abonde très ordinairement sur les OEillets, mais il vit aussi sur une infinité d'autres plantes; on le trouve sur des Ombellifères, des Crucifères et bien d'autres encore. Diverses espèces aussi plus répandues sur certains végétaux fréquentent néanmoins les OEillets; nous ne les décrirons pas : ces insectes ne diffèrent entre eux que par des détails de peu d'importance, et, à propos de dégâts commis dans différentes cultures, nous aurons plus d'une fois l'occasion d'y revenir.

Toutes les particularités de la vie des Thrips ne sont pas connues comme celles de la plupart des lépidoptères et des coléoptères. Qui s'en étonnerait, lorsqu'il s'agit d'insectes presque microscopiques? Les Thrips ont, à n'en pas douter, plusieurs générations par an; mais où s'opère le dépôt des œufs? C'est pendant l'été, sur les végétaux mêmes où ils vivent. Mais en est-il ainsi à l'arrière-saison? c'est ce qui n'a pas été observé. Les œufs passent-ils l'hiver, ou bien les insectes adultes vont-ils se réfugier sous les écorces et dans toutes sortes de retraites, dès que le froid se fait sentir, pour reparaître au printemps et se livrer alors à la reproduction de leur espèce? Ce sont autant de questions qui ne peuvent être encore résolues. Nous avons porté beaucoup d'attention sur ce sujet; malgré tout, il n'a pas été possible de s'assurer de la réalité entière. On le comprendra sans peine : un insecte long de 2 millimètres et large d'un demi-millimètre produit des œufs qu'il est aisé de dérober à nos regards. Qu'on ne s'y trompe pas néanmoins, ces sortes de détails sont loin d'être inutiles à connaître pour le but que nous nous proposons, la destruction des espèces nuisibles. Dans l'état actuel, quels moyens devons-nous employer pour préserver les fleurs des atteintes des Thrips? Il y en a peu certainement; le seul qui se présente avec chance d'être efficace consiste à laver ou à arroser les plantes avant la floraison, comme s'il s'agissait de la destruction des Pucerons.

La planche 28 montre un OEillet envahi par les Thrips.

Sous le n° 5 on voit plusieurs individus répandus sur la fleur.

La figure 6 est le Thrips commun (*Thrips vulgatissima*, Halid.), très grossi.

La figure 7, sa grandeur naturelle.

Les autres Animaux nuisibles aux OEillets.

Les insectes dont l'histoire vient d'être tracée peuvent être considérés comme les seules espèces nuisibles aux OEillets. C'est le cas au moins dans notre pays; car il n'en est sans doute pas partout absolument de même. Dans la Russie méridionale une Noctuelle du genre Dianthécie, voisine de notre espèce commune, est appelée la Dianthécie de l'OEillet (*Dianthœcia Dianthi*, Hubner); son genre de vie, suivant les écrivains russes, est analogue à celui de la Dianthécie arrangée. Dans la même contrée, un coléoptère de la famille des Buprestes (*Sphœnoptera Dianthi*, Steven) vit aussi sur les OEillets, mais nous ignorons s'il est vraiment préjudiciable à ces belles plantes.

Nous mentionnerons enfin un hémiptère du groupe des Cicadelles que l'on rencontre fréquemment dans les jardins. Cet insecte est du genre Aphrophore, déjà mentionné à propos des espèces nuisibles aux rosiers (1). On le nomme Aphrophore à deux bandes (*Aphrophora bifasciata, Cicada bifasciata*, Linné). Long de 5 à 6 millimètres, jaunâtre, ou gris ou brun, tantôt tacheté sur le corselet et les élytres, tantôt d'une teinte uniforme, offrant en un mot mille variétés de coloration , le petit Aphrophore vit sur une infinité de végétaux dont il suce la séve. Parfois cet hémiptère est assez répandu sur les OEillets, aussi une de ses nombreuses variétés a-t-elle reçu le nom d'Aphrophore de l'OEillet (*Aphrophora Dianthi*, Saint-Fargeau et Serville). Le meilleur moyen pour détruire ces insectes est d'employer l'instrument en entonnoir, terminé par un sac, pour les y faire tomber en secouant brusquement les tiges sur lesquelles ils sont posés.

Ajoutons encore que les Limaces et les Colimaçons, qui maltraitent un si grand nombre de nos plantes d'ornement, n'épargnent point les OEillets. Nous avons signalé l eurs espèces, il n'est plus besoin d'y revenir.

(1) Page 154.

Les Capucines ____ La Mélanthie ondée

Paris Imp vémy-tirw r S.t Jacques 33

LES CAPUCINES.

La Capucine commune (***Tropœolum majus***, Lin.) s'étale assez ordinairement le long du mur du potager, mais souvent aussi ses belles fleurs contribuent à embellir le jardin ; de jolies variétés ont été produites par la culture, et cela suffirait pour la faire rechercher comme plante d'ornement. Au reste, ce n'est pas seulement de la Capucine commune dont nous avons à nous entretenir ici. On cultive douze ou quinze espèces de Capucines, et toutes sont fort exposées aux ravages des chenilles ; il ne faut pas même en excepter l'espèce si particulière, connue sous le nom de Capucine tubéreuse (***Tropœolum tuberosum***).

Les Capucines (***Tropœolum***) forment un grand genre, classé autrefois dans la famille des Géraniacées, devenu depuis le type de la famille des Tropéolées ou Tropéolacées. Ce sont des plantes originaires des parties tempérées de l'Amérique méridionale. Cette origine est de nature à faire penser que ces végétaux doivent être épargnés par nos insectes, comme cela se voit pour la plupart des plantes étrangères dont les genres n'ont pas de représentants en Europe ; néanmoins il n'en est pas ainsi pour les Capucines. Des chenilles qui s'attaquent également à des plantes de différents groupes, des chenilles qui vivent principalement sur les Crucifères, dévorent ces végétaux amenés de l'Amérique et leur deviennent souvent fort préjudiciables.

La Mélanthie ondée.

Presque partout dans les jardins des villes, quelquefois même dans les encoignures des fenêtres, surtout s'il y a un peu de végétation sur le balcon, aussi bien que dans les campagnes, on voit dès le printemps une espèce de Phalène se tenant cachée pendant le jour sous les rebords des murailles, sous les feuilles, sur les troncs d'arbres, etc. Cette Phalène (1) n'a pas plus de 2 à 3 centimètres d'envergure ; ses ailes sont d'un gris blanchâtre parfois un peu rosé, traversées par de nombreuses lignes transversales ondulées d'un gris plus foncé ; les antérieures, qui sont plus blanches que les postérieures, ont à leur base une tache noirâtre, au centre une bande de la même couleur, qui se rétrécit ou disparaît même entièrement vers le bord interne, et près du

(1) Pl. 30, fig. 3.

sommet une tache assez petite également noirâtre. Cette Phalène si commune est la Mélanthie ondée (*Melanthia fluctuaria*, Linné). On la trouve immobile, avons-nous dit, pendant le jour, mais au crépuscule elle vole de tous côtés; ce sont les sexes qui se recherchent, puis ce sont les femelles qui cherchent la plante convenable pour y déposer leurs œufs. Au mois de juin, nous voyons dans une foule d'endroits les feuilles des Capucines toutes percées de trous (1); regarde-t-on superficiellement la plante, on n'aperçoit rien; un peu d'attention est nécessaire, il faut retourner chaque feuille et examiner de très près, on reconnaît alors de petites chenilles effilées qui se confondent presque avec la teinte de la face inférieure des feuilles : ce sont des arpenteuses, des géomètres, ce sont les chenilles de la Mélanthie ondée. D'abord vertes ou jaunâtres avec des lignes longitudinales très déliées (2), elles prennent des nuances fort diverses suivant les individus, en avançant en âge. Il y en a de grisâtres avec la portion ventrale plus fauve (3); il y en a de presque brunes, de jaunes avec des raies brunes et des lignes blanches le long du dos (4), de jaune pâle avec de larges bandes noires sur les côtés et des points épars de la même couleur (5); il y en a enfin de toutes les nuances intermédiaires. Les chenilles de la Mélanthie, comme toutes les arpenteuses, demeurent souvent immobiles, dressées sur leurs pattes de derrière; c'est le soir ou même pendant la nuit qu'elles se déplacent et qu'elles rongent les feuilles. D'abord, avons-nous dit, elles les attaquent sur une infinité de points, et forment de la sorte une multitude de trous, qui parfois ressemblent à une espèce de broderie. Peu à peu les trous s'agrandissent et souvent les grosses nervures seules sont épargnées. Quand la plante est dévorée sur tous les points par les chenilles de la Mélanthie, elle dépérit rapidement ; les feuilles entamées jaunissent et se dessèchent, les tiges se flétrissent, les fleurs se fanent et les boutons avortent. Au milieu de l'été, ces chenilles si nuisibles aux Capucines descendent au pied de la plante, et sous des détritus à la surface du sol, ou peu enfoncées dans la terre, elles s'enveloppent d'un léger tissu et se transforment en chrysalides. Celles-ci sont oblongues, d'un brun clair, lisses et luisantes (6). Quinze jours après, de nouveaux papillons éclosent et donnent naissance à une nouvelle génération de chenilles qui se montre à la fin de l'été et au commencement de l'automne. Cette fois, les chenilles prêtes à se métamorphoser vont pénétrer un peu plus profondément dans la terre, s'abriter d'une manière plus sûre que ne l'avaient fait les premières ; les chrysalides sont destinées à passer l'hiver, les papillons en sortiront seulement au mois de mai de l'année suivante. La Mélanthie ondée a donc deux générations par an. Elle est préjudiciable aux Capucines qui sont d'origine

(1) Pl. 30.
(2) Pl. 30, fig. 1.
(3) Pl. 30, fig. 1'.
(4) Pl. 30, fig. 1''.
(5) Pl. 30, fig. 1'''.
(6) Pl. 30, fig. 2.

Les Capucines _______ La Piéride du Chou

Paris, Imp. Geon-Rose r. St Jacques 55.

étrangère, on doit supposer qu'elle est nuisible à certains de nos végétaux indigènes. C'est en effet le Cochléaria (*Cochlearia Armoracia*) dont elle se nourrit habituellement ; elle attaque également les Choux et sans doute d'autres Crucifères, mais toujours est-il que la Capucine lui convient à merveille.

Ici nous connaissons bien toutes les phases de la vie de l'insecte, il est permis de juger dans quelle circonstance nous devons lui faire la guerre avec le plus d'avantage. On découvre assez aisément les papillons le long des murs et de palissades, pourtant on ne peut guère songer à s'en emparer. Les chenilles sont petites et savent parfaitement se cacher, procéder à l'échenillage est impraticable. C'est donc aussi pour cette espèce à la recherche des chrysalides qu'il faut s'attacher. Enlever celles de la première génération dès l'instant où les chenilles ont quitté la plante, est chose très possible. Cachées presque à la surface du sol, le moindre raclage conduirait au but désiré ; ce serait le moyen d'empêcher les Capucines d'être de nouveau dévorées à l'automne. Cependant, comme à cette époque de l'année il est nécessaire de faire l'opération dans un très court espace de temps, peut-être y aurait-il quelques difficultés. Ces difficultés n'existent plus dès que vient la mauvaise saison, et alors il est bon de ne pas oublier les dégâts qui ont eu lieu, afin de prévenir ceux qui auraient lieu immanquablement au retour du printemps.

La planche 30 représente une branche de Capucine dont la feuille est dévorée par la Mélanthie ondée (*Melanthia fluctuaria*).

Sous le n° 1, on voit une jeune chenille dans un mouvement de progression.

Sous le n° 1', une chenille un peu plus avancée en âge, d'une teinte différente de la première et dans une attitude de repos.

Sous le n° 1″, une chenille arrivée au terme de son accroissement, exécutant un mouvement de progr e

Sous le n° 1‴, une chenille également parvenue au terme de son accroissement, ayant une coloration différente de la précédente, se montrant dans un état d'immobilité complet.

Sous le n° 2, la chrysalide de grandeur naturelle.

Sous le n° 3, le papillon représenté les ailes étendues comme pendant le vol et de grandeur naturelle.

La petite Piéride du Chou.

S'il y a un papillon bien connu de tout le monde, c'est celui-ci, la petite Piéride du Chou, le petit papillon blanc du Chou, la Piéride de la Rave (*Pieris Rapæ*, Linné). On lui donne vulgairement ces différents noms. La petite Piéride a les ailes toutes blanches en dessus avec le sommet des premières teinté de noirâtre ; chez la femelle, il y a de plus un point noir sur les quatre ailes ; en dessous les postérieures affectent une nuance jaune-paille qui se reproduit au sommet des antérieures (1). La petite Piéride fréquente les champs, les prairies, les jardins, où on la voit voler durant toute la belle saison. Commune dans toute l'Europe, elle l'est également dans les steppes du Caucase, en Sibérie, en Perse, en Syrie; on la trouve jusqu'au Japon, jusqu'au Cachemire; elle habite encore l'Égypte et tout le nord de l'Afrique. Il n'est guère d'espèces plus répandues sous des climats divers. La petite Piéride est en même temps un de nos insectes les plus nuisibles; elle est l'un des fléaux des potagers, elle est fort redoutable pour certaines plantes dans les jardins d'agrément. Là ses chenilles, souvent multipliées d'une manière affreuse, dévorent particulièrement les Capucines et les Résédas. Elles sont d'un vert un peu velouté, légèrement pubescentes, couvertes de très petites granulations noirâtres surmontées d'un poil; une ligne dorsale jaune et une ligne latérale de même nuance, ordinairement interrompue à la séparation de chaque anneau, tranchent agréablement sur la couleur verte (2). Arrivées au terme de leur développement, les chenilles de la petite Piéride du Chou vont grimper sur les murs voisins, se cacher sous les rebords, ou atteindre quelque tronc d'arbre, quelquefois s'arrêter sur les tiges de la plante où elles ont vécu, et s'entourer par le milieu du corps d'un fil qui les retiendra contre les parois où elles se sont fixées.

Ainsi maintenues, nous verrons nos chenilles se ramasser sur elles-mêmes, leur peau se soulever, se fendre, se détacher, puis tomber entièrement: les chrysalides ont paru. Celles-ci, comme toutes les chrysalides des papillons de jour, affectent des formes élégantes et étranges tout à la fois; elles sont anguleuses, leur front se prolonge en pointe massive, leur dos est caréné, leurs côtés portent des éminences coniques; leur couleur est ou d'un gris cendré légèrement teinté de rose ou d'un jaune verdâtre, relevé par un pointillé noirâtre et souvent par des petites taches d'une nuance semblable (3).

Chez la petite Piéride, les générations se succèdent avec une extrême rapidité. Dès le mois de mars, si le temps est beau, on voit voltiger les papillons. En les regardant de près, il vous sera facile de reconnaître qu'ils ne sont pas nés d'hier: leurs ailes ont perdu en partie leurs écailles, elles sont décolorées et presque toujours plus ou moins déchirées. Ces papillons ont passé l'hiver, retirés dans les creux des troncs d'arbres, dans les fissures des murailles; le premier jour où le soleil a commencé à répandre une douce chaleur, ils sont sortis, et les voilà tout délabrés qui volent les uns vers les autres. Un mâle a bientôt sa femelle, ils vont se poser sur une branche; la ponte ne tarde pas à avoir lieu. Les chenilles se répandent sur les plantes, tantôt se groupant par petites masses, tantôt s'isolant les unes des autres. Mais elles se cachent bien; toujours placées sous les feuilles, dans les endroits les plus touffus, les brèches qu'elles ont

(1) Pl. 31, fig. 3, 3'.
(2) Pl. 31, fig. 1, 1'.
(3) Pl. 31, fig. 2, 2'.

faites aux feuilles viennent seules trahir leur présence. Chose singulière! les papillons diurnes, tout parés de vives couleurs, créés pour se montrer à la vive lumière, comme les papillons nocturnes, revêtus de couleurs sombres ou de nuances adoucies, si leurs ailes présentent une certaine délicatesse de coloris, sont faits pour vivre dans l'ombre, ont des chenilles qui recherchent l'obscurité, tandis que les chenilles d'une infinité de papillons nocturnes ne craignent nullement l'éclat du jour.

Dans l'espace d'un mois, les chenilles de la petite Piéride sont parvenues au terme de leur croissance ; elles se chrysalident, et au bout de deux semaines les papillons éclosent. Ceux-ci ne restent pas longtemps inactifs, leur vie de quelques jours est employée aux actes nécessaires à la reproduction de l'espèce. Aussi une nouvelle génération de chenilles vient bientôt continuer la dévastation des végétaux ; puis c'est le tour d'une autre, puis d'une autre encore, jusqu'aux approches de l'hiver. La métamorphose et l'éclosion des individus ayant lieu à des intervalles plus ou moins sensibles, il s'ensuit que l'on rencontre la Piéride sous la forme de chenille et sous la forme de papillon durant toute l'année ; sous cette dernière forme, on l'a vu, il ne faut pas en excepter l'hiver.

La petite Piéride, comme l'indique son nom vulgaire de petite Piéride du Chou, attaque les Choux et cause ainsi de graves préjudices dans les potagers. Dans une autre partie de cet ouvrage, nous aurons à examiner la nature et l'étendue des dégâts commis par cette espèce ; elle attaque beaucoup d'autres Crucifères, et dans les jardins nous la voyons ravager les Capucines, au point de les dégarnir quelquefois de toutes leurs feuilles. Toutes les espèces de Capucines sont dévorées par les chenilles de la petite Piéride. Dans plusieurs endroits nous avons vu l'élégante Capucine tubéreuse (*Tropæolum tuberosum*), aux feuilles festonnées, affreusement rongée par ces insectes.

La petite Piéride n'est pas sans être exposée aux attaques des espèces parasites ; des Chalcidides, des Ichneumonides introduisent leurs œufs dans le corps des chenilles, et leurs larves en anéantissent bon nombre. Parmi ces parasites, il y en a un surtout qui est bien abondant ; il est du genre des Microgasters, dont les palpes labiaux n'ont que trois articles, dont le sommet de la tête est échancré en arrière, les dents des mandibules courbées en dedans, les antennes grêles composées de dix-huit articles, les yeux velus, etc. On l'appelle le Microgaster aggloméré (*Microgaster glomeratus*, Linné) ; sa taille est de 2 à 3 millimètres, sa couleur est noire ; seuls les côtés du premier anneau de l'abdomen et les pattes sont d'une teinte fauve.

Le Microgaster dépose un assez grand nombre d'œufs dans le corps d'une chenille. Ses larves vivent d'abord aux dépens du tissu graisseux ; au moment où la chenille est sur le point de se métamorphoser, elles se mettent à dévorer les organes essentiels à la vie et ne laissent plus qu'une dépouille ; en général, alors, et près les unes des autres, elles se forment chacune un petit cocon pour y subir leur transformation. Rien de plus fréquent le long des murs que des dépouilles de chenilles de Piérides adhérant à une masse de petits cocons de Microgaster. Il est vrai de dire que ce parasite attaque plus habituellement les chenilles de la grande Piéride du Chou que celles de la petite Piéride ; cependant le petit Ichneumonide fait encore une consommation de ces dernières qui est très notable. Ailleurs, du reste, nous aurons l'occasion de montrer toute l'étendue du service que nous rendent les Microgasters ; ce service néanmoins est toujours insuffisant, l'état où se trouve mis une foule de végétaux l'atteste au plus haut degré. La nécessité de s'occuper de la destruction de la Piéride est évidente. Comment nous y prendrons-nous ? Ici il n'y a rien à faire à l'époque de la mauvaise saison ; les papillons sont cachés de façon à n'être pas facilement découverts, les chenilles échappent aux recherches dès l'instant qu'il est impossible d'examiner scrupuleusement chaque feuille. Ainsi par voie d'exclusion nous arrivons à porter notre attention sur les chrysalides ; de ce côté, il est aisé d'obtenir un résultat : pour cela, il suffit d'inspecter souvent les rebords des murs et de les nettoyer avec soin. On a proposé quelques moyens pour se débarrasser des chenilles de Piérides ; ces moyens ont souvent réussi. Il s'agit de saupoudrer avec de la chaux éteinte à l'air les plantes attaquées et de les arroser peu d'heures après, ou bien encore d'employer soit de la suie délayée, soit des infusions de feuilles de tabac, de feuilles de noyer, etc.

La planche 31 montre une branche de la Capucine tubéreuse (*Tropæolum tuberosum*) dont le feuillage est dévoré par les chenilles de la petite Piéride du Chou (*Pieris Rapæ*, Linné).

Sous le n° 1, on voit une chenille encore très jeune.

Sous le n° 1′, une chenille parvenue au terme de son accroissement.

Sous le n° 2, une chrysalide vue par le dos.

Sous le n° 2′, une chrysalide vue de profil.

Sous le n° 3, un papillon au repos.

Sous le n° 3′, un papillon femelle, les ailes étendues comme pendant le vol.

La Piéride du Navet et la grande Piéride du Chou.

La petite Piéride du Chou (*Pieris Rapæ*, Linné) n'est pas la seule espèce de son genre qui soit capable d'exercer des dégâts dans les jardins. Deux autres de ces Papillons blancs, que Linné appelait les Danaïdes blanches (*Danai candidi*), que Fabricius, un entomologiste célèbre du Danemark, qualifiait de Papillons des campagnes (*Ruricolæ*), ont des chenilles également funestes aux potagers et redoutables dans nos jardins d'agrément pour les Capucines et les Résédas. Ces deux espèces sont la Piéride du Navet (*Pieris Napi*, Linné), et la grande Piéride du Chou (*Pieris Brassicæ*, Linné).

La Piéride du Navet, ou le Papillon blanc veiné de vert, suivant l'appellation de Geoffroy, ressemble à la petite Piéride du Chou ; sa taille est la même, mais ses ailes

Les Capucines — La Tordeuse rustique

Les Lys. _ _ Le Criocère du Lys